重构的时机和方法

[法] 克里斯蒂安·克劳森(Christian Clausen) 著

郭 涛 译

清华大学出版社

北 京

北京市版权局著作权合同登记号 图字：01-2022-6224

Christian Clausen
Five Lines of Code, How and When to Refactor
EISBN: 9781617298318

图书在版编目(CIP)数据

重构的时机和方法 / (法) 克里斯蒂安 • 克劳森(Christian Clausen) 著；郭涛译. —北京：清华大学出版社，2023.5

书名原文：Five Lines of Code, How and When to Refactor

ISBN 978-7-302-63289-4

Ⅰ. ①重… Ⅱ. ①克… ②郭… Ⅲ. ①程序设计 Ⅳ. ①TP312

中国国家版本馆 CIP 数据核字(2023)第 059343 号

责任编辑：王 军
装帧设计：孔祥峰
责任校对：成凤进
责任印制：刘海龙

出版发行：清华大学出版社
网 址：http://www.tup.com.cn，http://www.wqbook.com
地 址：北京清华大学学研大厦 A 座 邮 编：100084
社 总 机：010-83470000 邮 购：010-62786544
投稿与读者服务：010-62776969，c-service@tup.tsinghua.edu.cn
质 量 反 馈：010-62772015，zhiliang@tup.tsinghua.edu.cn
印 装 者：天津鑫丰华印务有限公司
经 销：全国新华书店
开 本：170mm×240mm 印 张：18.75 字 数：433 千字
版 次：2023 年 6 月第 1 版 印 次：2023 年 6 月第 1 次印刷
定 价：98.00 元

产品编号：095333-01

推 荐 语

程序是慢慢长大的，没有哪个程序会说自己的这套代码就是它的终态；程序需要一代又一代的程序员来完成其进化，满足业务的需要。在进化过程中，重构是必不可少的工作，是跨时间线、跨空间的协作，重构方法论非常重要。本书的出版恰逢其时，相信可以帮助更多程序员提升跨时空协作的能力，译者本人也奉行终身编程的思想，非常值得一读。

——周正中，阿里云数据库专家

重构是一门抽象的艺术，想要真正理解和运用这些教条般的重构选择和设计模式并非易事，往往需要一个软件工程师进行多年的经验积累才能小有所得。本书的出版为我们提供了便捷之路，可以让我们站在巨人的肩膀上，拨开重构的迷雾，欣赏到更美的风景。

——张树杰，华为数据库技术专家

这是一本面向程序员的代码设计晋级书籍，作者深入浅出地解析了重构是什么、什么时候要重构和如何重构。书中有大量的示例，一步步演示大师构建软件的关键历程，把成功的软件开发思维分享给所有的读者。

——徐前进，腾讯数据湖研发高级工程师

好代码、坏代码和技术债都是影响代码质量的主要因素，本书主要通过代码对比的方法讨论如何写出优雅的代码和如何把握重构时机。书中处处体现了写代码的哲学观，凝聚了软件开发社区专家多年摸索而获得的宝贵经验。我相信，程序员通过阅读本书，能够提升能力，节省宝贵时间。

——陆公瑜，前 Greenplum 全球产品总监/Greenplum 中文社区创始人

重构是软件工程师的基本功。在软件工程中，我们需要关注软件的可持续性，也就是代码在其生命周期内如何去适应需求的变化。如果不断演进的软件积累了许多技术债务，我们不要搁置“破窗”，要思考如何在必要的时机重构代码，以及如何运用合适的重构方法解决这些问题。本书条理清晰、由浅入深，无论是刚接触编程的入门读者，还是深耕多年的进阶读者，这本书都值得你深度品读。

——梁桂钊，《高可用可伸缩微服务架构》和《Spring 5 设计模式》联合作者

译 者 序

编程不只是写代码，更是一门艺术。编写优雅代码是一种极致追求，这需要一种极客精神才可以达到。高质量的代码不仅可以增加代码可读性，还可以确保所写的代码能够高质量运行和高效维护。编程也是一门沟通语言，是团队沟通的方式。对代码质量主要从定性和定量两个方面进行衡量，也有一些编程布道者提供了优雅编程的准则、模式和原则，这些规范可指导程序员写出一手漂亮的代码。整洁的代码总有一些共同特征：精确的变量名、恰到好处的设计模式、详细而不赘述的注释等。

代码整洁也是程序员的一种职业修养。代码本身就是一种艺术品，充满了神秘感；代码是一个能思考的机器，需要程序员与其隔空对话；代码也是一种有趣的灵魂，可以净化和洗涤心灵。在这种极致追求下，出现了一批伟大的程序员，如 Linux 之父 Linus Torvalds、算法分析之父 Donald Ervin Knuth 和 C++之父 Bjarne Stroustrup 等。他们开创并推动了整个计算机领域的发展，也打造了很多开源项目；他们不仅是计算机科学家、数学家，更是一名程序员。在民间，有很多关于这些人编写代码的故事，影响了一代又一代青年程序员。

我是一个计算机从业者和布道者，对计算机始终充满激情。我是一个立志终身写代码的程序员老兵，一个地地道道的老兵，编写程序和研究算法可以让我的精神世界饱满充实。奋斗吧，老兵们！

本书是敏捷技术教练和代码重构布道者 Christian Clausen 基于多年工作积累的实践经验编写而成，并且由世界级软件开发大师、设计模式和敏捷开发先驱 Robert C. Martin (后辈程序员尊称其为“Bob 大叔”)作序。Bob 大叔在代码整洁方面为晚辈程序员奉献了 3 本代码整洁著作。本书是跟随 Bob 大叔脚步，站在巨人肩上，集大成写就的。它以代码示例对比方式对好代码和坏代码进行识别，从重构、函数封装、类型设计、代码融合、数据维护等方面对程序员面临的问题进行深度分析。此外从编译器、注释及代码重构时机和方法等方面提出了一些策略和准则，教你在遇到问题时如何修复和改进低效代码，让你的代码变得优雅、易读和易维护。本书可作为对编程感兴趣的相关人员、程序员、计算机科学家和工程师的修炼宝典，是程序员提升自己的职业素养不可不读的经典著作。

希望这些为编程倾注心血的前辈能够成为我们的榜样，让我们忠于自己的职业与方向，使编写优雅的代码深入骨髓，成为我们的烙印。

最后送同行两句话作为共勉。

“Talk is cheap, show me the code.”

“You build it, you run it.”

在翻译本书的过程中，我得到了很多人的帮助。对外经济贸易大学英语学院的许瀚、吉林大学外国语学院的吴禹林、电子科技大学外国语学院的余琴和福州大学数字中国研究院的郭家对整本书进行了校对和审核工作，感谢他们在这个过程中付出的工作。最后，感谢清华大学出版社的编辑，他们进行了大量的编辑与校对工作，保证了本书的质量，使其符合出版要求。

由于本书涉及的内容广度和深度较大，以及译者翻译水平有限，因此翻译过程中难免有不足之处，还请批评指正。

郭涛于蓉城

译 者 简 介

郭涛，主要从事模式识别与人工智能、智能机器人、软件工程、遥感(时空)大数据建模与挖掘分析等前沿交叉研究，曾翻译《深度强化学习图解》《AI 可解释性(Python 语言版)》和《概率图模型及计算机视觉应用》等多种译著。

序　言

你有没有读过这样一本关于软件的书，书中的内容难以理解，使用陌生的词汇和过于复杂的概念来表达观点，让你觉得它是为一少部分无所不知的精英而写，但你自己并未包含在内？

本书不会如此，它敦本务实、重点突出、言必有据。

不过本书也不是入门书。本书没有从最基本的编程和语言开始而让你感到厌倦，也不会试图迎合而让你待在舒适圈中。我确定本书会带给你挑战，但同时不晦涩难懂，也不刻意卖弄。

重构是将坏代码转换为好代码，而不对代码构成破坏。当我们认为整个文明都依赖软件而继续存在时，则似乎不太可能有比软件更值得研究的话题。

也许你认为这种说法有些夸张，但事实并非如此。请你环顾周围，目前你身上有多少运行软件的处理器？你的手表、手机、车钥匙、耳机……在你周围 30 米的范围内又有多少运行软件的处理器？你的微波炉、火炉、洗碗机、恒温器、洗衣机，还有你的车。

如今，如果没有软件，我们的社会将无法运转。你不能买卖任何东西、不能开车或乘飞机去任何地方、不能烤热狗、不能看电视，也不能用没有软件的手机打电话给别人。

这些软件中有多少是真正的好代码？试想你现在正在使用的系统，它们是没有冗余吗？还是像大多数代码一样，一团乱麻，亟须重构呢？

对于你以前可能听说过或读到过的那种枯燥简单的重构，本书不会过多介绍，而是讨论真正的重构：在实际项目中重构、在遗留系统中重构，在我们几乎每天都面对的各种环境中进行重构。

此外，本书不会让你因为没有进行自动化测试而感到内疚。作者意识到大多数继承的系统会随着时间的推移而发展演变，我们没有那么幸运都拥有这样的测试套件。

本书列出了一组简单的规则，你可以遵循这些规则来切实地重构复杂、散乱、混乱、未经测试的系统。通过学习并遵循这些规则，你也可以真正提高你所维护的系统的质量。

不要误会我的意思，本书不是灵丹妙药。重构破旧粗糙的、未经测试的代码绝非易事。但是，通过应用本书中的规则和示例，对于如何解决困扰你已久的系统混乱问题，你将获得新思路。

因此，我建议你仔细阅读本书，研究书中的示例，认真思考作者提出的抽象概念和意图。另外，还要获取作者提供的代码库并与作者一起重构，从头到尾跟随作者的重构之旅。

这需要花费一定的时间，会令人感到沮丧，也会给你带来挑战。但若坚持到底，你将获得一套技能，使你在未来的职业生涯中持续收益。你会对如何区分好坏代码以及如何使代码整洁产生新的直觉和理解。

——Robert C. Martin(又名 Bob 大叔)

关于作者

Christian Clausen 拥有计算机科学硕士学位，专攻编程语言，具体研究软件质量以及如何无错误地编程。他参与合著了两篇关于软件质量主题的同行评审论文，发表在最著名的期刊和会议上。Christian 曾在巴黎的一个研究小组担任软件工程师，研究一个名为 Coccinelle 的项目，也曾在两所大学讲授有关面向对象和函数式编程语言的入门和高级编程课题。Christian 担任顾问和技术主管已有 5 年。

致　谢

首先，谨以此书献给 Olivier Danvy 和 Mayer Goldberg。若不是他们，我就无法有今天，更无法完成本书。我对二位感激不尽，你们分别教会了我类型论和 lambda 演算，这构成了这项研究的基础。但就像任何优秀的老师一样，你们的贡献远不止这项。感谢 Danvy：你提供的建议当即适用且多年后仍然有用，这在科学界最受人感激——你可能惊讶于此评价，但对我来说早已不是新闻。感谢 Mayer：你无穷无尽的热情、耐心以及讲授编程中任意复杂主题的方法造就了我对编程的思考方式和教学方式。

我还要向 Robert C. Martin 表示衷心的感谢；你的书使我备受启发，如果本书也能为某人带来类似的效果，我会非常高兴。我也非常感谢你愿意花时间看这本书并撰写序言。

感谢我的平面设计师 Lee McGorie 为本书做出的贡献。得益于你的创造力和能力，插图的质量达到了与内容相符的水平。

衷心感谢 Manning 团队的每一个人。我的组稿编辑 Andrew Waldron 以极大的热情提供了极好的反馈，这也是我决定与 Manning 合作的原因。在编写本书这样的艰巨任务中，我的开发编辑 Helen Stergius 一直是我的老师。如果没有她的鼓励和出色的反馈，本书不会达到这样的质量水平。我的技术开发编辑 Mark Elston 非常出色，他的评论总是非常有见地且准确；他对各个话题的观点与我的观点相得益彰。另外，感谢文字编辑、营销团队以及 Manning 出版社的合作和耐心。

感谢那些在我的工作中指导过我的人。感谢 Jacob Blom：你以身作则教会了我如何在不牺牲自己或自己的价值观的前提下成为一名技术精湛的顾问。你可以认出并回忆起 10 年前编写的代码(这一点我仍未做到)，足以表明你对自己所做的事情充满热情。感谢 Klaus Nørregaard：我每天都在渴望能够像你一样内心平静且善良。感谢 Johan Abildskov：我从来没有遇到过一个人像你一样掌握很多技术且如此精通，只有你的善良才能匹敌。没有你，这本书可能永远不会出版。此外，感谢所有我指导过的或与我密切合作过的人。

我还要感谢所有通过反馈和技术讨论帮助本书走到现在的人。我选择与你们共事是因为你们让我的生活更美好。感谢 Hannibal Keblovszki：你的好奇心催生了本书的最初想法。感谢 Mikkel Kringelbach：感谢你无论我何时提出问题都提供帮助，在智力上考验我并分享你的见解和经历，本书便得益于此。感谢 Mikkel Brun Jakobsen：你在软件工艺方面的热情和能力激励着我并推动我变得更好。感谢在任意时刻属于业余教学社区的每个人，你们对知识无法抑制的渴望激励我坚持教书；尤其是 Sune Orth Sørensen、Mathias Vorreiter Pedersen、Jens Jensen、Casper Freksen、Mathias Bak、Frederik Brinck Truelsen、Kent Grigo、John Smedegaard、Richard Möhn、Kristoffer Nøddebo Knudsen、Kenneth Hansen、Rasmus Buchholdt 和 Anders Kristenoffer。

最后，致所有审稿人：Ben McNamara、Billy O'Callaghan、Bonnie Malec、Brent Honadel、Charles Lam、Christian Hasselbalch Thoudahl、Clive Harber、Daniel Vásquez、David Trimm、Gustavo Filipe Ramos Gomes、Jeff Neumann、Joel Ktarski、John Guthrie、John Norcott、Karthikeyarajan Rajendran、Kim Kjærsulf、Luis Moux、Marcel van den Brink、Marek Petak、Mathijs Affourtit、Orlando Méndez Morales、Paulo Nuin、Ronald Haring、Shawn Mehaffie、Sebastian Larsson、Sergiu Popa、Tan Wee、Taylor Dolezal、Tom Madden、Tyler Kowallis 和 Ubaldo Pescatore，你们的建议让本书变得更好。

前　　言

在我很小的时候，父亲就教我编程，因此自记事起我就一直在思考结构。我总是以帮助他人为动力；这就是我生命的意义。因此，教学很自然地吸引着我。当我在大学有机会获得助教职位时，我就立即接受了。

出于创业精神，我决定创办一个学生组织，它有助于学生互相辅导。这个组织欢迎任何人参加或发言，且主题范围广泛，包括从辅修课程中学到的知识到课程未包含的高级主题。我相信这样我就有机会讲授知识。但事实证明，计算机科学工作者都很羞怯，因此我不得不连续主持近 60 周才让组织运作起来。在此期间，我学到了很多，不仅有关我所教的课题，还包括有关教学方面的知识。这些讨论也吸引了一群求知欲很强的人，使我遇到了我最好的朋友。

大学毕业后的一段时间内，我和一位朋友一起出去玩。我们很无聊，朋友就问我是否可以即兴演讲，因为我已经做了很多这样的演讲。我回答说“让我试试” 。我们打开了一台笔记本计算机，一鼓作气输入了本书第 I 部分的总体示例。

当我的手指离开键盘时，朋友十分震惊。他认为那是演示文档，但我有不同的想法：我想教他重构。

我的目标是让我的朋友在一小时后可以像重构大师一样进行编程。因为重构和代码质量是非常复杂的主题，所以我们必须假装具有大师级的重构能力。我查看了代码并试图找出一些规则，让朋友既能操作正确，又容易记住过程。在练习期间，即使我们是假装具有能力，朋友仍对代码做出了真正的改进。我们得到的结果非常好，朋友速度也很快，使得我当天晚上回到家后，立即写下了我们所讨论过的一切。当我们在工作中雇佣初级员工时，我重复进行了这个练习过程。慢慢地，我收集、构建并完善了本书中的所有规则和重构模式。

选定的规则和重构模式

完美不是无法再添加，而是无法再删除。

——Antoine de Saint-Exupéry

世界上有数百种重构模式，但我只介绍其中的 13 种。这样做是因为我相信深刻的理解比泛泛的熟悉更有价值。我还想打造一个完整的、有凝聚力的故事，因为它有助于拓宽视角并使主题更容易在脑海中组织起来。同样的道理也适用于规则。

太阳底下没有新鲜事。

——传道书

我并不是说本书中包含很多新颖观点，但我认为我是以一种既有趣又有利的方式进行了新的组合。许多规则源自 Robert C. Martin 的 *Clean Code* (Pearson，2008)，但我对此加以修改，使其更易于理解和应用。许多重构模式起源于 Martin Fowler 的 *Refactoring*(Addison-Wesley Professional，1999)，但本书中的模式经过调整后，不再依赖强大的测试套件，而是能够借助编译器进行重构。

本书主要内容

本书由风格不同的两部分组成。第 I 部分为重构奠定了坚实的基础，并且针对个人学习。相比全面性，我更关注学习的容易性。这部分适用于尚未有着坚实的重构基础的人，例如学生和初级或自学的开发人员。如果你查看本书的源代码并认为“这似乎很容易改进”，那么可以直接跳过第 I 部分。

在第 II 部分中，我更多地关注上下文和团队的学习。我选择了自认为在现实世界中最有价值的软件开发课程。一些主题主要是理论性的，例如“与编译器协作”和“遵循代码中的结构”；还有一些主题主要是实用性的，例如“喜欢删除代码”和“让坏代码看起来很糟糕”。因此这部分的应用范围更广，即使是有经验的开发人员也应该学习这些章节。

第 I 部分的章节都使用一个单一的总体示例，因此这些章节紧密地联系在一起，应该逐一阅读。但是在第 II 部分中，除了一些相互参考，这些章节内容基本上是独立存在的。如果没有时间阅读整本书，你可以根据自己的需要选择第 II 部分中最感兴趣的主题单独阅读。

关于代码

本书包含许多源代码示例，包括编号列表和类似于普通文本的形式。在这两种情况下，源代码都被格式化为固定宽度字体，从而将其与普通文本区分开。代码的关键字加粗，以突出显示，使代码结构更易于理解。

在许多情况下，原始源代码已被重新格式化；我们添加了换行符和重新设计缩进，以顺应书中可用的页面空间。此外，当在文本中描述代码时，源代码中的注释经常被从列表中删除。许多代码清单都带有代码注释，突出了重要的概念。

本书示例的代码可从 Manning 网站(https://www.manning.com/books/five-lines-of-code)或我的 GitHub 仓库(https://github.com/thedrlambda/five-lines)下载获得，可扫描封底二维码下载源代码和彩图。

关于封面插图

本书封面上的插图名为 *Femme Samojede en habit d'Été*，意为“身着夏装的萨摩耶德女人”。该插图取自 Jacques Grasset de Saint-Sauveur(1757—1810)的各国服装集，名为 *Costumes Civils Actuels de Tous les Peuples Connus*，1788 年在法国出版。每幅插图都由手工精细绘制并上色。Jacques Grasset de Saint-Sauveur 收集的丰富多样的藏品是对 200 年前世界各地城镇和地区的文化差异的生动写照。人们彼此隔绝，讲着不同的方言。无论是在街上还是在乡下，只要通过着装就可以轻松识别出他们的居住地以及职业或身份。

此后，人们的衣着打扮发生了变化，当时如此丰富的地区多样性也逐渐消失。现在很难区分不同大陆的居民，更不用说区分不同城镇、地区或国家的居民了。也许我们已经用文化多样性换取了更多样化的个人生活——当然也换取了更多样化和快节奏的技术生活。

在这个计算机书籍大同小异的时代，Manning 用 Jacques Grasset de Saint-Sauveur 的图片重现了两个世纪前地区生活的丰富多样性，基于此彰显计算机界的创造性和主动性。

目　　录

第 I 部分

通过重构电脑游戏来学习

在第 I 部分中，我们将查看一个看似合理的代码库并逐步对其进行改进。在此过程中，我们会引入一组规则并构建一个包含强大的重构模式的小目录。

我们分 4 个阶段改进代码，每个阶段都有一个专门的章节，即第 3～6 章。每一章都建立在前一章的基础上，因此有些改变只是暂时的。

不要惊慌。

——取自道格拉斯 • 亚当斯的《银河系漫游指南》

第1章 重构

本章内容

- 了解重构的要素
- 将重构融入日常工作
- 安全对于重构的重要性
- 介绍第 I 部分的总体示例

众所周知，高质量代码会让维护成本更低、错误更少且更方便开发人员。获得高质量代码的最常见方法就是重构。然而，学习重构的常见方式(涉及代码异味和单元测试)对入门重构施加了不必要的高门槛。我相信只要稍加练习，任何人都可以安全地执行简单的重构模式。

在软件开发中，我们将问题放在图 1.1 所示的某个位置，表明缺乏足够的技能、文化、工具或这些问题的组合。重构是一项复杂的工作，因此处于中间位置。进行重构有以下要素。

- 技能——我们需要技能来知道哪些代码是坏的，即哪些代码需要重构。有经验的程序员可以通过他们对代码异味的了解来确定这一点。但是代码异味的界限是模糊的(需要判断力和经验)，或许会有不同的解释，因此不容易理解学习；对于初级开发人员来说，理解代码异味似乎更像是一种第六感，而不是一种技能。
- 文化——我们需要一种鼓励花时间进行重构的文化和工作流程。许多情况下，这种文化是通过在测试驱动开发中使用的著名红绿重构循环来实现的。然而，在我看来，测试驱动开发更困难。红绿重构也很难被在遗留代码库中进行重构所替代。
- 工具——我们需要一些东西来帮助确保我们所做的事情是安全的。实现这一目标的最常见方法是自动化测试。但如前所述，学习如何进行有效的自动化测试本身就很困难。

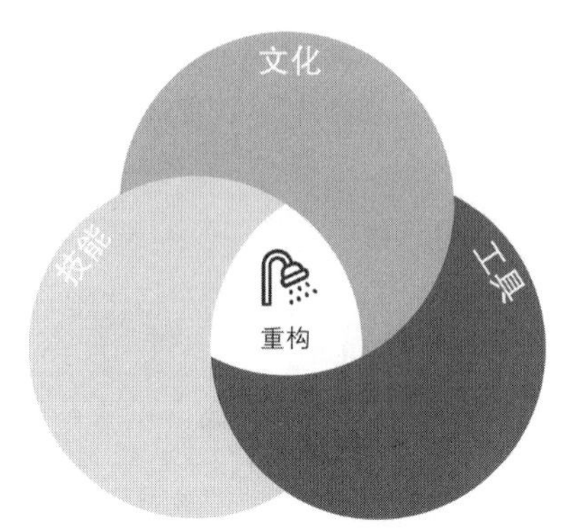

图 1.1 技能、文化和工具

接下来将分别深入探讨每一个领域并描述我们如何从一个更简单的基础开始重构之旅，而不需要测试且不会出现抽象的代码异味。以这种方式学习重构可以迅速将初级开发人员、学生和编程爱好者的代码质量提升到一个新水平。技术主管也可以使用本书中的方法作为基础，向不经常进行重构的团队介绍重构。

1.1 什么是重构

我将在第 2 章详细回答"什么是重构"这个问题，但在深入研究不同的重构方法之前，先对这一问题有一个直观的了解会很有帮助。简单来说，重构意味着"改变代码而不改变其作用"。下面从一个重构的示例开始进行解释(如代码清单 1.1 和代码清单 1.2 所示)。这里，我们用局部变量替换表达式。

代码清单 1.1 重构之前

```
return pow(base, exp / 2) * pow(base, exp / 2);
```

代码清单 1.2 重构之后

```
let result = pow(base, exp / 2);
return result * result;
```

需要进行重构的原因有很多。

- 使代码更快(如上例所示)；
- 使代码更小；
- 使代码更通用或可重用；
- 使代码更易于阅读或维护。

其中最后一个原因非常重要且是重构的核心原因，因此我们将易于阅读和维护的代码视为好代码。

定义：
好代码是人类可读的代码，它易于维护且正确地执行设定的任务。

由于重构不能改变代码任务，因此本书中关注代码可读性和可维护性。我们将在第 2 章中更为详细地讨论重构的上述原因。本书中只考虑能生成好代码的重构，因此使用的定义如下。

定义：
重构是指在不改变代码功能的情况下更改代码，使代码可读性和可维护性更强。

此外，我们考虑的重构类型在很大程度上依赖于使用面向对象的编程语言。

许多人认为编程就是编写代码；然而，大多数程序员会花更多的时间阅读代码并尝试理解代码，而不只是编写代码。这是因为我们处于一个复杂的领域，在不了解的情况下改变某些东西可能会导致灾难性的失败。

因此，重构的第一个论点纯粹是经济性的：程序员的时间是宝贵的，因此如果我们使代码库更具可读性，就可以节省出时间来实现新功能。第二个论点是，让代码更易于维护意味着缺陷更少且更容易修复。第三个论点是，好的代码库更有意思。当阅读代码时，我们会在脑海中建立一个关于代码在做什么的模型；我们想同时记在脑中的东西越多，就越是筋疲力尽。这就是从头开始会更有趣的原因，也是调试会令人害怕的原因。

1.2 技能：重构什么

知道应该重构什么是入门的第一个障碍。通常，我们会同时讲解重构与代码异味。这些“异味”描述可能表明代码不好的事物。虽然“异味”很浓烈，但也很抽象且难以上手，需要花费时间来培养对异味的敏感性。

本书采用了一种不同的方法，并且提供了易于识别、适用的规则来确定要重构的内容。这些规则易于使用且易于学习，但有时会过于严格，要求你修复无异味的代码。极少数情况下，即使遵守规则，也仍然存在有异味的代码。

如图 1.2 所示，规则和代码异味之间并非完美重叠。我的规则不能完全决定好代码，而是有助于培养大师级般的敏锐洞察力来辨别好代码。下面通过一个示例说明代码异味和本书中的规则之间的区别。

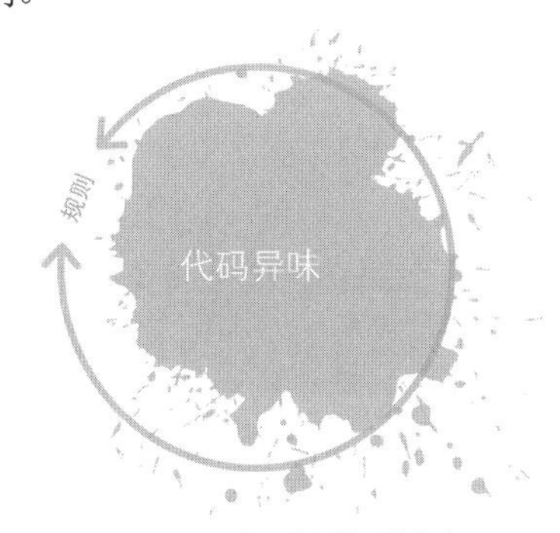

图 1.2　规则和代码异味

1.2.1 代码异味示例

一个众所周知的代码异味是“一个函数应该只做一件事”。这是一个很好的指导方针，但要知道那一件事是什么却并不容易。再看前面的代码：它是不是有异味？该代码进行除法、求幂，然后相乘。这是否意味着它做了 3 件事？另一方面，该代码只返回一个数字并且不改变任何状态，因此它只做了一件事吗？

```
let result = pow(base, exp / 2);
return result * result;
```

1.2.2 规则示例

现在将前面的代码异味与以下规则(第 3 章会详细介绍)进行比较，即一个方法的代码行数不应超过 5 行。我们可以一目了然地确定这一点，不必再问任何问题。这条规则清晰、简洁且易于记忆。

记住，本书中介绍的规则就像训练轮。如前所述，这些规则并不能保证在所有情况下都能获得良好的代码；某些情况下，遵循这些规则也可能是错误的。但是，如果你不知道从哪里开始，规则就很有用，并且有助于进行良好的代码重构。

注意，所有规则名称中都使用了 NEVER 之类的比较绝对的词语，因此很容易记住。但详细描述通常会指定例外情况，即何时不应用规则。描述还说明了规则的意图。刚开始学习重构时，我们只需要关注绝对词语即可；消化理解绝对词语后，我们可以开始学习例外情况，然后可以开始实现意图——最后我们将成为编程大师。

1.3 文化：什么时候重构

重构就像洗澡。

——肯特 • 贝克

如果你定期进行重构，那么重构效果最好，成本最低。因此如果可以，我建议你把重构融入日常工作。大多数文献都提出了红绿重构工作流程；但正如前面提到的，这种方法将重构与测试驱动开发联系在一起——而在本书中，我们希望将它们分开并重点关注重构这一部分。因此，我推荐一个更通用的六步开发工作流程来解决任何编程任务，如图 1.3 所示。

(1) 探索。通常，一开始我们并不能完全确定需要构建什么。有时客户不知道他们希望我们构建什么；有时客户的需求表述不明；有时我们甚至不知道任务是否可以解决。因此，总是要从实验开始，快速展开实施，然后可以与客户确认他们的需求。

(2) 指定。一旦你知道需要构建什么，就让这一需求更明确。理想情况下，这会导致某种形式的自动化测试。

(3) 实施(即实现代码)。

(4) 测试。确保代码遵循步骤(2)中的规范。

(5) 重构。在交付代码之前，确保下一个人可以轻松使用。

(6) 交付。交付方式有很多种，最常见的是拉取请求或推送到特定分支。最重要的是要保证你的代码可以送达用户手中。

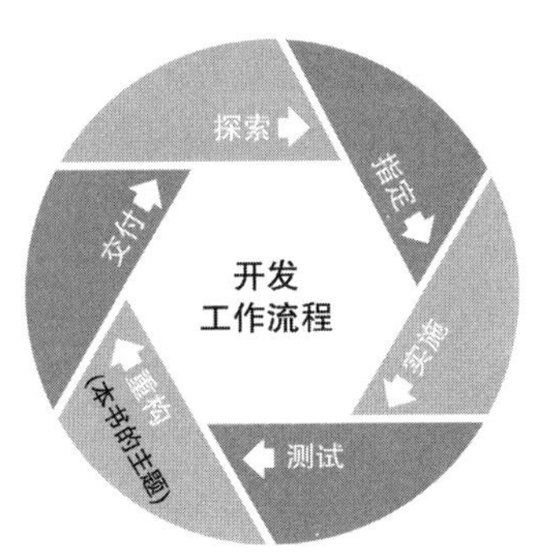

图 1.3　开发工作流程

因为我们进行的是基于规则的重构，所以工作流程简单且易上手。图 1.4 详细展示了步骤(5)：重构。

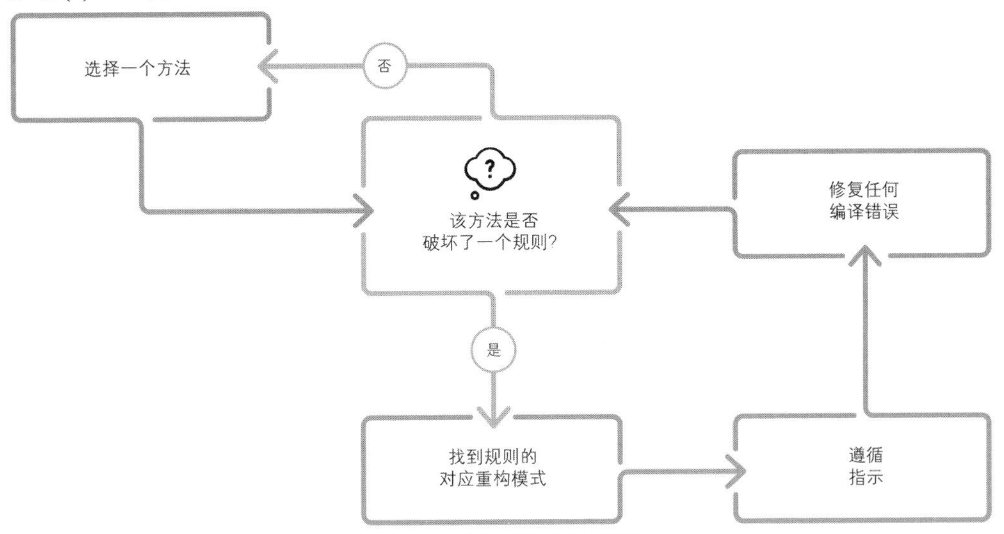

图 1.4　重构步骤的详细视图

我设计了这些规则，以方便记忆，并可让学习者在没有任何帮助的情况下，轻松了解应该何时使用它们。这意味着找到一种打破规则的方法通常是不值一提的。每条规则都有一些与之相关的重构模式，使得可以轻松准确地知道如何解决问题。重构模式有明确的分步说明，以确保你不会因失误破坏某些东西。本书中的许多重构模式有意使用编译错误，以确保不会引入错误。只要我们稍加练习，这些规则和重构模式都将手到擒来。

1.3.1　在遗留系统中重构

即使从一个大型遗留系统开始，也有一种巧妙的方法可以将重构融入我们的日常工作，而无须停止一切并在一开始就重构整个代码库。我们只需要遵循下面这句名言。

先让改变变得容易，再作出容易的改变。

——肯特·贝克

每当我们要实现新东西时，都会从重构开始，因此添加新代码非常容易。这类似于在开始烘焙之前准备好所有食材。

1.3.2 什么时候不应该重构

大多数情况下，重构都是好的，但也有一些缺点。重构可能很耗时，尤其在你不定期进行重构时。如前所述，程序员的时间很宝贵。

有3种类型的代码库可能不值得重构。

- 你将要进行编写的只运行一次就会删除的代码。这就是极限编程社区中的所谓“探针实验”。
- 在将要停用之前处于维护模式的代码。
- 具有严格性能要求的代码，例如游戏中的嵌入式系统或高端物理引擎。

除此之外，我都认为进行重构是明智的选择。

1.4 工具：如何(安全地)重构

和其他人一样，我也喜欢自动化测试。然而，“学习如何有效地测试软件”这件事本身就是一项复杂的技能。因此，如果你已知道如何进行自动化测试，可在本书中随意使用。如果不知道，也不要担心。

我们可以这样理解测试：自动化测试对于软件开发就像刹车对于汽车一样。如果汽车没有刹车，那么是因为我们想要慢速行驶——汽车有刹车是为了让我们在快速行驶时感到安心。软件也是如此：自动化测试让我们快速开发时感到安心。在这本书中，我们学习的是一项全新的技能，因此不需要快速进行。

相反，我建议学习者更多地依赖其他工具，例如

- 像食谱一样详细、分步且结构化的重构模式；
- 版本控制；
- 编译器。

我相信，如果重构模式是经过精心设计的并小步执行，那么就可以在不破坏任何内容的情况下进行重构，尤其在IDE可以为我们执行重构的情况下更是如此。

为弥补我们在本书中不讨论测试的事实，我们使用编译器和类型来捕捉可能会犯的许多常见错误。尽管如此，我还是建议大家定期打开自己正在使用的应用程序并检查它是否完全损坏。如果我们验证了应用程序损坏程度，或者当我们知道编译器运行无误时，就进行一次提交。这样一来，如果应用程序在某个时候损坏了，而我们不知道如何立即修复它，就可以轻松跳回应用程序的上一步工作。

如果我们在一个没有自动化测试的真实系统上工作，仍然可以执行重构，但需要从某处获得信心。信心可以来自使用IDE执行重构、手动测试、采取真正小的步骤或者其

他方法。然而，我们在这些活动上花费的额外时间可能会使进行自动化测试的成本效益更高。

1.5 入门所需的工具

如前所述，本书中讨论的重构类型需要一种面向对象的语言，这是阅读和理解本书的首要条件。编程和重构都是需要我们动手完成的工作。因此，你最好亲自动手跟随示例进行实验来学习这些知识。为学习本书，你需要下列描述的工具。安装说明请参见附录。

1.5.1 编程语言：TypeScript

本书提供的所有代码示例都是用 TypeScript 语言编写的。我选择 TypeScript 有多种原因。最重要的是，它的外观和感觉类似于最常用的编程语言——Java、C#、C++和 JavaScript。因此，熟悉其中任何一种语言的人应该能够毫无压力地读懂 TypeScript。TypeScript 还提供了一种方法，可以从完全“非面向对象”代码(即没有单个类的代码)转向高度面向对象代码。

注意：

为更好地利用印刷书籍的空间，本书采用了一种避免换行的编程风格，同时仍保持可读性。我不提倡大家使用相同的风格，除非你们碰巧也在写一本包含大量 TypeScript 代码的书。这也是有时缩进和大括号在书中的格式与项目代码中不同的原因。

如果你不熟悉 TypeScript，我会在出现任何问题时进行解释，形式如下所示。

在 TypeScript 语言中

我们使用恒等式(===)来检查是否相等，因为它比双等式(==)更贴合我们的期望，如下所示。

- 0 == ""为 true。
- 0 === ""为 false。

尽管示例是用 TypeScript 语言编写的，但所有重构模式和规则都是通用的，适用于面向对象的任何语言。极少数情况下，TypeScript 会对我们产生帮助或阻碍效果；我们会明确说明这些情况，讨论如何用其他通用语言进行处理。

1.5.2 编辑器：Visual Studio Code

我不设定你使用任何特定的编辑器，但如果你没有偏好，我建议使用 Visual Studio Code，它可以很好地与 TypeScript 协同工作。此外，Visual Studio Code 支持在后台终端中运行 tsc -w 进行编译，这样我们就不会忘记执行编译。

注意：
Visual Studio Code 是与 Visual Studio 完全不同的工具。

1.5.3 版本控制：Git

虽然在学习本书的过程中不需要使用版本控制，但我强烈推荐它，因为如果你在学习过程中迷失方向，版本控制可以更容易地撤销某些东西。

重置到参考解决方案
任何时候你都可以使用以下命令跳转到指定版本的代码。

```
git reset --hard section-2.1
```

注意，你会失去你所做的任何修改。

1.6 总体示例：一款 2D 益智游戏

最后介绍我将如何讲解这些绝佳的规则和重构模式。本书围绕一个总体示例展开：一个 2D 推块益智游戏，类似于经典游戏 Boulder Dash(见图 1.5)。

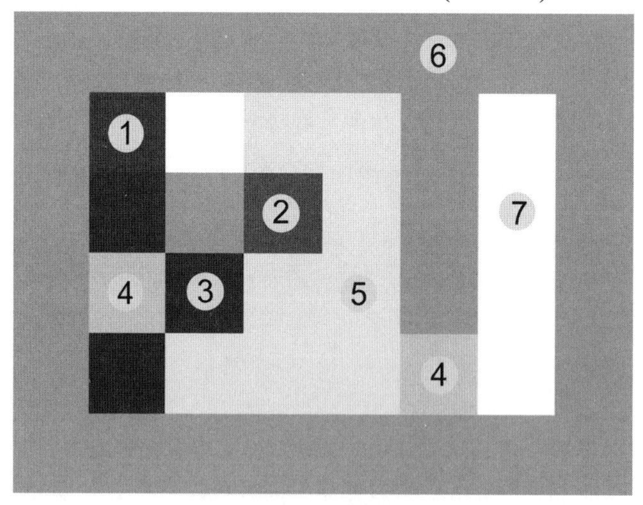

图 1.5 游戏截图

这意味着我们将在本书的第 I 部分使用一个重要的代码库。仅用一个示例可以节省时间，因为我们不必在每一章都重新熟悉一个新示例。

该示例以类似于行业中使用的写实风格编写。除非你已经具备本书要传授的技能，否则这绝不是一项简单的练习。这项代码已经遵循 DRY(不要重复自己)和 KISS(保持简单和愚蠢)原则；即便如此，它也不是完全让人感到愉快的。

我选择电脑游戏的原因是，当我们手动测试时，很容易发现某些行为是否错误：我们对游戏的正确行为有一种直觉。与查看金融系统的日志等材料相比，测试也稍有趣些。

用户使用箭头键控制玩家方块，游戏的目标是将箱子(图 1.5 中标记为②)推到右下角。虽然黑白印刷的书中无法体现颜色，但实际游戏中各元素的颜色是不同的(可扫描封底二维码下载彩图，后同)，如下所示。

- 红色方块①是玩家。
- 棕色方块②是箱子。
- 蓝色方块③是石头。
- 黄色方块④是钥匙或锁——我们稍后解决这个问题。
- 绿色方块⑤称为通量。
- 灰色方块⑥是墙。
- 白色方块⑦是空气(空的)。

如果箱子或石头没有被任何东西支撑，就会掉落。在不被遮挡或不会掉落的前提下，玩家每次可以推动一块石头或一个箱子。箱子和右下角之间的路径最初被锁挡住了，因此玩家必须得到钥匙才能将锁移开。玩家可以通过踩在通量上来“吃掉”(删除)它。

现在开始游戏。

(1) 打开一个控制台，游戏将存储在这里。

- 通过 git clone http://github.com/thedrlambda/five-lines 命令下载游戏的源代码。
- 每次更改时，使用 tsc -w 将 TypeScript 编译为 JavaScript。

(2) 在浏览器中打开 index.html 文件。

可以在代码中更改关卡，因此可以通过更新 map 变量中的数组随意创建自己的地图(例子参见附录)。

(1) 在 Visual Studio Code 中打开文件夹。

(2) 选择 Terminal，然后选择 New Terminal。

(3) 运行命令 tsc -w。

(4) TypeScript 此时会在后台编译你的更改，而你可以关闭终端。

(5) 每次进行更改时，要等待 TypeScript 编译完成，然后刷新浏览器。

这与你在用第 I 部分中的示例进行编码时将使用的过程相同。不过，在开始之前，我们将在下一章中构建更详细的重构基础。

熟能生巧：第二个代码库

我是坚定的实践推崇者，因此我做了另一个项目，但没有提供解决方案。如果你想进行挑战，可以在重读本书时使用这个项目；如果你是老师，也可以让学生练习该项目。这个项目是一个 2D 动作游戏。两个代码库使用相同的样式和结构，具有相同的元素，并且需要使用相同的步骤进行重构。尽管第二个代码库稍微高级些，但仔细遵循规则和重构模式应该会产生预期的结果。可以使用 https://github.com/thedrlambda/bomb-guy 以相同的步骤获取此项目。

1.7 关于实际软件的说明

需要重申的是，本书的重点是介绍重构，而不提供可以在所有情况下应用于生产代码的特定规则。使用规则的方法是首先学习规则的名称，然后遵循这些规则。一旦你掌握了这些，则可以学习规则的描述以及例外情况；最后，使用这些来理解根本的代码异味。这个过程如图 1.6 所示。

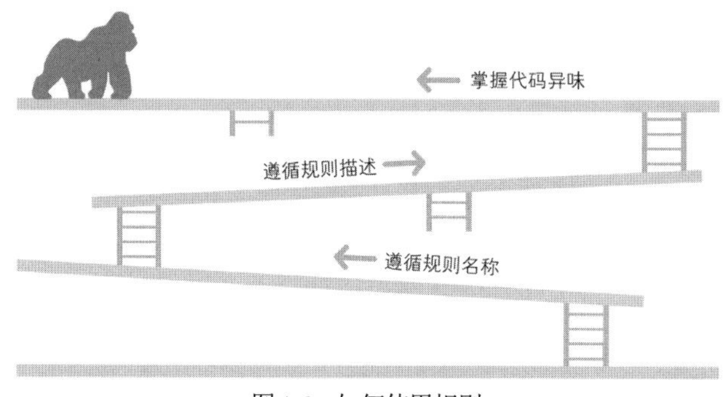

图 1.6　如何使用规则

这也回答了为什么我们不能编写自动重构程序这一问题(根据规则，我们也许可以制作一个插件来突出显示代码中可能有问题的区域)。制定规则的目的是建立理解。简而言之：遵守规则，直到你更加清楚为止。

还要注意，因为我们只专注于学习重构，并且有一个安全的环境，因此可以不进行自动化测试——但这可能不适用于真实系统。我们这样做是因为分别学习自动化测试和重构要容易得多。

1.8 本章小结

- 执行重构需要三要素：技能(知道要重构什么)、文化(知道何时进行重构)和工具(知道如何重构)。
- 传统上，代码异味用于描述要重构的内容。这些概念是模糊的，初级程序员很难理解。本书提供了一些具体规则，可以在学习时替换代码异味。这些规则具有 3 个抽象级别：非常具体的名称、通过例外情况添加细微差别的描述，以及它们源自的异味的意图。
- 我相信可以分开学习自动化测试和重构，以进一步降低入门门槛。我们不使用自动化测试，而是使用编译器、版本控制和手动测试。
- 重构的工作流程与红绿重构循环中的测试驱动开发相关联，但这又意味着对自动化测试的依赖。相反，我建议对新代码使用六步工作流程(探索、指定、实施、测试、重构、交付)，或者在更改代码之前立即进行重构。
- 在本书的第Ⅰ部分，我们使用 Visual Studio Code、TypeScript 和 Git 来重构 2D 益智游戏的源代码。

第 2 章

重构的内部原理

本章内容

- 利用可读性传达意图
- 局部化不变量来提高可维护性
- 通过添加实现改变以加快开发
- 使重构成为日常工作的一部分

在上一章，我们研究了重构中涉及的不同元素。本章将深入研究技术细节，从技术角度了解重构的定义以及重要性，以形成坚实的基础。

2.1 提高可读性和可维护性

首先，我们重申本书中使用的重构定义：重构是在不改变代码功能的情况下使代码变得更好。这个定义可分解为两个主要组成部分：使代码更好和不改变代码的作用。

2.1.1 使代码更好

我们已经知道更好的代码的可读性和可维护性更强，也知道这一点的重要性。但是还没有讨论过可读性和可维护性的定义，也没有讨论过重构是如何影响两者的。

1. 可读性

可读性是代码传达其意图的能力。这意味着，如果我们假设代码按照预期运行，那么就很容易弄清楚代码的作用。用代码传达意图的方法有很多：拥有和遵循约定；写注释；变量、方法、类和文件命名；使用空白等。

这些技术或多或少是有效的，稍后会详细讨论。现在，我们看一个简单的人工函数，这一函数打破了我刚刚描述的所有通用方法(如代码清单 2.1 所示)。代码清单 2.2 显示的是相同的方法，但遵循了这些通用方法。一个版本难以阅读，另一个版本易于阅读。

代码清单 2.1 真正不可读的代码示例

```
function checkValue(str: boolean) {
// Check value

if (str !== false)
  // return
  return true;

else; // otherwise
  return str;

}
```

- 不合适的方法名称：名为 str 的形参是一个布尔值
- 只是重复了一个名称的注释
- 双重否定很难阅读
- 只是重复代码的注释
- 容易漏掉的分号(;)和一个不重要的注释
- 误导性的缩进；此时 str 只能是 false，因此直接放 false 更清楚

代码清单 2.2 编写方式更易读的相同代码

```
function isTrue(bool: boolean) {


  if (bool)
    return true;


  else
    return false;

}
```

显然，我们可以把代码简化为如代码清单 2.3 所示。

代码清单 2.3 相同代码的简化版本

```
function isTrue(bool: boolean) {
  return bool;
}
```

2. 可维护性

每当需要更改某些功能时，无论是修复缺陷还是添加功能，我们通常都会先研究新代码应该放置的位置的上下文。我们尝试评估代码当前正在做什么以及如何安全、快速、轻松地修改代码，以适应我们的新目标。可维护性表明我们需要研究多少内容。

显然，我们需要阅读并研究的代码越多，花费的时间就越长——我们也就越有可能遗漏某些东西。因此，可维护性与我们每次进行更改时所固有的风险密切相关。

各个级别的许多程序员在研究阶段都会深思熟虑、小心谨慎。每个人都曾犯过错，也都了解后果。小心谨慎还意味着，如果我们不能轻易确定某事是否重要，就会宁可保持谨慎也不冒险。研究阶段过长是代码可维护性差的一个标志，应该努力改进这一点。

在一些系统中，当我们在一个位置更改某些内容时，某些东西会在某个看似无关的地方中断。例如，更改在线商店中的推荐功能可能会破坏支付子系统。我们称这样的系统为脆弱系统。

这种脆弱性的根源通常在于全局状态。这里，全局意味着超出我们正在考虑的范围。从方法的角度看，字段是全局的。状态的概念更抽象一点；当程序正在运行时，状态是可以改变的任何东西，包括所有变量，也包括数据库中的数据、硬盘驱动器上的文件和硬件本身(从技术角度看，用户的意图和所有现实在某种意义上也是状态，但它们对我们的研究来说并不重要)。

帮助思考全局状态的一个有用技巧是寻找大括号，即{...}。大括号外的所有内容都是大括号内所有内容的全局状态。

全局状态的问题在于，我们经常将属性与数据关联起来。这样做的危险之处在于，当数据为全局时，它可能被关联不同属性的人访问或修改，从而无意中破坏我们的属性。我们没有在代码中显式检查(或仅使用断言检查)的属性称为不变量，例如“这个数字永远不会是负数”和“这个文件肯定存在”。遗憾的是，我们几乎不可能确保不变量保持有效，特别是在系统更改、程序员忘记以及团队中添加新人员时更是如此。

非局部不变量的出错方式

假设我们正在为一家杂货店开发一个应用程序。杂货店销售水果和蔬菜，因此在我们的系统中，所有物品都有一个 daysUntilExpiry 属性。我们实现了一个每天运行的功能，从 daysUntilExpiry 中减去 1 并在数值达到 0 时自动删除物品。现在有了一个不变量，即 daysUntilExpiry 总是正的。

在我们的系统中，还希望有一个 urgency 属性，以显示出售每个物品的紧迫性。value 较高的物品应该有较高的 urgency，daysUntilExpiry 较少的物品也应该有较高的 urgency。因此，我们执行 urgency=value/daysUntilExpiry。这不会出错，因为我们知道 daysUntilExpiry 总是正的。

两年后，商店开始出售灯泡，因此要求我们更新系统。我们迅速在系统中添加了灯泡。灯泡没有有效期。我们记得减去天数并在 daysUntilExpiry 达到 0 时删除物品的功能，但完全忘记了不变量。我们决定将 daysUntilExpiry 设置为 0；这样，函数减去 1 后，数值就不会是 0。

我们破坏了不变量，导致系统在试图计算灯泡的 urgency 值时崩溃(Error: Division by zero)。

我们可以通过显式检查属性来提高可维护性，从而消除不变量。但是，我们将在下一节看到，这样做会改变代码的作用，而代码重构不允许这样做。相反，重构倾向于通过将不变量移到一起，以便更容易地观察到不变量，从而提高可维护性。这种方法称为局部化不变量：一起变化的事物应该在一起。

2.1.2　维护代码而不改变代码作用

“代码的作用是什么”是一个有趣但有些形而上学的问题。我们的第一直觉是将代码视为一个黑匣子，只要黑匣子的内部与外部无法区分，就可以更改黑匣子内部发生的任何事情。如果我们放入一个值，那么应该在重构前后得到相同的结果——即使结果是一个异常。

基本情况是这样，但有一个明显的问题：我们可能会改变性能。具体来说，我们很少关心代码在重构时是否变慢。这有多种原因。首先，在大多数系统中，性能不如可读性和可维护性重要。其次，如果性能很重要，则应在分析工具或性能专家的指导下，在与重构不同的阶段进行处理。我们将在第 12 章中对优化展开更详细的讨论。

当进行重构时，我们需要考虑黑匣子的边界。我们打算更改多少代码？包含的代码越多，可以改变的东西就越多。当我们与其他人合作时，这个问题尤其重要，因为如果有人对我们正在重构的代码进行了更改，最终可能会遇到令人讨厌的合并冲突。本质上，我们需要保留正在重构的代码，以免其他人对其进行更改。保留的代码越少，更改发生冲突的风险就越低。因此，确定重构的适当范围是一项困难但非常重要的权衡工作。

总的来说，重构的三大要点如下。

- 通过传达意图提高可读性；
- 通过局部化不变量提高可维护性；
- 执行上述两点时不影响范围之外的任何代码。

2.2 获得速度、灵活性和稳定性

前文已经提到在干净的代码库中工作的优点：效率更高，错误更少，而且更有趣。本节将讨论可维护性能带来的一些额外好处。

重构模式跨越了从具体和局部(如变量重命名)到抽象和全局(如引入设计模式)的多个级别。虽然变量命名可以增加或减少可读性，但我认为对代码质量影响最大的是架构更改。本书中最接近内部方法级重构的部分就是讨论好的方法命名。

2.2.1 优先选择组合而非继承

众所周知，非局部不变量难以维护。Gang of Four 团队(成员为 Erich Gamma、Richard Helm、Ralph Johnson 和 John Vlissides)早在 1994 年就出版了 *Design Patterns*(Addison-Wesley)一书。而在此以前，他们反对“继承”这种方式，因其会偶然引入非局部不变量。他们最著名的一句话甚至告诉我们如何避免这种事情发生，即“优先选择对象组合而非继承”。

这个建议是本书的核心，我们描述的大多数重构模式和规则都是专门用于帮助进行对象组合：也就是说，对象引用了其他对象。下面是一个小型鸟类库(鸟类学细节并不重要)。代码清单 2.4 使用继承，代码清单 2.5 使用组合。

代码清单 2.4 使用继承

```
interface Bird {
  hasBeak(): boolean;
  canFly(): boolean;
}
class CommonBird implements Bird {
  hasBeak() { return true; }
  canFly() { return true; }
}
class Penguin extends CommonBird {    ◀── 继承
  canFly() { return false; }
}
```

代码清单 2.5 使用组合

```
interface Bird {
  hasBeak(): boolean;
  canFly(): boolean;
}
class CommonBird implements Bird {
  hasBeak() { return true; }
  canFly() { return true; }
}
class Penguin implements Bird {
  private bird = new CommonBird();    ◀── 组合
  hasBeak() { return bird.hasBeak(); }    ◀── 我们必须手动调用
  canFly() { return false; }
}
```

在本书中，我们更多地讨论组合的优点。但为了做一些铺垫：想象向 Bird 添加一个名为 canSwim 的新方法(如代码清单 2.6 所示)。这两种情况下，我们都将此方法添加到 CommonBird。

代码清单 2.6　使用继承

```
class CommonBird implements Bird {
  // ...
  canSwim() { return false; }
}
```

在代码清单 2.5 (使用组合的示例)中，Penguin 没有实现新的 canSwim 方法，仍然存在一个编译错误，因此我们必须手动添加并决定企鹅是否会游泳。如果我们只是想让 Penguin 像其他鸟类一样，这很容易实现，如使用 hasBeak。相反，继承示例自动地假设 Penguin 不会游泳，因此我们必须重写 canSwim。人类记忆经常被证明是不牢靠的，尤其是当正在开发的新功能消耗我们的注意力时更是如此。

灵活性

围绕组合构建的系统需要我们以更为精细的方式组合和复用代码。使用主要依赖于组合的系统就像玩乐高积木一样，当所有东西适配时，通过组合现有的组件来更换各部分或构建新事物就会非常快。当我们意识到大部分系统的最终使用方式都超出原程序员的预期时，这种灵活性就变得更重要。

2.2.2　通过添加而非修改来更改代码

也许组合的最大优点就是可以通过添加进行更改。这意味着可以在不影响其他现有功能的情况下添加或更改功能——某些情况下，甚至无须更改任何的现有代码。我们将在整本书中关注如何在技术上实现这一点；此处，我们通过添加考虑进行更改的影响。这个属性有时也被称为开闭原则，意味着组件应该对扩展(添加)开放，但对修改关闭。

1. 编程速度

如前所述，当需要执行新东西或修复缺陷时，我们要做的首要事情之一就是考虑周围的代码，以确保不会破坏任何东西。但如果可以在不触及任何其他代码的条件下进行更改，就可以节省所有不必要的时间。

当然，如果我们只是不断添加代码，代码库就会迅速增长，这也可能成为一个问题。我们需要特别注意哪些代码正在被使用和哪些代码没有被使用。同时，我们应该尽快删除未使用的代码。这一点我们也将在整本书中有所关注。

2. 稳定性

当我们遵循“通过添加实现更改”的思维方式时，总能保留现有代码。如果新代码失败，就很容易实现旧功能。通过这种方式，我们可以确保永远不会在现有功能中引入新错误。此外，局部化不变量导致产生的错误变少，系统会因此更稳定。

2.3　重构与你的日常工作

我在前面说过，重构应该成为任何程序员日常工作的一部分。如果我们交付未重构的代码，就只是在向下一个程序员借用时间。更糟糕的是，由于我们到目前为止谈及的各种负面因素，糟糕的软件架构带来的影响有“利息”。因此，我们通常称之为技术债务；第 9 章会更详细地讨论这个概念。我已经提到了两种推荐的日常重构形式。

- 在遗留系统中，在进行任何更改之前先进行重构。然后按照常规工作流程进行操作。
- 在对代码做出任何更改之后进行重构。

确保在交付代码之前进行重构，这有时也可以表达为如下内容。

所到之处要带来积极的改变。

——童子军规则

将重构作为一种学习方法

关于重构的最后一点是，它与许多事情一样，也需要花费时间来学习；但是最终，重构会变得自动化。了解并体验更好代码的优势会改变我们编写和思考代码的方式。一旦稳定性更强，我们就开始思考如何利用这种稳定性。增加部署频率是一个示例，这通常可以提高稳定性。灵活性可以帮助我们构建配置管理或功能切换系统，如果没有灵活性，将无法维护这些系统。

重构是一种完全不同的代码学习方式，为我们提供了独特的视角。有时我们得到的代码需要花费好几小时或好几天才能理解。下一章将演示重构使我们能够在不理解代码的情况下改进代码。通过这种方式，我们可以在处理代码的同时消化一小部分内容，直到最终结果变得非常容易理解。

将重构作为一项入门任务

对于新团队成员，重构通常被用作入门任务，这样他们就可以在一个安全的环境中处理代码和学习，而不必立即与客户打交道。虽然这是一个不错的做法，但只有在我们忽略日常尽职调查的情况下才有可能做到这一点——当然，我无法容忍这种情况。

正如我所说，学习和实践重构都有很多好处。我希望你整装待发，和我们一起踏上重构之旅。

2.4　在软件上下文中定义“域”

无论是自动化流程还是跟踪或模拟现实世界事件的代码，又或是用于其他途径的代码，软件都是现实生活中特定方面的模型。总有一个与软件相对应的现实世界，我们称这个现实世界为软件的域。这个域通常有用户和专家以及其自己的语言和文化。

在本书的第 I 部分，域是那个 2D 益智游戏。用户是玩家，领域专家是游戏或关卡设计者。通过引入诸如玩家可以“吃掉”的通量等词，我们已经了解游戏如何使用自己的语言。最后，电子游戏带有许多文化，体现在我们对与电子游戏互动方式的期待上。例如，熟悉电子游戏的人很容易接受的是，一些游戏对象(石头和箱子)会受到重力的影响，而另一些对象(钥匙和玩家)则不会。

在开发软件时，我们经常需要与领域专家密切合作，这意味着我们必须学习他们的语言和文化。编程语言不允许有任何歧义；因此，我们有时甚至需要探索连专家都不熟悉的新极端案例。因此，编程主要是学习和交流。

2.5　本章小结

- 重构是在不改变代码功能的情况下使代码传达其意图并局部化不变量。
- 优先选择组合而非继承意味着可通过添加进行更改，从而获得速度、灵活性和稳定性。
- 我们应该将重构作为日常工作的一部分，以避免堆积技术债务。
- 实践重构为我们提供了学习代码的独特视角，使我们能够提出更好的解决方案。

第3章 拆分长函数

本章内容

- 用 FIVE LINES 规则识别过长方法
- 在不考虑细节的情况下处理代码
- 用 EXTRACT METHOD 拆分长方法
- 用 EITHER CALL OR PASS 平衡抽象级别
- 用 IF ONLY AT THE START 隔离 if 语句

即使遵循 DRY 和 KISS 原则，代码也很容易变得混乱且令人困惑。造成这种混乱的一些重要因素如下。

- 方法在做多种不同的事情。
- 使用低级原语操作(数组访问、算术运算等)。
- 缺少人类可读的文本，如注释、好的方法和变量命名。

遗憾的是，仅知道这些还不足以确定问题究竟出在哪里，更无法了解如何处理它。

本章将描述一种具体的方式来识别那些可能有过多功能的方法。例如，我们的 2D 益智游戏中有一个方法 draw，其功能过多。我们展示了一种结构化、安全的方式来改进此方法，同时消除注释。然后，将此过程概括为可重复使用的重构模式：EXTRACT METHOD。我们将继续使用相同的 draw 示例方法，学习如何识别混合不同抽象级别的问题，以及如何使用 EXTRACT METHOD 缓解这个问题。在这个过程中，我们将学习良好的方法命名习惯。

在使用 draw 结束工作后，我们将继续使用另一个示例(update 方法)并重复这个过程，在不深入研究代码细节的情况下改进处理代码的方式。这个示例告诉我们如何通过一个不同的标志来识别功能太多的方法。同时，通过 EXTRACT METHOD，我们学习如何用重命名变量来提高可读性。

应该注意到，我们经常要区分方法(针对对象进行定义)和函数(针对静态或外部类进行定义)。这可能有点令人困惑。幸运的是，TypeScript 能够提供帮助，因为我们必须在定义函数时使用 function，而在定义方法时则不用。如果你仍然觉得难以区分，也可以简单地用“方法”指代“函数”，因为所有规则和重构都同样适用于两者。

假设你已经按照附录中的描述安装了工具并下载了代码，我们将跳到文件 index.ts 中的代码。记住，你始终可以通过运行像 git diff section-3.1 这样的命令来检查你的代码是否与本书中的相应章节部分保持同步。如果没有同步，你可以使用像 git reset --hard section-3.1 这样的命令获得相应代码的原始副本。有了代码后，我们想提高代码质量。但是现在从哪里开始着手呢？

3.1　建立第一条规则：为什么是 5 行

为回答这个问题，我们引入本书中最基本的规则：FIVE LINES。这条规则非常简单，规定任何方法都不应超过 5 行。在本书中，FIVE LINES 是终极目标，因为坚持这条规则本身就是一个巨大的进步。

规则：FIVE LINES

1. 声明

除了{和}，一个方法不应超过 5 行。

2. 解释

行有时称为语句，指的是 if、for、while 或任何以分号结尾的句子，即赋值、方法调用、return 等。这里忽略空白和大括号。

我们可以转换任何方法，使其遵守此规则。可以用一个简单的方式来了解这是如何实现的：如果我们有一个 20 行的方法，那么可以创建一个包含前 10 行的辅助方法和一个包含后 10 行的方法。原来的方法现在变成 2 行：一行调用第一个辅助方法，另一行调用第二个方法。我们可以重复这个过程，直到每个方法都只有 2 行。

给出限制条件很重要。根据我的经验，可以将限制设置为实现遍历基本数据结构所需的任何值。

在本书中，我们在 2D 环境中工作，这意味着基本数据结构是一个 2D 数组。在代码清单 3.1 和代码清单 3.2 中，两个函数遍历一个 2D 数组：一个函数检查数组是否包含偶数，另一个函数查找数组的最小元素，每个函数恰好为 5 行。

代码清单 3.1　检查 2D 数组是否包含偶数的函数

```
function containsEven(arr: number[][]) {
  for (let x = 0; x < arr.length; x++) {
    for (let y = 0; y < arr[x].length; y++) {
      if (arr[x][y] % 2 === 0) {
        return true;
      }
```

```
    }
  }
  return false;
}
```

在 TypeScript 语言中

对于整数和浮点数，我们只有一个类型来涵盖这两者：number。

代码清单 3.2　查找 2D 数组中最小元素的函数

```
function minimum(arr: number[][]) {
  let result = Number.POSITIVE_INFINITY;
  for (let x = 0; x < arr.length; x++) {
    for (let y = 0; y < arr[x].length; y++) {
      result = Math.min(arr[x][y], result);
    }
  }
  return result;
}
```

在 TypeScript 语言中

我们使用 let 来声明变量。let 试图推断变量类型，但我们可以用像 let a: number = 5; 这样的代码来指定它。我们从不使用 var，因为其作用域规则很奇怪：可以在使用变量后再定义变量。这里左边的代码是有效的，但可能与我们的期望不同。右边的代码则存在一个错误。

坏代码

```
a = 5;
var a: number;
```

好代码

```
a = 5;
let a: number;
```

为阐明如何计算行数，代码清单 3.3 给出我们在第 2 章开头看到的示例。一共有 4 行：每个 if(包括 else)一行，每个分号一行。

代码清单 3.3　来自第 2 章的 4 行的方法

```
function isTrue(bool: boolean) {
  if (bool)
    return true;
  else     return false;
}
```

3. 异味

长方法本身就是一种异味，因为这种方法难以使用；你必须一次将方法的所有逻辑都记在脑子里。但是“长方法”引出了一个问题：什么算长方法？

为回答这个问题，我们从另一种异味出发：方法应该只做一件事。如果做一件有意义的事情正好需要 5 行代码，那么这个限制也可以防止出现这种异味。有时，在我们的工作环境中，代码中不同位置上的基本数据结构并不相同。一旦我们熟悉了这个规则，就可以开始改变行数，以适应特定的示例。这很好；但在实践中，行数通常在 5 行左右。

4. 意图

如果不进行检查，当我们向方法添加越来越多的功能时，方法往往会随着时间的推移而增大，变得越来越难以理解。对方法施加大小限制可以防止这种糟糕情况的发生。

我认为理解 4 个方法(每个方法有 5 行代码)比理解一个有 20 行代码的方法更快、更容易，因为每个方法的名称都提供了传达代码意图的机会。本质上讲，方法命名相当于至少每 5 行添加一个注释。另外，正确命名小方法也可以使正确命名大方法更容易。

5. 参考

参阅 EXTRACT METHOD 重构模式可帮助实现此规则。参阅 Robert C. Martin 的 *Clean Code*(Pearson，2008)一书可了解“方法应该只做一件事”异味。参阅 Martin Fowler 的 *Refactoring*(Addison-Wesley Professional，1999)一书可了解“长方法”异味。

3.2 引入重构模式来分解函数

虽然 FIVE LINES 规则很容易理解，但实现这一规则并非总是那么容易。因此，我们将多次谈及这一规则，并且在本书的这一部分中处理越来越困难的示例。

了解了规则后，就可以开始深入研究代码。我们从一个名为 draw 的函数开始。理解代码的第一步应该始终是考虑函数名称。我们很容易在试图理解每一行时遇到困难，这样做将花费大量时间，并且徒劳无获。因此，我们将从查看代码的“形状”开始。

我们尝试识别与同一事物相关的行组。为了使这些组更清晰，我们在判断为组的位置添加空行。有时我们会添加注释来帮助记住分组的相关内容。一般而言，我们需要尽量避免使用注释，因为注释往往会过时，或者会像除臭剂一样被用于不良代码。但在本例中，注释只是暂时的。我们稍后会进一步了解。

通常，最初的程序员会考虑分组并插入空行，有时也会添加注释。此时，我们往往想要查看代码正在做什么——但由于代码不是处于原始状态，这样做会适得其反。俗话说“一口吃不成胖子”，这就是我们现在正在做的事情。在没有消化整个函数的情况下，我们将函数切分开来，得到易于理解的数个小部分，逐步进行处理。

在图 3.1 中，为避免拘泥于细节，我们注释掉所有非必要的行，以便可以专注于结构(只在开始时这样做)。即使看不到任何细节，我们也注意到两个分组，每个分组都以注释开头，分别是// Draw map 和// Draw player。

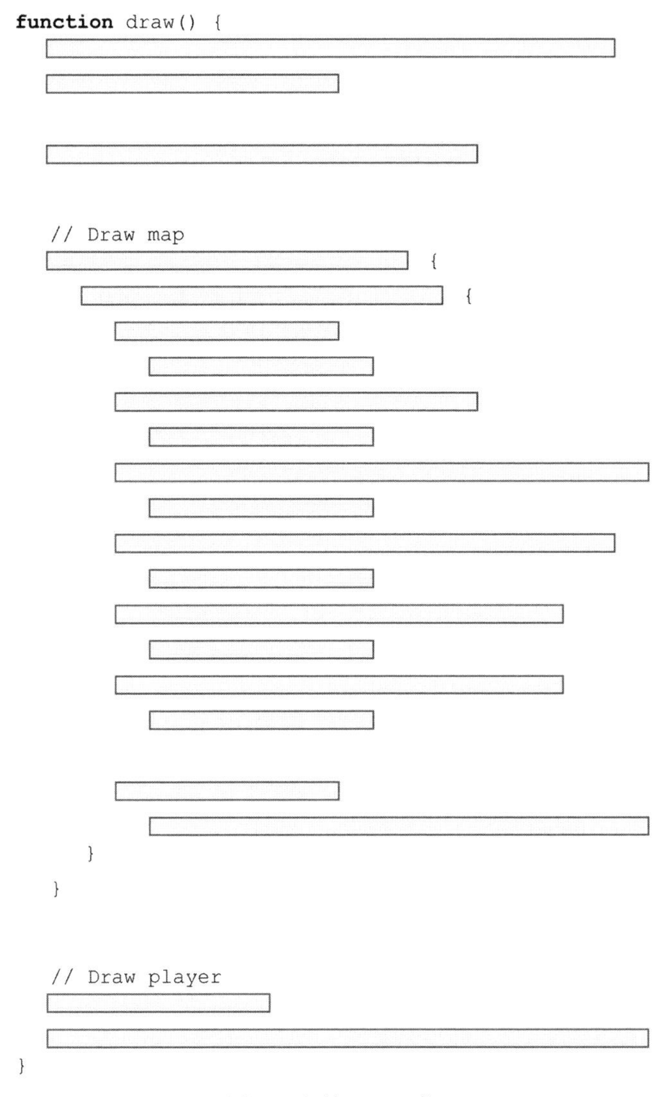

图 3.1　初始 draw 函数

我们可以通过执行以下操作来利用这些注释。

(1) 创建一个新(空)方法 drawMap。

(2) 在注释所在的位置调用 drawMap。

(3) 选择我们确定的组中的所有行，将它们剪切并粘贴为 drawMap 的方法体。

对 drawPlayer 重复相同的过程，会得到如图 3.2 和图 3.3 所示的转换结果。

图 3.2　转换前　　　　图 3.3　转换后

下面是实际代码的应用效果。我们从代码清单 3.4 中的代码开始；注意，我们可以看到相同的结构，而无须查看任何单独行的作用。

代码清单 3.4　初始代码

```
function draw() {
  let canvas = document.getElementById("GameCanvas") as HTMLCanvasElement;
  let g = canvas.getContext("2d");

  g.clearRect(0, 0, canvas.width, canvas.height);

  // Draw map                                          ← 表示开始一个行的逻辑分组
  for (let y = 0; y < map.length; y++) {
    for (let x = 0; x < map[y].length; x++) {
      if (map[y][x] === Tile.FLUX)
        g.fillStyle = "#ccffcc";
      else if (map[y][x] === Tile.UNBREAKABLE)
        g.fillStyle = "#999999";
```

```
    else if (map[y][x] === Tile.STONE || map[y][x] === Tile.FALLING_STONE)
      g.fillStyle = "#0000cc";
    else if (map[y][x] === Tile.BOX || map[y][x] === Tile.FALLING_BOX)
      g.fillStyle = "#8b4513";
    else if (map[y][x] === Tile.KEY1 || map[y][x] === Tile.LOCK1)
      g.fillStyle = "#ffcc00";
    else if (map[y][x] === Tile.KEY2 || map[y][x] === Tile.LOCK2)
      g.fillStyle = "#00ccff";

    if (map[y][x] !== Tile.AIR && map[y][x] !== Tile.PLAYER)
      g.fillRect(x * TILE_SIZE, y * TILE_SIZE, TILE_SIZE, TILE_SIZE);
    }
  }

  // Draw player          <--- 表示开始一个行的逻辑分组
  g.fillStyle = "#ff0000";
  g.fillRect(playerx * TILE_SIZE, playery * TILE_SIZE, TILE_SIZE, TILE_SIZE);
}
```

在 TypeScript 语言中

我们使用 as 进行类型间的转换，就像其他语言中的强制类型转换一样。它不会像 C#中的 as 那样在转换无效时返回 null。

我们按照前面描述的步骤进行操作。

(1) 创建一个新(空)方法 drawMap。

(2) 在注释所在的位置调用 drawMap。

(3) 选择我们确定的组中的所有行，将它们剪切并粘贴为 drawMap 的方法体。

由于变量 g 不再位于作用域内，因此现在尝试编译时会得到很多错误。我们可以在原始 draw 方法中，将光标悬停在 g 上来解决此问题。这样，可以知道它的类型并用于在 drawMap 中引入形参 g:CanvasRenderingContext2D。

再次编译时，我们会发现调用 drawMap 的地方出错了，因为缺少形参 g。同样，将 g 作为实参传递就可以很容易地解决这个问题。

现在我们对 drawPlayer 重复相同的过程，代码清单 3.5 为最终得到的结果，完全符合预期。注意，除了方法名称，仍然不需要进一步检查代码所做的工作。

代码清单 3.5　应用 EXTRACT METHOD 后

```
function draw() {
  let canvas = document.getElementById("GameCanvas") as HTMLCanvasElement;
  let g = canvas.getContext("2d");

  g.clearRect(0, 0, canvas.width, canvas.height);
```

```
  drawMap(g);
  drawPlayer(g);
}

function drawMap(g: CanvasRenderingContext2D) {
  for (let y = 0; y < map.length; y++) {
    for (let x = 0; x < map[y].length; x++) {
      if (map[y][x] === Tile.FLUX)
        g.fillStyle = "#ccffcc";
      else if (map[y][x] === Tile.UNBREAKABLE)
        g.fillStyle = "#999999";
      else if (map[y][x] === Tile.STONE || map[y][x] === Tile.FALLING_STONE)
        g.fillStyle = "#0000cc";
      else if (map[y][x] === Tile.BOX || map[y][x] === Tile.FALLING_BOX)
        g.fillStyle = "#8b4513";
      else if (map[y][x] === Tile.KEY1 || map[y][x] === Tile.LOCK1)
        g.fillStyle = "#ffcc00";
      else if (map[y][x] === Tile.KEY2 || map[y][x] === Tile.LOCK2)
        g.fillStyle = "#00ccff";

      if (map[y][x] !== Tile.AIR && map[y][x] !== Tile.PLAYER)
        g.fillRect(x * TILE_SIZE, y * TILE_SIZE, TILE_SIZE, TILE_SIZE);
    }
  }
}

function drawPlayer(g: CanvasRenderingContext2D) {
  g.fillStyle = "#ff0000";
  g.fillRect(playerx * TILE_SIZE, playery * TILE_SIZE, TILE_SIZE, TILE_SIZE);
}
```

与第一条注释对应的新函数和调用

与第二条注释对应的新函数和调用

我们已经完成两个重构。刚刚经历的过程是一个标准重构模式，我们称之为EXTRACT METHOD。

注意：

因为我们只是移动行，所以引入错误的风险很小，特别是当我们忘记形参时，编译器会告诉我们。

我们使用注释作为方法名称；由于函数的名称和注释传达了相同的信息，因此我们删除注释。我们还消除了之前用于对行进行分组的空行。

重构模式：EXTRACT METHOD

1. 描述

EXTRACT METHOD获取一个方法的一部分并将其提取到自己的方法中。这可以通过机械方式来实现，事实上许多现代IDE都内置了这种重构模式。仅此一点就能保证安全，计算机很少会搞砸这样的事情。但也有一种安全的手动方法。

如果我们赋值给多个形参，或者仅在某些路径而不是全部路径中return，事情就会变得复杂。这种情况很少见，此处不予考虑。通常，可以通过重新排序或复制方法中的行来简化这种情况。

> **专业提示**
>
> 由于只在 if 的某些分支中 return 会妨碍我们提取方法，因此我建议从方法的底部开始往上操作。这样做可以推动 return 上升，因此我们最终在所有分支中 return。

2. 过程

(1) 在要提取的行周围放置空行或添加注释来进行标记。

(2) 使用所需名称创建一个新(空)方法。

(3) 在分组的顶部调用新方法。

(4) 选择组中的所有行，将它们剪切并粘贴为新方法的方法体。

(5) 编译。

(6) 引入形参，从而导致错误。

(7) 给其中一个形参赋值(我们称之为 p)。

- 放置 return p;作为新方法中的最后一项。
- 在调用点放置赋值语句 p = newMethod(...);。

(8) 编译。

(9) 传递实参，从而修复错误。

(10) 删除不再需要的空行和注释。

3. 示例

如代码清单 3.6 所示，通过一个示例了解完整的过程。这里仍是用一个函数来查找 2D 数组中的最小元素。我们已经确定这个函数太长，因此要提取空行之间的部分。

代码清单 3.6　查找 2D 数组中最小元素的函数

```
function minimum(arr: number[][]) {
  let result = Number.POSITIVE_INFINITY;
  for (let x = 0; x < arr.length; x++)
    for (let y = 0; y < arr[x].length; y++)

      if (result > arr[x][y])      | 我们要
        result = arr[x][y];        | 提取的行

  return result;
}
```

我们遵循以下过程，如代码清单 3.7～代码清单 3.12 所示。

(1) 在要提取的行周围放置空行或添加注释来进行标记。

(2) 创建一个新方法 min。

(3) 在分组的顶部调用 min。

(4) 剪切组中的行并粘贴到新方法的方法体中。

代码清单 3.7 重构之前

```
function minimum(arr: number[][]) {
  let result = Number.POSITIVE_INFINITY;
  for (let x = 0; x < arr.length; x++)
    for (let y = 0; y < arr[x].length; y++)

      if (result > arr[x][y])
        result = arr[x][y];

  return result;
}
```

代码清单 3.8 重构之后(1/3)

```
function minimum(arr: number[][]) {
  let result = Number.POSITIVE_INFINITY;
  for (let x = 0; x < arr.length; x++)
    for (let y = 0; y < arr[x].length; y++)

      min();                              <-- 新方法和调用

  return result;
}

function min() {
  if (result > arr[x][y])                 从之前代码中提取的行
    result = arr[x][y];
}
```

(5) 编译。

(6) 为result、arr、x和y引入形参。

(7) 将提取的函数赋值给result。

- 放置return result;作为min中的最后一项。
- 在调用点放置赋值语句result = min(...);。

代码清单 3.9 重构之前

```
function minimum(arr: number[][]) {
  let result = Number.POSITIVE_INFINITY;
  for (let x = 0; x < arr.length; x++)
    for (let y = 0; y < arr[x].length; y++)

      min();

  return result;
}

function min() {



  if (result > arr[x][y])
    result = arr[x][y];
}
```

代码清单 3.10 重构之后(2/3)

```
function minimum(arr: number[][]) {
  let result = Number.POSITIVE_INFINITY;
  for (let x = 0; x < arr.length; x++)
    for (let y = 0; y < arr[x].length; y++)

      result = min();                     <-- 对result赋值

  return result;
}

function min(
  result: number, arr: number[][],        添加的形参
  x: number, y: number)
{
  if (result > arr[x][y])
    result = arr[x][y];
  return result;                          <-- 添加的返回语句
}
```

(8) 编译。

(9) 传递实参result、arr、x和y来修复错误。

(10) 最后，删除不再需要的空行。

代码清单 3.11　重构之前

```
function minimum(arr: number[][]) {
  let result = Number.POSITIVE_INFINITY;
  for (let x = 0; x < arr.length; x++)
    for (let y = 0; y < arr[x].length; y++)
      result = min();
  return result;
}

function min(
  result: number, arr: number[][],
  x: number, y: number)
{
  if (result > arr[x][y])
    result = arr[x][y];
  return result;
}
```

代码清单 3.12　重构之后(3/3)

```
function minimum(arr: number[][]) {
  let result = Number.POSITIVE_INFINITY;
  for (let x = 0; x < arr.length; x++)
    for (let y = 0; y < arr[x].length; y++)
      result = min(result, arr, x, y);   ← 添加实参并删除空行
  return result;
}

function min(
  result: number, arr: number[][],
  x: number, y: number)
{
  if (result > arr[x][y])
    result = arr[x][y];
  return result;
}
```

你可能会认为，使用内置的 Math.min 或 arr[x][y]作为实参比单独使用所有 3 个更好。如果你能安全使用，那对你来说可能是一个更好的方法。但这个示例告诉我们的重要教训是，转换虽然较为烦琐，但是却很安全。我们容易在要小聪明时陷入麻烦，这通常并不值得。

我们可以相信这个过程不会破坏任何东西。确信没有破坏任何东西要比完美的输出更有价值，尤其是当我们还没有研究代码的作用时更是如此。我们需要记录的事情越多，就越有可能忘记某些事情。但编译器不会忘记，这个过程也将这一点发挥得淋漓尽致。我们宁愿安全地生成不常见的代码，也不愿信心不足地生成漂亮代码(如果我们对大量的自动化测试等其他事情感到自信，就可以承担更多的风险；但这里的情况并非如此)。

4. 补充阅读

如果我们想得到一个较好的结果，可以结合一些其他重构模式。本书只关注方法间的重构模式，因此不会深入讨论其他模式。但是，如果你想自己进一步研究，下面也概述了这一过程。

(1) 执行另一个小的重构模式“提取公共子表达式”。该模式在本例中分组外引入了一个临时变量 let tmp = arr[x][y];，并且用 tmp 替换分组内出现的 arr[x][y]。

(2) 如前所述使用 EXTRACT METHOD。

(3) 执行 INLINE LOCAL VARIABLE，通过用 arr[x][y]替换 tmp 撤销“提取公共子表达式”并删除临时变量 tmp。

有关包括 EXTRACT METHOD 在内的更多模式的相关信息可以参阅 Martin Fowler 的著作 *Refactoring*。

3.3 分解函数以平衡抽象

我们已经为函数 draw 实现了 5 行的目标。当然，drawMap 与规则冲突；我们将在第 4 章中解决这个问题。但目前还没有解决完所有与 draw 有关的问题：它还与另一条规则相冲突。

3.3.1 规则：EITHER CALL OR PASS

1. 声明

函数要么调用对象上的方法，要么将对象作为实参传递，但不能两者同时进行。

2. 解释

一旦我们开始引入更多方法并将其作为实参传递，最终可能导致不均衡的任务。例如，一个函数可能既执行低级操作(如在数组中设置索引)，同时也将相同的数组作为实参传递给更复杂的函数。我们需要在低级操作和高级方法名称之间切换，因此这样的代码很难阅读。如果保持在一个抽象级别，阅读起来要容易得多。

例如下列求数组平均值的函数(见代码清单 3.13)。注意，该函数同时使用了高级抽象 sum(arr)和低级抽象 arr.length。

代码清单 3.13 求数组平均值的函数

```
function average(arr: number[]) {
  return sum(arr) / arr.length;
}
```

此代码违反了我们的规则。代码清单 3.14 和代码清单 3.15 展示了一个更好的实现，它不考虑如何找到数组的长度。

代码清单 3.14 重构之前

```
function average(arr: number[]) {
  return sum(arr) / arr.length;
}
```

代码清单 3.15 重构之后

```
function average(arr: number[]) {
  return sum(arr) / size(arr);
}
```

3. 异味

“函数的内容应该在同一抽象级别上”这句话是如此强大，以至于它本身就是一种异味。然而，与大多数其他异味一样，很难量化它的含义，更不用说如何解决它。而识别某些东西是否作为实参传递则很简单。

4. 意图

当我们通过从方法中提取一些细节来引入抽象时，这条规则迫使我们也提取其他细节。通过这种方式，可以确保方法内部的抽象级别始终保持不变。

5. 参考

参阅 EXTRACT METHOD 重构模式可帮助实现这一规则。参阅 Robert C. Martin 的 *Clean Code* 一书可进一步了解“函数的内容应该在同一抽象级别上”这一异味。

3.3.2　应用规则

同样不考虑细节，如果我们检查 draw 方法当前的样子(如图 3.4 所示)，很快就会发现其违反了前述规则。我们将变量 g 作为形参传递，同时还调用了其上的一个方法。

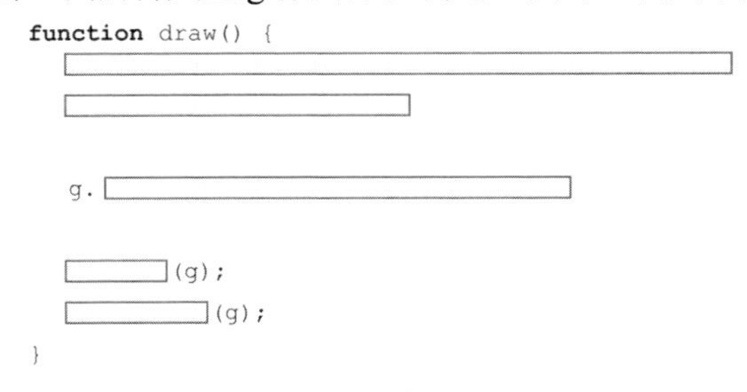

图 3.4　g 同时被传递和调用

这里使用 EXTRACT METHOD 修复违反规则的行为。但我们提取什么？此时需要查看具体情况(如代码清单 3.16 所示)。代码中有空行，但如果提取 g.clearRect 所在的行，最终会将 canvas 作为实参传递并调用 canvas.getContext——从而再次违反规则。

代码清单 3.16　draw 函数当前的样子

```
function draw() {
  let canvas = document.getElementById("GameCanvas") as HTMLCanvasElement;
  let g = canvas.getContext("2d");

  g.clearRect(0, 0, canvas.width, canvas.height);

  drawMap(g);
  drawPlayer(g);
}
```

调用 g 上的一个方法

g 被作为一个实参传递

于是，我们决定一起提取前 3 行。每当执行 EXTRACT METHOD 时都是一个好机会，因为可以通过引入一个好的方法名称来使代码更具可读性。因此，在提取行之前，先对好名称进行定义。

3.4　好的函数名称的属性

我无法给出好名称的通用规则，但总结了好名称应该具有的一些属性。

- 好名称应该是直观的，可以描述函数的意图。
- 好名称应该是完整的，可以包含函数所做的一切。

- 好名称应该是业内人员易于理解的，使用专业领域的术语。这也有利于提高沟通效率，使得更容易与团队成员和客户讨论代码。

这是我们第一次需要考虑代码在做什么，因为没有注释可循。幸运的是，我们已经大幅减少了需要考虑的行数：只有3行。

第一行获取要绘制的HTML元素，第二行实例化要绘制的图形，第三行清除画布。简而言之，代码创建了一个图形对象(如代码清单3.17和代码清单3.18所示)。

代码清单 3.17 重构之前

```
function draw() {
  let canvas = document
    .getElementById("GameCanvas")
    as HTMLCanvasElement;
  let g = canvas.getContext("2d");

  g.clearRect(0, 0,
    canvas.width, canvas.height);

  drawMap(g);
  drawPlayer(g);
}
```

代码清单 3.18 重构之后

```
function createGraphics() {
  let canvas = document
    .getElementById("GameCanvas")
    as HTMLCanvasElement;
  let g = canvas.getContext("2d");
  g.clearRect(0, 0,
    canvas.width, canvas.height);
  return g;
}

function draw() {
  let g = createGraphics();
  drawMap(g);
  drawPlayer(g);
}
```

新方法和调用

原有的行

注意，我们不再需要任何空行，因为即使没有空行，代码也很容易理解。

draw函数完成，我们可以继续。我们重新开始并使用另一个长函数update执行相同的过程，如代码清单3.19所示。同样，即使不阅读任何代码，也可以识别出由空行分隔开的两组清晰的行。

代码清单 3.19 初始代码

```
function update() {
  while (inputs.length > 0) {
    let current = inputs.pop();
    if (current === Input.LEFT)
      moveHorizontal(-1);
    else if (current === Input.RIGHT)
      moveHorizontal(1);
    else if (current === Input.UP)
      moveVertical(-1);
    else if (current === Input.DOWN)
      moveVertical(1);
  }

  for (let y = map.length - 1; y >= 0; y--) {
    for (let x = 0; x < map[y].length; x++) {
      if ((map[y][x] === Tile.STONE || map[y][x] === Tile.FALLING_STONE)
          && map[y + 1][x] === Tile.AIR) {
        map[y + 1][x] = Tile.FALLING_STONE;
        map[y][x] = Tile.AIR;
      } else if ((map[y][x] === Tile.BOX || map[y][x] === Tile.FALLING_BOX)
```

分隔两个分组的空行

```
        && map[y + 1][x] === Tile.AIR) {
      map[y + 1][x] = Tile.FALLING_BOX;
      map[y][x] = Tile.AIR;
    } else if (map[y][x] === Tile.FALLING_STONE) {
      map[y][x] = Tile.STONE;
    } else if (map[y][x] === Tile.FALLING_BOX) {
      map[y][x] = Tile.BOX;
    }
  }
 }
}
```

我们可以很自然地将这段代码拆分为两个较小的函数，如代码清单 3.20 所示。应该如何命名这两个函数呢？这两组函数仍然相当复杂，因此我们想稍后再进一步研究。从表面看，第一组中的主题词是 input，而第二组中的主题词是 map。我们知道我们正在拆分一个名为 update 的函数，因此作为初稿，可以将这些词组合起来得到函数名称 updateInputs 和 updateMap。updateMap 这个名称很好，但我们可能不会“更新”输入。因此，我们决定换成使用 handle，即 handleInputs。

注意：

选择这样的名称时，一定要在函数更小的时候再次评估名称是否可以改进。

代码清单 3.20　应用 EXTRACT METHOD 后

```
function update() {
  handleInputs();
  updateMap();
}

function handleInputs() {
  while (inputs.length > 0) {
    let current = inputs.pop();
    if (current === Input.LEFT)
      moveHorizontal(-1);
    else if (current === Input.RIGHT)
      moveHorizontal(1);
    else if (current === Input.UP)
      moveVertical(-1);
    else if (current === Input.DOWN)
      moveVertical(1);
  }
}

function updateMap() {
  for (let y = map.length - 1; y >= 0; y--) {
    for (let x = 0; x < map[y].length; x++) {
      if ((map[y][x] === Tile.STONE || map[y][x] === Tile.FALLING_STONE)
          && map[y + 1][x] === Tile.AIR) {
        map[y + 1][x] = Tile.FALLING_STONE;
        map[y][x] = Tile.AIR;
      } else if ((map[y][x] === Tile.BOX || map[y][x] === Tile.FALLING_BOX)
          && map[y + 1][x] === Tile.AIR) {
        map[y + 1][x] = Tile.FALLING_BOX;
```

提取的第一组函数和调用

```
        map[y][x] = Tile.AIR;
      } else if (map[y][x] === Tile.FALLING_STONE) {
        map[y][x] = Tile.STONE;
      } else if (map[y][x] === Tile.FALLING_BOX) {
        map[y][x] = Tile.BOX;
      }
    }
  }
}
```

现在 update 已经符合规则，这表明我们已经完成重构。这似乎不足为奇，但我们离目标“神奇的 5 行代码”越来越近。

3.5 分解任务太多的函数

我们已经完成了 update 函数，可以继续学习其他函数，例如前面提到的 updateMap。在这个函数中，添加更多空白会显得不自然。因此，我们需要另一个规则：仅在函数的开始处放置 if。

3.5.1 规则：IF ONLY AT THE START

1. 声明

如果函数中有一个 if，那么它应该放在函数最前端。

2. 解释

我们已经讨论过“函数应该只做一件事”。检查某事就是一件事。因此，如果一个函数有一个 if，那么它应该是函数要做的第一件事，也应该是唯一的一件事。从某种意义上说，我们不应该在 if 之后再做任何事情；但就像我们多次看到的那样，可以通过单独提取来避免 if 后面的事情。

当我们说 if 应该是一个方法唯一要做的事情时，不需要提取它的方法体，也不应该将它与它的 else 分离。方法体和 else 都是代码结构的一部分，我们依靠这个结构来指导我们的工作，因此不必理解代码。行为和结构是紧密相连的。在重构时，我们不应该改变行为，也不应该改变结构。

代码清单 3.21 显示了输出 2～n 的素数的函数。

代码清单 3.21 输出 2～n 的所有素数的函数

```
function reportPrimes(n: number) {
  for (let i = 2; i < n; i++)
    if (isPrime(i))
      console.log(`${i} is prime`);
}
```

我们至少有两个明确的任务。

- 循环数字。
- 检查一个数是否为素数。

因此，我们至少应该有两个函数，如代码清单 3.22 和代码清单 3.23 所示。

代码清单 3.22　重构之前

```
function reportPrimes(n: number) {
  for (let i = 2; i < n; i++)
    if (isPrime(i))
      console.log(`${i} is prime`);
}
```

代码清单 3.23　重构之后

```
function reportPrimes(n: number) {
  for (let i = 2; i < n; i++)
    reportIfPrime(i);
}

function reportIfPrime(n: number) {
  if (isPrime(n))
    console.log(`${n} is prime`);
}
```

每当我们检查某事时，都是在完成一个任务，应该由一个函数来处理这一过程。因此有了本规则。

3. 异味

就像 FIVE LINES 规则一样，这条规则的存在是为了帮助防止函数的任务超过一项。

4. 意图

这一规则旨在隔离 if 语句，因为它们具有单一职责，并且一串 else if 表示我们无法拆分的原子单元。这意味着在 if 和其 else if 的上下文中，使用 EXTRACT METHOD 所能实现的行数最少的情况是仅提取 if 及其 else if。

5. 参考

参阅 EXTRACT METHOD 重构模式可帮助实现此规则。参阅 Robert C. Martin 的 *Clean Code* 一书可进一步了解“所有方法应该只做一件事”这一异味。

3.5.2　应用规则

在不查看代码细节的情况下可以很容易地发现违反此规则的行为。在图 3.5 中，函数中间有一个大的 if 分组。

为确定要提取的函数的名称，我们需要对正在提取的代码先进行粗略分析。这组代码行中有两个主题词：map 和 tile。我们已经有了 updateMap，因此将新函数命名为 updateTile(如代码清单 3.24 所示)。

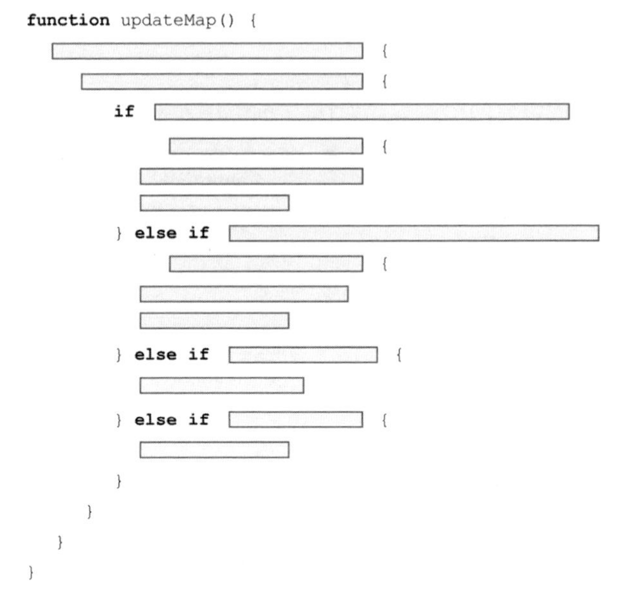

图 3.5 if 在函数中间

代码清单 3.24 应用 EXTRACT METHOD 后

```
function updateMap() {
  for (let y = map.length - 1; y >= 0; y--) {
    for (let x = 0; x < map[y].length; x++) {
      updateTile(x, y);
    }
  }
}

function updateTile(x: number, y: number) {
  if ((map[y][x] === Tile.STONE || map[y][x] === Tile.FALLING_STONE)
      && map[y + 1][x] === Tile.AIR) {
    map[y + 1][x] = Tile.FALLING_STONE;
    map[y][x] = Tile.AIR;
  } else if ((map[y][x] === Tile.BOX || map[y][x] === Tile.FALLING_BOX)
      && map[y + 1][x] === Tile.AIR) {
    map[y + 1][x] = Tile.FALLING_BOX;
    map[y][x] = Tile.AIR;
  } else if (map[y][x] === Tile.FALLING_STONE) {
    map[y][x] = Tile.STONE;
  } else if (map[y][x] === Tile.FALLING_BOX) {
    map[y][x] = Tile.BOX;
  }
}
```

提取的方法和调用

现在 updateMap 已经在 5 行的限制内，这给我们带来了动力。下面快速对 handleInputs 执行相同的转换(如代码清单 3.25 和代码清单 3.26 所示)。

代码清单 3.25　重构之前

```
function handleInputs() {
  while (inputs.length > 0) {
    let current = inputs.pop();
    if (current === Input.RIGHT)
      moveHorizontal(1);
    else if (current === Input.LEFT)
      moveHorizontal(-1);
    else if (current === Input.DOWN)
      moveVertical(1);
    else if (current === Input.UP)
      moveVertical(-1);
  }
}
```

代码清单 3.26　重构之后

```
function handleInputs() {
  while (inputs.length > 0) {
    let current = inputs.pop();
    handleInput(current);
  }
}

function handleInput(input: Input) {
  if (input === Input.RIGHT)
    moveHorizontal(1);
  else if (input === Input.LEFT)
    moveHorizontal(-1);
  else if (input === Input.DOWN)
    moveVertical(1);
  else if (input === Input.UP)
    moveVertical(-1);
}
```

提取的方法和调用

这样就完成了 handleInputs 函数。这里，我们看到了 EXTRACT METHOD 的另一个可读性优势：它使我们能为形参提供新名称，这些名称在其新上下文中能够提供更多信息。对于循环中的变量而言，current 是一个很好的名称，但在新的 handleInput 函数中，input 更好。

我们确实引入了一个似乎有问题的函数。handleInput 已经很小，很难看出我们如何可使它符合“5 行”规则。本章只考虑了 EXTRACT METHOD 和相应的适用规则。但是由于每个 if 的方法体已经是一行，并且我们无法提取 else if 链的一部分，因此无法将 EXTRACT METHOD 应用于 handleInput。然而，我们将在下一章看到一个很好的解决方案。

3.6　本章小结

- FIVE LINES 规则规定，方法的行数应该是 5 行或更少。这一规则有助于识别任务过多的方法。我们使用重构模式 EXTRACT METHOD 来分解这些长方法，并且通过提供方法名称来消除注释。
- EITHER CALL OR PASS 规则规定，一个方法应该要么调用对象上的方法，要么将对象作为形参传递，但不能两者共同进行。这一规则帮助我们识别混合了多个抽象级别的方法。我们再次使用 EXTRACT METHOD 来分离不同的抽象级别。
- 方法名称应该直观、完整且易于理解。EXTRACT METHOD 允许我们重命名形参，以进一步提高可读性。

- IF ONLY AT THE START 规则规定，使用 if 检查一个条件就是完成一件事，因此一个方法不应该再做任何其他事情。这一规则还帮助我们识别任务过多的方法。我们使用 EXTRACT METHOD 隔离这些 if。

第 4 章

让类型代码发挥作用

本章内容

- 用 NEVER USE IF WITH ELSE 和 NEVER USE SWITCH 消除早期绑定
- 用 REPLACE TYPE CODE WITH CLASSES 和 PUSH CODE INTO CLASSES 删除 if 语句
- 用 SPECIALIZE METHOD 消除不良泛化
- 用 ONLY INHERIT FROM INTERFACES 防止耦合
- 用 INLINE METHOD 和 TRY DELETE THEN COMPILE 删除方法

上一章的最后介绍了一个 handleInput 函数。我们不想分解 else if 链，因此在 handleInput 上无法使用 EXTRACT METHOD。但遗憾的是，handleInput 不符合基本的 FIVE LINES 规则，因此需要对此进行更改。

handleInput 函数如代码清单 4.1 所示。

代码清单 4.1　初始代码

```
function handleInput(input: Input) {
  if (input === Input.LEFT) moveHorizontal(-1);
  else if (input === Input.RIGHT) moveHorizontal(1);
  else if (input === Input.UP) moveVertical(-1);
  else if (input === Input.DOWN) moveVertical(1);
}
```

4.1　重构一个简单的 if 语句

这有些困难。为展示如何处理这样的 else if 链，我们首先引入一个新规则。

4.1.1 规则：NEVER USE IF WITH ELSE

1. 声明

切勿同时使用 if 和 else，除非我们正在检查无法控制的数据类型。

2. 解释

做决定是困难的。在生活中，许多人试图避免或推迟做决定；但在代码中，我们似乎渴望使用 if-else 语句。我无法规定现实生活中什么是最好的，但在代码中，等待肯定是更好的。当我们使用 if-else 时，会锁定代码中做出决定的点。这会让代码缺乏灵活性，因为我们无法在 if-else 所在的位置之后引入任何变更。

我们可以将 if-else 视为硬编码的决策。就像我们不喜欢代码中的硬编码的常量一样，我们同样也不喜欢硬编码的决策。

我们宁愿永远不要对决策进行硬编码；也就是说，永远不要将 if 与 else 一起使用。遗憾的是，我们必须注意正在检查的对象。例如，使用 e.key 来检查按下的是哪个键，发现按键类型是 string。我们无法修改 string 的实现，因此也无法避免 else if 链。

但是，这并不能使我们气馁。因为这些情况较少见，通常发生在我们从应用程序外部获取输入时，例如用户键入内容、从数据库中获取值等。这些情况下，我们首先要做的是将第三方数据类型映射到我们可以控制的数据类型。在我们的示例游戏中，一个 else if 链读取用户的输入并将其映射到我们的类型(如代码清单 4.2 所示)。

代码清单 4.2 将用户输入映射到我们可以控制的数据类型

```
window.addEventListener("keydown", e => {
  if (e.key === LEFT_KEY || e.key === "a") inputs.push(Input.LEFT);
  else if (e.key === UP_KEY || e.key === "w") inputs.push(Input.UP);
  else if (e.key === RIGHT_KEY || e.key === "d") inputs.push(Input.RIGHT);
  else if (e.key === DOWN_KEY || e.key === "s") inputs.push(Input.DOWN);
});
```

我们无法控制条件中两种数据类型的任意一种：KeyboardEvent 和 string。如前所述，这些 else if 链应该直接连接到 I/O，而 I/O 应该与应用程序的其余部分分开。

注意，我们将独立的 if 视为检查，而将 if-else 视为决策。这允许我们在方法开始时进行简单的验证，这种情况下很难提取早期 return。因此，此规则专门针对 else。

除此之外，这条规则很容易验证：只需要寻找 else。让我们回顾之前的一个函数，这一函数接收一个数字数组并给出平均值。代码清单 4.3 和代码清单 4.4 提供了重构前后的代码。如果我们用一个空数组调用前面的实现，就会得到一个“除零”错误。这是有意义的，因为我们知道具体实现，但该实现对用户没有帮助；因此，我们想抛出一个信息更丰富的错误。有两种方式可以解决这个问题。

代码清单 4.3　重构之前

```
function average(ar: number[]) {
  if (size(ar) === 0)
    throw "Empty array not allowed";
  else
    return sum(ar) / size(ar);
}
```

代码清单 4.4　重构之后

```
function assertNotEmpty(ar: number[]) {
  if (size(ar) === 0)
    throw "Empty array not allowed";
}
function average(ar: number[]) {
  assertNotEmpty(ar);
  return sum(ar) / size(ar);
}
```

3. 异味

此规则与早期绑定有关，是一种异味。当我们编译程序时，类似于 if-else 决策的行为会被解析并锁定在应用程序中，并且无法在不重新编译的情况下进行修改。与此相反的是后期绑定，即在代码运行的最后时刻确定行为。

在早期绑定中，我们只能通过修改来更改 if 语句，因此可以防止通过添加进行更改。后期绑定属性使我们可以通过添加进行更改(这在第 2 章中提到过，正是我们想要的结果)。

4. 意图

if 是控制流操作符，这意味着由 if 决定接下来要运行的代码。然而，面向对象编程有更强大的控制流操作符：对象。如果我们使用具有两个实现的接口，那么就可以根据实例化的类来确定要运行的代码。从本质上讲，这条规则迫使我们寻找使用对象的方法，它们是更强大、更灵活的工具。

5. 参考

我们将在学习 REPLACE TYPE CODE WITH CLASSES 和 INTRODUCE STRATEGY PATTERN 重构模式时更详细地讨论后期绑定。

4.1.2　应用规则

消除 handleInput 中的 if-else 的第一步是用 Input 接口替换 Input 枚举，然后用类替换这些值。最后这步也是最精彩的部分，因为这些值现在是对象，所以我们可以将 if 中的代码移到每个类的方法中。这需要几步操作才能完成，因此请耐心等待，我们逐步进行。

(1) 引入一个临时名称为 Input2 的新接口(如代码清单 4.5 所示)，其中包含表示枚举中的 4 个值的方法。

代码清单 4.5　新接口

```
enum Input {
  RIGHT, LEFT, UP, DOWN
}
interface Input2 {
  isRight(): boolean;
  isLeft(): boolean;
  isUp(): boolean;
```

```
  isDown(): boolean;
}
```

(2) 创建与 4 个枚举值对应的 4 个类(如代码清单 4.6 所示)。除了对应 Right 类的方法，所有方法都应 return false。注意，这些方法是临时的，我们稍后详述。

代码清单 4.6　新类

```
class Right implements Input2 {
  isRight() { return true; }
  isLeft() { return false; }
  isUp() { return false; }
  isDown() { return false; }
}
class Left implements Input2 { ... }
class Up implements Input2 { ... }
class Down implements Input2 { ... }
```

isRight 在 Right 类中返回 true

其他方法则返回 false

(3) 将枚举重命名为 RawInput 之类的名称(如代码清单 4.7 和代码清单 4.8 所示)。这会使编译器在我们使用枚举的所有地方都报告错误。

代码清单 4.7　重构之前

```
enum Input {
  RIGHT, LEFT, UP, DOWN
}
```

代码清单 4.8　重构之后(1/3)

```
enum RawInput {
  RIGHT, LEFT, UP, DOWN
}
```

(4) 将类型从 Input 更改为 Input2 并用新方法替换相等检查(如代码清单 4.9 和代码清单 4.10 所示)。

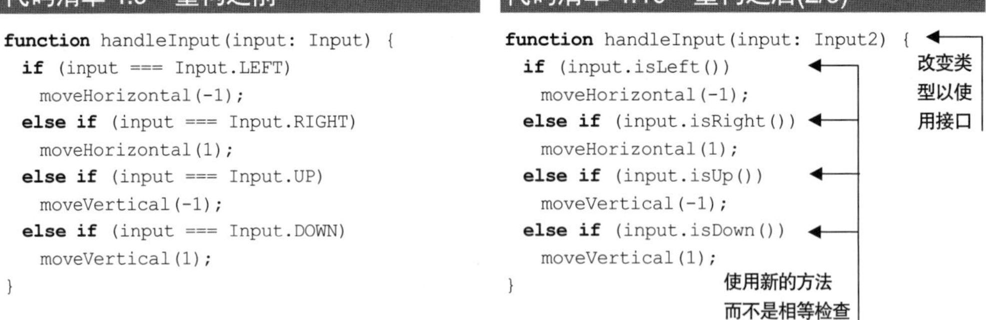

代码清单 4.9　重构之前

```
function handleInput(input: Input) {
  if (input === Input.LEFT)
    moveHorizontal(-1);
  else if (input === Input.RIGHT)
    moveHorizontal(1);
  else if (input === Input.UP)
    moveVertical(-1);
  else if (input === Input.DOWN)
    moveVertical(1);
}
```

代码清单 4.10　重构之后(2/3)

```
function handleInput(input: Input2) {
  if (input.isLeft())
    moveHorizontal(-1);
  else if (input.isRight())
    moveHorizontal(1);
  else if (input.isUp())
    moveVertical(-1);
  else if (input.isDown())
    moveVertical(1);
}
```


(5) 通过更改修复最后的错误，如代码清单 4.11 和代码清单 4.12 所示。

代码清单 4.11　重构之前

```
Input.RIGHT
Input.LEFT
Input.UP
Input.DOWN
```

代码清单 4.12　重构之后(3/3)

```
new Right()
new Left()
new Up()
new Down()
```

(6) 最后，将所有 Input2 重命名为 Input。

代码清单 4.13 和代码清单 4.14 是重构前后的代码。

代码清单 4.13 重构之前

```
window.addEventListener("keydown", e =>
{
  if (e.key === LEFT_KEY
      || e.key === "a")
    inputs.push(Input.LEFT);
  else if (e.key === UP_KEY
      || e.key === "w")
    inputs.push(Input.UP);
  else if (e.key === RIGHT_KEY
      || e.key === "d")
    inputs.push(Input.RIGHT);
  else if (e.key === DOWN_KEY
      || e.key === "s")
    inputs.push(Input.DOWN);
});

function handleInput(input: Input) {
  if (input === Input.LEFT)
    moveHorizontal(-1);
  else if (input === Input.RIGHT)
    moveHorizontal(1);
  else if (input === Input.UP)
    moveVertical(-1);
  else if (input === Input.DOWN)
    moveVertical(1);
}
```

代码清单 4.14 重构之后

```
window.addEventListener("keydown", e =>
{
  if (e.key === LEFT_KEY
      || e.key === "a")
    inputs.push(new Left());
  else if (e.key === UP_KEY
      || e.key === "w")
    inputs.push(new Up());
  else if (e.key === RIGHT_KEY
      || e.key === "d")
    inputs.push(new Right());
  else if (e.key === DOWN_KEY
      || e.key === "s")
    inputs.push(new Down());
});

function handleInput(input: Input) {
  if (input.isLeft())
    moveHorizontal(-1);
  else if (input.isRight())
    moveHorizontal(1);
  else if (input.isUp())
    moveVertical(-1);
  else if (input.isDown())
    moveVertical(1);
}
```

我们在重构模式 REPLACE TYPE CODE WITH CLASSES 中展示了将枚举转换为类的过程。

4.1.3 重构模式：REPLACE TYPE CODE WITH CLASSES

1. 描述

这种重构模式将枚举转换为接口，枚举的值成为类。这样做使我们能够为每个值添加属性并局部化与该值相关的功能。这会导致通过添加进行更改，是与另一种重构模式 PUSH CODE INTO CLASSES 协作完成的。原因是，我们经常通过 switch 或分布在应用程序中的 else if 链使用枚举。switch 说明在这个位置应该如何处理枚举中的每个可能值。

当我们将值转换为类时，可以将与该值相关的功能组合在一起，而无须考虑任何其他枚举值。这个过程将功能和数据结合在一起；将功能局部化为数据，即特定值。向枚举添加新值意味着要跨许多文件验证连接到该枚举的逻辑，而添加实现接口的新类只要求我们实现该文件中的方法——不需要修改任何其他代码(直到我们想要使用新类)。

注意，除了枚举，类型代码也有其他形式。任何整数类型或任何支持完全相等检查(===)的类型都可以作为类型代码。最常见的是使用 int 和 enum。代码清单 4.15 是 T 恤尺寸的类型代码示例。

代码清单 4.15 初始代码

```
const SMALL = 33;
const MEDIUM = 37;
const LARGE = 42;
```

当类型代码是 int 类型时，跟踪其使用会更棘手，因为可能有人在没有引用中心常量的情况下使用了这个数字。因此当我们看到类型代码时，总是立即将其转换为枚举(如代码清单 4.16 和代码清单 4.17 所示)。只有这样，才能安全地应用这种重构模式。

代码清单 4.16 重构之前

```
const SMALL = 33;
const MEDIUM = 37;
const LARGE = 42;
```

代码清单 4.17 重构之后

```
enum TShirtSizes {
  SMALL = 33,
  MEDIUM = 37,
  LARGE = 42
}
```

2. 过程

(1) 引入一个具有临时名称的新接口。接口应该包含枚举中每个值的方法。

(2) 创建与每个枚举值对应的类；除了对应本类的方法，接口中的所有方法都应该 return false。

(3) 将枚举重命名为其他名称。这样做会导致编译器在我们使用枚举的所有地方报告错误。

(4) 将类型从旧名称更改为临时名称并且用新方法替换相等检查。

(5) 用实例化新类代替对枚举值的其余引用。

(6) 当不再有错误时，将所有接口重命名为其永久名称。

3. 示例

考虑代码清单 4.18 所示的一个示例，它带有一个交通灯枚举和一个决定我们是否可以行进的函数。

代码清单 4.18 初始代码

```
enum TrafficLight {
  RED, YELLOW, GREEN
}
const CYCLE = [TrafficLight.RED, TrafficLight.GREEN, TrafficLight.YELLOW];
function updateCarForLight(current: TrafficLight) {
  if (current === TrafficLight.RED)
    car.stop();
  else
    car.drive();
}
```

我们遵循以下过程。

(1) 引入一个具有临时名称的新接口，如代码清单 4.19 所示。接口应该包含枚举中每个值的方法。

代码清单 4.19　新接口

```
interface TrafficLight2 {
  isRed(): boolean;
  isYellow(): boolean;
  isGreen(): boolean;
}
```

(2) 创建与每个枚举值对应的类，如代码清单 4.20 所示；除了对应本类的方法，接口中的所有方法都应该 return false。

代码清单 4.20　新类

```
class Red implements TrafficLight2 {
  isRed() { return true; }
  isYellow() { return false; }
  isGreen() { return false; }
}
class Yellow implements TrafficLight2 {
  isRed() { return false; }
  isYellow() { return true; }
  isGreen() { return false; }
}
class Green implements TrafficLight2 {
  isRed() { return false; }
  isYellow() { return false; }
  isGreen() { return true; }
}
```

(3) 将枚举重命名为其他名称，如代码清单 4.21 和代码清单 4.22 所示。这会导致编译器在我们使用枚举的所有地方报告错误。

代码清单 4.21　重构之前

```
enum TrafficLight {
RED, YELLOW, GREEN
}
```

代码清单 4.22　重构之后(1/4)

```
enum RawTrafficLight {
  RED, YELLOW, GREEN
}
```

(4) 将类型从旧名称更改为临时名称并且用新方法替换相等检查，如代码清单 4.23 和代码清单 4.24 所示。

代码清单 4.23　重构之前

```
function updateCarForLight(
  current: TrafficLight)
{
  if (current === TrafficLight.RED)
    car.stop();
  else
    car.drive();
}
```

代码清单 4.24　重构之后(2/4)

```
function updateCarForLight(
  current: TrafficLight2)
{
  if (current.isRed())
    car.stop();
  else
    car.drive();
}
```

(5) 用实例化新类代替对枚举值的其余引用，如代码清单 4.25 和代码清单 4.26 所示。

代码清单 4.25 重构之前

```
const CYCLE = [
  TrafficLight.RED,
  TrafficLight.GREEN,
  TrafficLight.YELLOW
];
```

代码清单 4.26 重构之后(3/4)

```
const CYCLE = [
  new Red(),
  new Green(),
  new Yellow()
];
```

(6) 最后，当没有更多错误时，将所有接口重命名为其永久名称，如代码清单 4.27 和代码清单 4.28 所示。

代码清单 4.27 重构之前

```
interface TrafficLight2 {
  // ...
}
```

代码清单 4.28 重构之后(4/4)

```
interface TrafficLight {
  // ...
}
```

这种重构模式本身并没有增加多少价值，但它可以在以后实现惊人的改进。所有值拥有 is 方法也是一种异味，因此我们用另一种异味替换了这种异味。但我们可以逐个处理这些方法，而枚举值是紧密相连的。需要注意的是，大多数 is 方法都是临时的，不会长期存在——我们在本章中已删除其中的一些方法，稍后会在第 5 章中删除更多方法。

4. 补充阅读

参阅 Martin Fowler 的 *Refactoring* 一书可了解这种重构模式的更多相关信息。

4.1.4 将代码推入类

下面即将见证奇迹。handleInput 中的所有条件都与 input 形参有关，这意味着代码应该在该类中。幸运的是，有一种简单的方法可以做到这一点。

(1) 复制 handleInput 并将其粘贴到所有类中。它现在是一个方法，因此我们删除 function 并用 this 替换 input 形参(如代码清单 4.29 所示)。该方法名称仍然不对，因此仍然会报错。

代码清单 4.29 重构之后

```
class Right implements Input {
  // ...
  handleInput() {                    ← 删除 function 及形参
    if (this.isLeft())               ← 把 input 改为 this
      moveHorizontal(-1);
    else if (this.isRight())         ←
      moveHorizontal(1);
    else if (this.isUp())            ←
      moveVertical(-1);
    else if (this.isDown())          ←
      moveVertical(1);
  }
}
```

(2) 将方法签名复制到 Input 接口中并给它一个与源方法 handleInput 稍有不同的名称(如代码清单 4.30 所示)。在本例中，我们已经在 Input 中，因此没有必要写两次。

代码清单 4.30　新接口

```
interface Input {
  // ...
  handle(): void;
}
```

(3) 遍历所有 4 个类中的 handleInput 方法。这个过程是相同的，因此我们只展示其中一个。

首先内联方法 isLeft、isRight、isUp 和 isDown 的返回值(如代码清单 4.31 和代码清单 4.32 所示)。

代码清单 4.31　重构之前

```
class Right implements Input {
  // ...
  handleInput() {
    if (this.isLeft())
      moveHorizontal(-1);
    else if (this.isRight())
      moveHorizontal(1);
    else if (this.isUp())
      moveVertical(-1);
    else if (this.isDown())
      moveVertical(1);
  }
}
```

代码清单 4.32　重构之后(1/4)

```
class Right implements Input {
  // ...
  handleInput() {
    if (false)
      moveHorizontal(-1);
    else if (true)
      moveHorizontal(1);
    else if (false)
      moveVertical(-1);
    else if (false)
      moveVertical(1);
  }
}
```

内联 is 方法之后

然后删除所有 if (false) {...}和 if (true)的 if 部分(如代码清单 4.33 和代码清单 4.34 所示)。

代码清单 4.33　重构之前

```
class Right implements Input {
  // ...
  handleInput() {
    if (false)
      moveHorizontal(-1);
    else if (true)
      moveHorizontal(1);
    else if (false)
      moveVertical(-1);
    else if (false)
      moveVertical(1);
  }
}
```

代码清单 4.34　重构之后(2/4)

```
class Right implements Input {
  // ...
  handleInput() {



    moveHorizontal(1);




  }
}
```

最后将名称更改为 handle，表示我们已完成此方法(如代码清单 4.35 和代码清单 4.36 所示)。此时编译器应该接受该方法。

代码清单 4.35　重构之前

```
class Right implements Input {
  // ...
  handleInput() { moveHorizontal(1); }
}
```

代码清单 4.36　重构之后(3/4)

```
class Right implements Input {
  // ...
  handle() { moveHorizontal(1); }
}
```

(4) 用对新方法的调用替换handleInput的方法体(如代码清单4.37和代码清单4.38所示)。

代码清单 4.37　重构之前

```
function handleInput(input: Input) {
  if (input.isLeft())
    moveHorizontal(-1);
  else if (input.isRight())
    moveHorizontal(1);
  else if (input.isUp())
    moveVertical(-1);
  else if (input.isDown())
    moveVertical(1);
}
```

代码清单 4.38　重构之后(4/4)

```
function handleInput(input: Input) {
  input.handle();
}
```

遍历这个过程会让我们得到很好的改进。所有的 if 都没有了，这些方法很容易用 5 行来编写(如代码清单 4.39 和代码清单 4.40 所示)。

代码清单 4.39　重构之前

```
function handleInput(input: Input) {
  if (input.isLeft())
    moveHorizontal(-1);
  else if (input.isRight())
    moveHorizontal(1);
  else if (input.isUp())
    moveVertical(-1);
  else if (input.isDown())
    moveVertical(1);
}
```

代码清单 4.40　重构之后

```
function handleInput(input: Input) {
  input.handle();
}

interface Input {
  // ...
  handle(): void;
}
class Left implements Input {
  // ...
  handle() { moveHorizontal(-1); }
}
class Right implements Input {
  // ...
  handle() { moveHorizontal(1); }
}
class Up implements Input {
  // ...
  handle() { moveVertical(-1); }
}
class Down implements Input {
  // ...
  handle() { moveVertical(1); }
}
```

这是我最喜欢的重构模式：它的结构非常好，执行这一重构模式需要的认知负担非常少，但最终会得到非常好的代码。我称之为 PUSH CODE INTO CLASSES。

4.1.5　重构模式：PUSH CODE INTO CLASSES

1. 描述

这种重构模式是 REPLACE TYPE CODE WITH CLASSES 的自然延续，因为它将功能移到类中。因此，if 语句通常被删除，而功能将更接近数据。如前所述，这种方法将与特定值相关的功能移到与该值对应的类中，因此有助于局部化不变量。

简单来说，我们总是假设将整个方法移到类中。这不是问题，因为正如所见，我们通常从提取方法开始。当然也可以在不提取代码的情况下移动它，但这样做需要更小心地验证我们没有破坏任何东西。

2. 过程

(1) 复制源函数并将其粘贴到所有类中。它现在是一个方法，因此我们删除 function，将上下文替换为 this 并删除未使用的形参。该方法仍然是错误的名称，因此仍然会报错。

(2) 将方法签名复制到目标接口中，给它一个与源方法略有不同的名称。

(3) 遍历所有类中的新方法。

- 内联返回常量表达式的方法。
- 执行我们可以预先执行的所有计算，这通常相当于删除 if (true)和 if (false) { ... }，但也可能需要首先简化条件(例如，false || true 变为 true)。
- 将名称更改为其正确名称，表示我们已完成此方法。编译器应该接受该方法。

(4) 用调用新方法替换原始函数的方法体。

3. 示例

这种重构模式与 REPLACE TYPE CODE WITH CLASSES 密切相关，因此我们继续以交通灯为例(如代码清单 4.41 所示)。

代码清单 4.41　初始代码

```
interface TrafficLight {
  isRed(): boolean;
  isYellow(): boolean;
  isGreen(): boolean;
}
class Red implements TrafficLight {
  isRed() { return true; }
  isYellow() { return false; }
  isGreen() { return false; }
}
class Yellow implements TrafficLight {
  isRed() { return false; }
  isYellow() { return true; }
  isGreen() { return false; }
}
class Green implements TrafficLight {
  isRed() { return false; }
```

```
  isYellow() { return false; }
  isGreen() { return true; }
}
function updateCarForLight(current: TrafficLight) {
  if (current.isRed())
    car.stop();
  else
    car.drive();
}
```

我们遵循以下过程。

(1) 在目标接口中创建一个新方法，给它一个与源方法略有不同的名称(如代码清单 4.42 所示)。

代码清单 4.42 新方法

```
interface TrafficLight {
  // ...
  updateCar(): void;
}
```

(2) 复制源函数并将其粘贴到所有类中(如代码清单 4.43 所示)。它现在是一个方法，因此我们删除 function，将上下文替换为 this 并删除未使用的形参。该方法仍然是错误的名称，因此仍然会报错。

代码清单 4.43 将方法复制到类中

```
class Red implements TrafficLight {
  // ...
  updateCarForLight() {
    if (this.isRed())
      car.stop();
    else
      car.drive();
  }
}
class Yellow implements TrafficLight {
  // ...
  updateCarForLight() {
    if (this.isRed())
      car.stop();
    else
      car.drive();
  }
}
class Green implements TrafficLight {
  // ...
  updateCarForLight() {
    if (this.isRed())
      car.stop();
    else
      car.drive();
  }
}
```

(3) 遍历所有类中的新方法。

首先内联返回常量表达式的方法。然后执行我们可以预先执行的所有计算(如代码清单 4.44～代码清单 4.47 所示)。

代码清单 4.44　重构之前

```
class Red implements TrafficLight {
  // ...
  updateCarForLight() {
    if (this.isRed())
      car.stop();
    else
      car.drive();
  }
}
class Yellow implements TrafficLight {
  // ...
  updateCarForLight() {
    if (this.isRed())
      car.stop();
    else
      car.drive();
  }
}
class Green implements TrafficLight {
  // ...
  updateCarForLight() {
    if (this.isRed())
      car.stop();
    else
      car.drive();
  }
}
```

代码清单 4.45　重构之后(1/4)

```
class Red implements TrafficLight {
  // ...
  updateCarForLight() {
    if (true)
      car.stop();
    else
      car.drive();
  }
}
class Yellow implements TrafficLight {
  // ...
  updateCarForLight() {
    if (false)
      car.stop();
    else
      car.drive();
  }
}
class Green implements TrafficLight {
  // ...
  updateCarForLight() {
    if (false)
      car.stop();
    else
      car.drive();
  }
}
```

代码清单 4.46　重构之前

```
class Red implements TrafficLight {
  // ...
  updateCarForLight() {
    if (true)
      car.stop();
    else
      car.drive();
  }
}
class Yellow implements TrafficLight {
  // ...
  updateCarForLight() {
    if (false)
      car.stop();
    else
      car.drive();
  }
```

代码清单 4.47　重构之后(2/4)

```
class Red implements TrafficLight {
  // ...
  updateCarForLight() {

    car.stop();



  }
}
class Yellow implements TrafficLight {
  // ...
  updateCarForLight() {




    car.drive();
  }
```

```
}
class Green implements TrafficLight {
  // ...
  updateCarForLight() {
    if (false)
      car.stop();
    else
      car.drive();
  }
}
```

```
}
class Green implements TrafficLight {
  // ...
  updateCarForLight() {



    car.drive();
  }
}
```

最后将名称更改为其正确名称，表示我们已完成此方法(如代码清单 4.48 和代码清单 4.49 所示)。

代码清单 4.48 重构之前

```
class Red implements TrafficLight {
  // ...
  updateCarForLight() { car.stop(); }
}
class Yellow implements TrafficLight {
  // ...
  updateCarForLight() { car.drive(); }
}
class Green implements TrafficLight {
  // ...
  updateCarForLight() { car.drive(); }
}
```

代码清单 4.49 重构之后(3/4)

```
class Red implements TrafficLight {
  // ...
  updateCar() { car.stop(); }
}
class Yellow implements TrafficLight {
  // ...
  updateCar() { car.drive(); }
}
class Green implements TrafficLight {
  // ...
  updateCar() { car.drive(); }
}
```

(4) 用调用新方法替换原始函数的方法体(如代码清单 4.50 和代码清单 4.51 所示)。

代码清单 4.50 重构之前

```
function updateCarForLight(
current: TrafficLight)
{
if (current.isRed())
car.stop();
else car.drive();
}
```

代码清单 4.51 重构之后(4/4)

```
function updateCarForLight(
current: TrafficLight)
{
current.updateCar();
}
```

之前提到过，如果保留 is 方法，则 is 方法就会变成一种异味。因此值得注意的是，本例中我们不需要任何 is 方法。这是这种重构模式优势的一种扩展。

4. 补充阅读

简单来说，这种重构本质上与 Martin Fowler 提出的 Move Method 相同。但是，我认为这个重构更好地传达了其背后的意图和力量。

4.1.6　内联一个多余的方法

此时，我们可以看到重构的另一个有趣的效果。尽管刚刚引入了 handleInput 函数，但这并不一定意味着这一函数应该保留。重构通常是循环的，需要添加有助于进一步重构的东西，然后再次删除它们。因此，永远不要对添加代码感到畏惧。

当我们引入 handleInput 时，这一函数有一个明确的目的。但是，现在 handleInput 并没有为我们的程序增加任何可读性，反而会占用空间，因此可以将其删除。

(1) 将方法名称更改为 handleInput2。这会导致在使用该函数的位置出现编译器错误。

(2) 复制方法体 input.handle();，注意 input 是形参。

(3) 我们只在一个地方使用这个函数，即用方法体替换调用(如代码清单 4.52 和代码清单 4.53 所示)。

代码清单 4.52　重构之前

```
handleInput(current);
```

代码清单 4.53　重构之后

```
current.handle();
```

在此之后将 current 快速重命名为 input，handleInputs 重构前后的样子如代码清单 4.54 和代码清单 4.55 所示。

代码清单 4.54　重构之前

```
function handleInputs() {
  while (inputs.length > 0) {
    let current = inputs.pop();
    handleInput(current);
  }
}

function handleInput(input: Input) {
  input.handle();
}
```

代码清单 4.55　重构之后

```
function handleInputs() {
  while (inputs.length > 0) {
    let input = inputs.pop();
    input.handle();        ← 内联方法
  }
}
                           ← 删除 handleInput
```

INLINE METHOD 这种重构模式与第 3 章的 EXTRACT METHOD 完全相反。

4.1.7　重构模式：INLINE METHOD

1. 描述

本书的两大主题是添加代码(通常是为了支持类)和删除代码。INLINE METHOD 重构模式支持后者：它将代码从一个方法移动到所有调用点，从而删除那些不再为程序增加可读性的方法。这使得方法不会被使用，此时我们可以安全地删除它。

注意，我们区分了内联方法和重构模式 INLINE METHOD。在前面的小节中，我们在将代码推入类的同时内联了 is 方法，然后使用 INLINE METHOD 来删除原始函数。当内联方法时，我们不会在每个调用点都这样做，因此保留了原始方法。这通常是为了简化调用点。当使用 INLINE METHOD 时，我们在每个调用点都这样做，然后删除该方法。

在本书中，当方法只有一行时，我们经常这样做。因为这样可以遵循严格的“5 行”限制；内联一个单行的方法不会违背这个规则。我们也可以将这种重构模式应用于有多行的方法。

另一个需要考虑的因素是，该方法是否太复杂而无法内联。代码清单 4.56 中的方法给出一个数字的绝对值；我们已经对其进行了性能优化，因此它是无分支的。这个方法是单行的，依赖低级操作来实现其目的，因此使用该方法可以增加可读性，我们不应该内联它。这种情况下，内联这一方法也会违背“操作应该在同一抽象级别上”异味的要求，会激发使用 EITHER CALL OR PASS 规则。

代码清单 4.56 不应被内联的方法

```
const NUMBER_BITS = 32;
function absolute(x: number) {
  return (x ^ x >> NUMBER_BITS-1) - (x >> NUMBER_BITS-1);
}
```

2. 过程

(1) 将方法名称更改为临时名称。这会导致在使用该函数的位置出现编译器错误。

(2) 复制方法的方法体并注意其形参。

(3) 编译器给出错误时，用复制的方法体替换调用并将实参映射到形参。

(4) 一旦我们可以毫无错误地进行编译，就知道原始方法未被使用。因此删除原始的方法。

3. 示例

由于我们已经提到过一个关于游戏代码的示例，接下来研究一个来自不同领域的示例(如代码清单 4.57 所示)。在这个示例中，我们将银行交易分为两个部分：从一个账户中提取资金，然后将其存入另一个账户。这意味着如果我们调用错误的方法，就可能会意外地存钱而未取钱。为防止出现这种情况，我们决定将这两种方法结合起来。

代码清单 4.57 初始代码

```
function deposit(to: string, amount: number) {
  let accountId = database.find(to);
  database.updateOne(accountId, { $inc: { balance: amount } });
}

function transfer(from: string, to: string, amount: number) {
  deposit(from, -amount);
  deposit(to, amount);
}
```

在 TypeScript 语言中

符号$被当作任何其他的字符，类似于_。因此它可以成为名称的一部分，并且没有特殊含义。$inc 也可以是 do_inc。

我们遵循以下过程。

(1) 将方法名称更改为临时名称(如代码清单 4.58 和代码清单 4.59 所示)。这会导致在使用该函数的位置出现编译器错误。

代码清单 4.58　重构之前

```
function deposit(to: string,
    amount: number) {
  // ...
}
```

代码清单 4.59　重构之后(1/2)

```
function deposit2(to: string,
    amount: number) {
  // ...
}
```

(2) 复制方法的方法体并注意其形参。

(3) 编译器给出错误时，用复制的方法体替换调用并将实参映射到形参(如代码清单 4.60 和 4.61 所示)。

代码清单 4.60　重构之前

```
function transfer(
  from: string,
  to: string,
  amount: number)
{
  deposit(from, -amount);



  deposit(to, amount);



}
```

代码清单 4.61　重构之后(2/2)

```
function transfer(
  from: string,
  to: string,
  amount: number)
{
  let fromAccountId = database.find(from);
  database.updateOne(fromAccountId,
    { $inc: { balance: -amount } });
  let toAccountId = database.find(to);
  database.updateOne(toAccountId,
    { $inc: { balance: amount } });
}
```

(4) 一旦我们可以毫无错误地进行编译，就知道原始方法未被使用。因此删除原始的方法。

此时，钱不能从代码中凭空产生。这种代码重复是否是个坏主意是有争议的；在第 6 章中，我们将看到另一种使用封装的解决方案。

4. 补充阅读

参阅 Martin Fowler 的 *Refactoring* 一书可了解这种重构模式的更多相关信息。

4.2　重构一个大的 if 语句

下面重复相同的过程，但这一次使用更大的方法：drawMap(如代码清单 4.62 所示)。

代码清单 4.62 初始代码

```
function drawMap(g: CanvasRenderingContext2D) {
  for (let y = 0; y < map.length; y++) {
    for (let x = 0; x < map[y].length; x++) {
      if (map[y][x] === Tile.FLUX)
        g.fillStyle = "#ccffcc";
      else if (map[y][x] === Tile.UNBREAKABLE)
        g.fillStyle = "#999999";
      else if (map[y][x] === Tile.STONE || map[y][x] === Tile.FALLING_STONE)
        g.fillStyle = "#0000cc";
      else if (map[y][x] === Tile.BOX || map[y][x] === Tile.FALLING_BOX)
        g.fillStyle = "#8b4513";
      else if (map[y][x] === Tile.KEY1 || map[y][x] === Tile.LOCK1)
        g.fillStyle = "#ffcc00";
      else if (map[y][x] === Tile.KEY2 || map[y][x] === Tile.LOCK2)
        g.fillStyle = "#00ccff";

      if (map[y][x] !== Tile.AIR && map[y][x] !== Tile.PLAYER)
        g.fillRect(x * TILE_SIZE, y * TILE_SIZE, TILE_SIZE, TILE_SIZE);
    }
  }
}
```

我们立即注意到一个地方严重违反了上一章中的 IF ONLY AT THE START 规则：代码中间有一个很长的 else if 链。因此，我们要做的第一件事就是将 else if 链提取到它自己的方法中，如代码清单 4.63 所示。

代码清单 4.63 应用 EXTRACT METHOD 后

```
function drawMap(g: CanvasRenderingContext2D) {
  for (let y = 0; y < map.length; y++) {
    for (let x = 0; x < map[y].length; x++) {
      colorOfTile(g, x, y);
      if (map[y][x] !== Tile.AIR && map[y][x] !== Tile.PLAYER)
        g.fillRect(x * TILE_SIZE, y * TILE_SIZE, TILE_SIZE, TILE_SIZE);
    }
  }
}

function colorOfTile(g: CanvasRenderingContext2D, x: number, y: number) {
  if (map[y][x] === Tile.FLUX)
    g.fillStyle = "#ccffcc";
  else if (map[y][x] === Tile.UNBREAKABLE)
    g.fillStyle = "#999999";
  else if (map[y][x] === Tile.STONE || map[y][x] === Tile.FALLING_STONE)
    g.fillStyle = "#0000cc";
  else if (map[y][x] === Tile.BOX || map[y][x] === Tile.FALLING_BOX)
    g.fillStyle = "#8b4513";
  else if (map[y][x] === Tile.KEY1 || map[y][x] === Tile.LOCK1)
    g.fillStyle = "#ffcc00";
  else if (map[y][x] === Tile.KEY2 || map[y][x] === Tile.LOCK2)
    g.fillStyle = "#00ccff";
}
```

提取的方法和调用

现在，drawMap 符合 FIVE LINES 规则，因此继续更改 colorOfTile。colorOfTile 违反 NEVER USE IF WITH ELSE 原则。正如之前所做的，为解决这个问题，我们用一个 Tile 接口替换 Tile 枚举。

(1) 引入一个临时名称为 Tile2 的新接口(如代码清单 4.64 所示)，其中包含枚举中所有值的方法。

代码清单 4.64　新接口

```
interface Tile2 {
  isFlux(): boolean;
  isUnbreakable(): boolean;
  isStone(): boolean;
  // ...
}
```

枚举的所有值的方法

(2) 创建对应于每个枚举值的类，如代码清单 4.65 所示。

代码清单 4.65　新类

```
class Flux implements Tile2 {
  isFlux() { return true; }
  isUnbreakable() { return false; }
  isStone() { return false; }
  // ...
}
class Unbreakable implements Tile2 { ... }
class Stone implements Tile2 { ... }
/// ...
```

枚举的其他值的类似类

(3) 将枚举重命名为 RawTile，使编译器发挥作用(如代码清单 4.66 和代码清单 4.67 所示)。

代码清单 4.66　重构之前

```
enum Tile {
  AIR,
  FLUX,
  UNBREAKABLE,
  PLAYER,
  STONE, FALLING_STONE,
  BOX, FALLING_BOX,
  KEY1, LOCK1,
  KEY2, LOCK2
}
```

代码清单 4.67　重构之后(1/2)

```
enum RawTile {
  AIR,
  FLUX,
  UNBREAKABLE,
  PLAYER,
  STONE, FALLING_STONE,
  BOX, FALLING_BOX,
  KEY1, LOCK1,
  KEY2, LOCK2
}
```

改变名称以获得编译错误

(4) 用新方法替换相等检查。我们必须在整个应用程序的很多地方进行这种更改；这里只显示 colorOfTile(如代码清单 4.68 和代码清单 4.69 所示)。

代码清单 4.68 重构之前

```
function colorOfTile(
  g: CanvasRenderingContext2D,
  x: number, y: number)
{
  if (map[y][x] === Tile.FLUX)
    g.fillStyle = "#ccffcc";
  else if (map[y][x] === Tile.UNBREAKABLE)
    g.fillStyle = "#999999";
  else if (map[y][x] === Tile.STONE
      || map[y][x] === Tile.FALLING_STONE)
    g.fillStyle = "#0000cc";
  else if (map[y][x] === Tile.BOX
      || map[y][x] === Tile.FALLING_BOX)
    g.fillStyle = "#8b4513";
  else if (map[y][x] === Tile.KEY1
      || map[y][x] === Tile.LOCK1)
    g.fillStyle = "#ffcc00";
  else if (map[y][x] === Tile.KEY2
      || map[y][x] === Tile.LOCK2)
    g.fillStyle = "#00ccff";
}
```

代码清单 4.69 重构之后(2/2)

```
function colorOfTile(
  g: CanvasRenderingContext2D,
  x: number, y: number)
{
  if (map[y][x].isFlux())
    g.fillStyle = "#ccffcc";
  else if (map[y][x].isUnbreakable())
    g.fillStyle = "#999999";
  else if (map[y][x].isStone()
      || map[y][x].isFallingStone())
    g.fillStyle = "#0000cc";
  else if (map[y][x].isBox()
      || map[y][x].isFallingBox())
    g.fillStyle = "#8b4513";
  else if (map[y][x].isKey1()
      || map[y][x].isLock1())
    g.fillStyle = "#ffcc00";
  else if (map[y][x].isKey2()
      || map[y][x].isLock2())
    g.fillStyle = "#00ccff";
}
```

使用新的方法而不是相等检查

警告：

注意 map[y][x]===Tile.FLUX 变成 map[y][x].isFlux()，map[y][x]!==Tile.AIR 变成 !map[y][x].isAir()。

(5) 将 Tile.FLUX 替换为 new Flux()，将 Tile.AIR 替换为 new Air()，以此类推。

在上次的这个点上，我们没有出现错误，可以将临时的 Tile2 重命名为永久的 Tile。但是现在情况不同：我们仍然有两个地方出现错误，表明正在使用 Tile(如代码清单 4.70 所示)。这就是我们使用临时名称的原因；否则，可能不会在 remove 中发现问题，并且会假设它正在运作(而事实并非如此)。

代码清单 4.70 最后两个错误

```
let map: Tile[][] = [
  [2, 2, 2, 2, 2, 2, 2, 2],
  [2, 3, 0, 1, 1, 2, 0, 2],
  [2, 4, 2, 6, 1, 2, 0, 2],
  [2, 8, 4, 1, 1, 2, 0, 2],
  [2, 4, 1, 1, 1, 9, 0, 2],
  [2, 2, 2, 2, 2, 2, 2, 2],
];

function remove(tile: Tile) {
  for (let y = 0; y < map.length; y++) {
    for (let x = 0; x < map[y].length; x++) {
      if (map[y][x] === tile) {
        map[y][x] = new Air();
      }
```

错误，因为我们引用的是 Tile

```
    }
  }
}
```

这两个错误都需要特殊处理，因此我们依次进行操作。

4.2.1　去除泛化

如代码清单 4.71 所示，remove 的问题在于它接收一个瓦片类型并将其从地图上的所有地方删除。也就是说，remove 不检查特定的 Tile 实例；相反，它会检查实例是否相似。

代码清单 4.71　初始代码

```
function remove(tile: Tile) {
  for (let y = 0; y < map.length; y++) {
    for (let x = 0; x < map[y].length; x++) {
      if (map[y][x] === tile) {
        map[y][x] = new Air();
      }
    }
  }
}
```

换句话说，问题在于 remove 太泛化，它可以去除任何类型的瓦片。这种泛化性使得 remove 没有那么灵活，且更难以改变。因此，我们更喜欢泛型特化：制作一个不太泛化的版本并转而使用这一版本。

在制作一个泛化版本之前，我们需要研究它是如何使用的。我们想让形参不那么通用，因此在实践中寻找传递给它的实参。我们使用熟悉的过程将 remove 重命名为临时名称 remove2。我们发现 remove 被用在 4 个地方，如代码清单 4.72 所示。

代码清单 4.72　重构之前

```
/// ...
remove(new Lock1());
/// ...
remove(new Lock2());
/// ...
remove(new Lock1());
/// ...
remove(new Lock2());
/// ...
```

可以看到，尽管 remove 支持删除任何类型的瓦片，但实际上只删除 Lock1 或 Lock2。我们可以利用这一点。

(1) 复制 remote2，如代码清单 4.73 和代码清单 4.74 所示。

代码清单 4.73　重构之前

```
function remove2(tile: Tile) {
  // ...
}
```

代码清单 4.74　重构之后(1/4)

```
function remove2(tile: Tile) {
  // ...                        ◄─┐ 它们有相同
}                                 │ 的方法体
function remove2(tile: Tile) {    │
  // ...                        ◄─┘
}
```

(2) 将其中一个重命名为 removeLock1，删除其形参，将===tile 临时替换为=== Tile.LOCK1(如代码清单 4.75 和代码清单 4.76 所示)。这一操作会使代码与我们之前处理的代码相同，因此即使已经将 Tile 重命名为 RawTile，也要这样做。

代码清单 4.75　重构之前

```
function remove2(tile: Tile) {
  for (let y = 0; y < map.length; y++)
    for (let x = 0; x < map[y].length; x++)
      if (map[y][x] === tile)
        map[y][x] = new Air();
}
```

代码清单 4.76　重构之后(2/4)

```
function removeLock1() {                      ◄── 重命名并删除形参
  for (let y = 0; y < map.length; y++)
    for (let x = 0; x < map[y].length; x++)
      if (map[y][x] === Tile.LOCK1)           ◄── 将 tile 替换为 Tile.LOCK1
        map[y][x] = new Air();
}
```

(3) 这正是我们知道其消除方式的相等类型。因此，正如之前所做的那样，我们将其替换为方法调用(如代码清单 4.77 和代码清单 4.78 所示)。

代码清单 4.77　重构之前

```
function removeLock1() {
  for (let y = 0; y < map.length; y++)
    for (let x = 0; x < map[y].length; x++)
      if (map[y][x] === Tile.LOCK1)
        map[y][x] = new Air();
}
```

代码清单 4.78　重构之后(3/4)

```
function removeLock1() {
  for (let y = 0; y < map.length; y++)
    for (let x = 0; x < map[y].length; x++)
      if (map[y][x].isLock1())                ◄── 使用方法而不是相等检查
        map[y][x] = new Air();
}
```

(4) 此函数不再有错误，因此我们可以将旧调用切换为使用新调用(如代码清单 4.79 和代码清单 4.80 所示)。

代码清单 4.79　重构之前

```
remove(new Lock1());
```

代码清单 4.80　重构之后(4/4)

```
removeLock1();
```

对 removeLock2 重复以上过程。这样就得到不包含错误的 removeLock1 和 removeLock2。remove2 仍然有错误，但不再调用它，因此将其删除。所有更改如代码清单 4.81 和代码清单 4.82 所示。

代码清单 4.81　重构之前

```
function remove(tile: Tile) {
  for (let y = 0; y < map.length; y++)
    for (let x = 0; x < map[y].length; x++)
      if (map[y][x] === tile)
        map[y][x] = new Air();
}
```

代码清单 4.82　重构之后

```
function removeLock1() {
  for (let y = 0; y < map.length; y++)
    for (let x = 0; x < map[y].length; x++)
      if (map[y][x].isLock1())
        map[y][x] = new Air();
}
function removeLock2() {
  for (let y = 0; y < map.length; y++)
    for (let x = 0; x < map[y].length; x++)
      if (map[y][x].isLock2())
        map[y][x] = new Air();
}
```

原始的 remove 被删除

我们将引入函数的非泛化版本的过程称为 SPECIALIZE METHOD。

4.2.2　重构模式：SPECIALIZE METHOD

1. 描述

这种重构违背了许多程序员的本能，因此更深奥。我们自然希望能够泛化和重用，但这样做可能会出现问题，因为它模糊了功能，意味着可以从不同的地方调用我们的代码。这种重构模式逆转了这些影响。从更少的地方调用更泛型特化的方法意味着方法会更快地不再被使用，从而被删除。

2. 过程

(1) 复制我们想要泛型特化的方法。
(2) 将其中一个方法重命名为新的永久名称并删除(或替换)作为泛型特化基础的形参。
(3) 对方法进行相应的修改，使其没有错误。
(4) 切换旧调用，使用新调用。

3. 示例

假设我们正在实现一个国际象棋游戏。作为移动检查器的一部分，我们提出一个绝妙的通用表达式来测试走法是否符合棋子的模式(如代码清单 4.83 所示)。

代码清单 4.83　初始代码

```
function canMove(start: Tile, end: Tile, dx: number, dy: number) {
  return dx * abs(start.x - end.x) === dy * abs(start.y - end.y)
      || dy * abs(start.x - end.x) === dx * abs(start.y - end.y);
}
/// ...
  if (canMove(start, end, 1, 0)) // Rook
/// ...
```

```
  if (canMove(start, end, 1, 1)) // Bishop
/// ...
  if (canMove(start, end, 1, 2)) // Knight
/// ...
```

我们遵循以下过程。

(1) 复制我们想要泛型特化的方法(如代码清单4.84和代码清单4.85所示)。

代码清单 4.84 重构之前

```
function canMove(start: Tile, end: Tile,
  dx: number, dy: number)
{
  return dx * abs(start.x - end.x)
     === dy * abs(start.y - end.y)
      || dy * abs(start.x - end.x)
     === dx * abs(start.y - end.y);
}
```

代码清单 4.85 重构之后(1/4)

```
function canMove(start: Tile, end: Tile,
  dx: number, dy: number)
{
  return dx * abs(start.x - end.x)
     === dy * abs(start.y - end.y)
      || dy * abs(start.x - end.x)
     === dx * abs(start.y - end.y);
}
function canMove(start: Tile, end: Tile,
  dx: number, dy: number)
{
  return dx * abs(start.x - end.x)
     === dy * abs(start.y - end.y)
      || dy * abs(start.x - end.x)
     === dx * abs(start.y - end.y);
}
```

(2) 将其中一个方法重命名为新的永久名称并删除(或替换)用作泛型特化基础的形参(如代码清单4.86和代码清单4.87所示)。

代码清单 4.86 重构之前

```
function canMove(start: Tile, end: Tile,
  dx: number, dy: number)
{
  return dx * abs(start.x - end.x)
       === dy * abs(start.y - end.y)
         || dy * abs(start.x - end.x)
 === dx * abs(start.y - end.y);
}
```

代码清单 4.87 重构之后(2/4)

```
function rookCanMove(
  start: Tile, end: Tile)
{
  return 1 * abs(start.x - end.x)
     === 0 * abs(start.y - end.y)
      || 0 * abs(start.x - end.x)
     === 1 * abs(start.y - end.y);
}
```

(3) 对方法进行相应的修改，使其没有错误。此处没有错误，因此我们只进行简化(如代码清单4.88和代码清单4.89所示)。

代码清单 4.88 重构之前

```
function rookCanMove(
  start: Tile, end: Tile)
{
  return 1 * abs(start.x - end.x)
     === 0 * abs(start.y - end.y)
      || 0 * abs(start.x - end.x)
     === 1 * abs(start.y - end.y);
}
```

代码清单 4.89 重构之后(3/4)

```
function rookCanMove(
  start: Tile, end: Tile)
{
  return abs(start.x - end.x)
     === 0
      || 0
     === abs(start.y - end.y);
}
```

(4) 切换旧调用，使用新调用(如代码清单 4.90 和代码清单 4.91 所示)。

代码清单 4.90　重构之前

```
if (canMove(start, end, 1, 0)) // Rook
```

代码清单 4.91　重构之后(4/4)

```
if (rookCanMove(start, end))
```

注意，我们不再需要注释。rookCanMove 也更容易理解：如果 x 或 y 的变化为 0，车就可以移动。我们甚至可以删除 abs 部分以进一步简化。

另外，我准备将对初始代码中的其他棋子执行相同重构的任务留给读者。

4. 补充阅读

据我所知，尽管 2011 年 Jonathan Blow 在加州大学伯克利分校计算机科学本科生协会的演讲“如何编写独立游戏”中讨论了泛型特化方法相对于泛化方法的优势，前面的描述仍然是其作为重构模式的第一次描述。

4.2.3　唯一允许的 switch

现在只剩下一个错误：我们使用枚举索引创建地图的方法不再有效。像这样的索引通常用于在数据库或文件中存储数据。在游戏示例中，使用索引将关卡存储在文件中是合乎逻辑的，因为索引比对象更容易序列化。在实践中，通常不可能更改现有的外部数据以适应重构。因此，与其更改整个地图，不如创建一个新函数，将枚举索引转换到新类(如代码清单 4.92 所示)。幸运的是，这一做法很容易实现。

代码清单 4.92　引入 transformTile

```
let rawMap: RawTile[][] = [
  [2, 2, 2, 2, 2, 2, 2, 2],
  [2, 3, 0, 1, 1, 2, 0, 2],
  [2, 4, 2, 6, 1, 2, 0, 2],
  [2, 8, 4, 1, 1, 2, 0, 2],
  [2, 4, 1, 1, 1, 9, 0, 2],
  [2, 2, 2, 2, 2, 2, 2, 2],
];
let map: Tile2[][];
function assertExhausted(x: never): never {
  throw new Error("Unexpected object: " + x);
}
function transformTile(tile: RawTile) {
  switch (tile) {
    case RawTile.AIR: return new Air();
    case RawTile.PLAYER: return new Player();
    case RawTile.UNBREAKABLE: return new Unbreakable();
    case RawTile.STONE: return new Stone();
    case RawTile.FALLING_STONE: return new FallingStone();
    case RawTile.BOX: return new Box();
    case RawTile.FALLING_BOX: return new FallingBox();
    case RawTile.FLUX: return new Flux();
    case RawTile.KEY1: return new Key1();
    case RawTile.LOCK1: return new Lock1();
    case RawTile.KEY2: return new Key2();
    case RawTile.LOCK2: return new Lock2();
    default: assertExhausted(tile);
```

将 RawTile 枚举转换为 Tile2 对象的新方法

```
  }
}
function transformMap() {
  map = new Array(rawMap.length);
  for (let y = 0; y < rawMap.length; y++) {
    map[y] = new Array(rawMap[y].length);
    for (let x = 0; x < rawMap[y].length; x++) {
      map[y][x] = transformTile(rawMap[y][x]);
    }
  }
}
window.onload = () => {
  transformMap();
  gameLoop();
}
```

映射整个地图的新方法

记住要调用新方法

在 TypeScript 语言中

如同 C#中一样，枚举是数字的名称，而不是 Java 中的类。因此，我们不需要在数字和枚举之间进行任何转换，只需要像前面的代码中那样使用枚举索引即可。

transformMap 完全符合“5 行”限制。这样，我们的应用程序就可以毫无错误地进行编译。现在可以检查游戏是否仍然有效，将所有 Tile2 重命名为 Tile 并提交更改。

transformTile 违反了“5 行”规则，也几乎违反了另一个规则 NEVER USE SWITCH，但此处勉强属于例外情况。

4.2.4 规则：NEVER USE SWITCH

1. 声明

除非你没有 default 并在每个 case 中都返回，否则永远不要使用 switch。

2. 解释

switch 会带来两个不好的“便利”，每一个都会导致缺陷。首先，当我们用 switch 作情况分析时，不必总是对每个值都进行操作；为此，switch 支持 default。default 可以让我们在不重复的情况下处理许多值。我们处理的和不处理的现在是不变量。但是，与任何默认值一样，当添加新值时，编译器不会要求我们重新验证不变量。对于编译器来说，忘记处理一个新值和希望它成为 default 没有区别。

switch 带来的另一个不好的便利就是贯穿逻辑。在这一逻辑下，程序继续执行 case，直到遇到 break。一般很容易忘记包含它，并且难以注意到缺少 break。

总的来说，我强烈建议远离 switch。但是可以按照规则的详细说明补救这些弊端。第一种方法很简单：不要将功能设置为 default。在大多数语言中，我们不应该有 default。不过并非所有语言都允许省略 default，因此如果使用的语言不允许，就根本不应该使用 switch。

我们在每种情况下返回可解决贯穿问题。因此，不会存在任何贯穿，也就没有可以忽略的 break。

在 TypeScript 语言中

switch 特别有用，因为我们可以让编译器检查是否已经映射了所有枚举值。我们确实需要引入一个“神奇的函数”(如代码清单 4.93 所示)来实现这个功能，但它是 TypeScript 特有的，因此它的工作原理超出了本书的讨论范围。幸运的是，这个函数永远不会改变，而且这种模式在 TypeScript 中永远有效。

代码清单 4.93　assertExhausted 技巧

```
function assertExhausted(x: never): never {
  throw new Error("Unexpected object: " + x);
}
/// ...
  switch (t) {
    case ...: return ...;
    // ...
    default: assertExhausted(t);
  }
```

如果我们希望编译器检查是否已经映射了所有值，那么这种类型的函数也是少数几个无法转换为适合 5 行代码的函数之一。

3. 异味

在 Martin Fowler 的 *Refactoring* 一书中，switch 是一种异味的名称。switch 关注上下文：此处如何处理值 X。相反，将功能推入类的重点是数据：这个值(对象)如何处理情况 X。关注上下文意味着将不变量从数据中移开，从而使不变量全局化。

4. 意图

这个规则的一个良好副作用是我们将 switch 转换为 else if 链，然后将其创建到类。我们推动代码消除 if，最后 if 消失的同时保留了功能，使添加新值更容易、更安全。

5. 参考

如前所述，可以参阅 Martin Fowler 的 *Refactoring* 一书来了解本异味的更多相关信息。

4.2.5　消除 if

我们还在研究 colorOfTile 函数，它目前的样子如代码清单 4.94 所示。

代码清单 4.94　初始代码

```
function colorOfTile(g: CanvasRenderingContext2D, x: number, y: number) {
  if (map[y][x].isFlux())
    g.fillStyle = "#ccffcc";
  else if (map[y][x].isUnbreakable())
    g.fillStyle = "#999999";
  else if (map[y][x].isStone())
```

```
        || map[y][x].isFallingStone())
    g.fillStyle = "#0000cc";
  else if (map[y][x].isBox()
        || map[y][x].isFallingBox())
    g.fillStyle = "#8b4513";
  else if (map[y][x].isKey1()
        || map[y][x].isLock1())
    g.fillStyle = "#ffcc00";
  else if (map[y][x].isKey2()
        || map[y][x].isLock2())
    g.fillStyle = "#00ccff";
}
```

colorOfTile 违反了 NEVER USE IF WITH ELSE 规则。我们看到 colorOfTile 中的所有条件都在查看 map[y][x]，这与之前的条件相同。因此，我们应用 PUSH CODE INTO CLASSES。

(1) 复制 colorOfTile 并将其粘贴到所有类中。删除 function；这里删除形参 y 和 x 并用 this 替换 map[y][x]。

(2) 将方法签名复制到 Tile 接口中，也将其重命名为 color。

(3) 遍历所有类中的新方法。

- 内联所有 is 方法。
- 删除 if (true)和 if (false) {...}。大多数新方法只剩下一行，Air 和 Player 为空。
- 将名称更改为 color，表示我们已完成此方法。

(4) 用对 map[y][x].color 的调用替换 colorOfTile 的方法体。

此时，if 消失了，不再违反任何规则(如代码清单 4.95 和代码清单 4.96 所示)。

代码清单 4.95 重构之前

```
function colorOfTile(
  g: CanvasRenderingContext2D,
  x: number, y: number)
{
  if (map[y][x].isFlux())
    g.fillStyle = "#ccffcc";
  else if (map[y][x].isUnbreakable())
    g.fillStyle = "#999999";
  else if (map[y][x].isStone()
        || map[y][x].isFallingStone())
    g.fillStyle = "#0000cc";
  else if (map[y][x].isBox()
        || map[y][x].isFallingBox())
    g.fillStyle = "#8b4513";
  else if (map[y][x].isKey1()
        || map[y][x].isLock1())
    g.fillStyle = "#ffcc00";
  else if (map[y][x].isKey2()
        || map[y][x].isLock2())
    g.fillStyle = "#00ccff";
}
```

代码清单 4.96 重构之后

```
function colorOfTile(
  g: CanvasRenderingContext2D,
  x: number, y: number)
{
  map[y][x].color(g);
}
interface Tile {
  // ...
  color(g: CanvasRenderingContext2D): void;
}
class Air implements Tile {
  // ...
  color(g: CanvasRenderingContext2D) {

  }
}
class Flux implements Tile {
  // ...
  color(g: CanvasRenderingContext2D) {
    g.fillStyle = "#ccffcc";
  }
}
```

color 在 Air 和 Player 中是空的，因为所有 if 都是 false

所有其他的类都只有它们的特定颜色

colorOfTile 只有一行，因此我们决定使用 INLINE METHOD。

(1) 将方法名称更改为 colorOfTile2。

(2) 复制方法体 map[y][x].color(g);，注意形参是 x、y 和 g。

(3) 我们只在用方法体替换调用时使用该函数(如代码清单 4.97 和代码清单 4.98 所示)。

代码清单 4.97　重构之前

```
colorOfTile(g, x, y);
```

代码清单 4.98　重构之后

```
map[y][x].color(g);
```

最后，我们得到如代码清单 4.99 和代码清单 4.100 所示的内容。

代码清单 4.99　重构之前

```
function drawMap(
  g: CanvasRenderingContext2D)
{
  for (let y = 0; y < map.length; y++) {
    for (let x = 0; x < map[y].length; x++){
      colorOfTile(g, x, y);
      if (map[y][x] !== Tile.AIR
          && map[y][x] !== Tile.PLAYER)
        g.fillRect(
          x * TILE_SIZE,
          y * TILE_SIZE,
          TILE_SIZE,
          TILE_SIZE);
    }
  }
}
function colorOfTile(
  g: CanvasRenderingContext2D,
  x: number, y: number)
{
  map[y][x].color(g);
}
```

代码清单 4.100　重构之后

```
function drawMap(
  g: CanvasRenderingContext2D)
{
  for (let y = 0; y < map.length; y++) {
    for (let x = 0; x < map[y].length; x++){
      map[y][x].color(g);
      if (!map[y][x].isAir()
          && !map[y][x].isPlayer())
        g.fillRect(
          x * TILE_SIZE,
          y * TILE_SIZE,
          TILE_SIZE,
          TILE_SIZE);
    }
  }
}
```

内联的方法体

colorOfTile 被删除

我们已经从 drawMap 中消除了大的 if，但它仍然不符合规则，因此接下来继续。

4.3　解决代码重复问题

drawMap 中间有一个 if，因此是不符合规则的。我们可以通过提取 if 来解决这个问题。但本章是关于 PUSH CODE INTO CLASSES，因此我们也可以冒险尝试。这样做是有道理的，因为 if 和它之前的行都涉及 map[y][x]。

提示：

如果你够大胆，可以跳过提取方法并在此后过程中内联，将其直接推送到类中。要确保你已先提交，以便在出现问题时可以返回到这个点。

该过程与 handleInput 和 colorOfTile 的过程相同，但此处不只是提取 if。我们从 for 方法体上的 EXTRACT METHOD 开始，如代码清单 4.101 和代码清单 4.102 所示。

代码清单 4.101 重构之前

```
function drawMap(
  g: CanvasRenderingContext2D)
{
  for (let y = 0; y < map.length; y++) {
    for (let x = 0; x < map[y].length; x++){
      map[y][x].color(g);
      if (!map[y][x].isAir()
          && !map[y][x].isPlayer())
        g.fillRect(
          x * TILE_SIZE, y * TILE_SIZE,
          TILE_SIZE, TILE_SIZE);
    }
  }
}
```

代码清单 4.102 重构之后

```
function drawMap(
  g: CanvasRenderingContext2D)
{
  for (let y = 0; y < map.length; y++) {
    for (let x = 0; x < map[y].length; x++){
      drawTile(g, x, y);
    }
  }
}
function drawTile(
  g: CanvasRenderingContext2D,
  x: number, y: number)
{
  map[y][x].color(g);
  if (!map[y][x].isAir()
      && !map[y][x].isPlayer())
    g.fillRect(
      x * TILE_SIZE, y * TILE_SIZE,
      TILE_SIZE, TILE_SIZE);
}
```

现在，可以使用 PUSH CODE INTO CLASSES 将此方法移动到 Tile 类中(如代码清单 4.103 和代码清单 4.104 所示)。

代码清单 4.103 重构之前

```
function drawTile(
  g: CanvasRenderingContext2D,
  x: number, y: number)
{
  map[y][x].color(g);
  if (!map[y][x].isAir()
      && !map[y][x].isPlayer())
    g.fillRect(
      x * TILE_SIZE,
      y * TILE_SIZE,
      TILE_SIZE,
      TILE_SIZE);
}
```

代码清单 4.104 重构之后

```
function drawTile(
  g: CanvasRenderingContext2D,
  x: number, y: number)
{
  map[y][x].draw(g, x, y);
}
interface Tile {
  // ...
  draw(g: CanvasRenderingContext2D,
    x: number, y: number): void;
}
class Air implements Tile {
  // ...
  draw(g: CanvasRenderingContext2D,
    x: number, y: number)
  {
                  ◄── draw 方法最终在 Air 和 Player 中是空的
  }
}
class Flux implements Tile {
  // ...
  draw(g: CanvasRenderingContext2D,
    x: number, y: number)
  {
```

```
      g.fillStyle = "#ccffcc";
      g.fillRect(
        x * TILE_SIZE,
        y * TILE_SIZE,
        TILE_SIZE,
        TILE_SIZE);
    }
  }
```

所有其他的类在内联 color 和 isAir 并删除 if(true)后最终有两行

像往常一样，当使用 PUSH CODE INTO CLASSES 后，会得到一个只有一行的函数：drawTile。因此，我们使用 INLINE METHOD(如代码清单 4.105 和代码清单 4.106 所示)。

代码清单 4.105　重构之前

```
function drawMap(
  g: CanvasRenderingContext2D)
{
  for (let y = 0; y < map.length; y++) {
    for (let x = 0; x < map[y].length; x++){
      drawTile(g, x, y);
    }
  }
}
function drawTile(
  g: CanvasRenderingContext2D,
  x: number, y: number)
{
  map[y][x].draw(g);
}
```

代码清单 4.106　重构之后

```
function drawMap(
  g: CanvasRenderingContext2D)
{
  for (let y = 0; y < map.length; y++) {
    for (let x = 0; x < map[y].length; x++){
      map[y][x].draw(g, x, y);
    }

  }
}
```

内联的方法体

drawTile 被删除

此时，你可能想知道：类中的所有代码重复是怎么回事？难道不能用抽象类代替接口，把所有的通用代码都放在那里吗？下面依次进行回答。

4.3.1　不能用抽象类代替接口吗

事实上，我们可以用抽象类代替接口，并且这样做可以避免代码重复。然而，这种方法也有一些明显的缺点。首先，使用接口迫使我们主动地对引入的每个新类进行操作。因此，我们不能偶尔忘记一个属性或重写一些不应该重写的东西。问题在 6 个月后会变得格外显著，因为那时我们已经忘记了它的工作原理，我们又会回来添加新的瓦片类型。

这个概念是如此强大，以至于它也被形式化为一条规则，以阻止我们使用抽象类。这条规则名为 ONLY INHERIT FROM INTERFACES。

4.3.2　规则：ONLY INHERIT FROM INTERFACES

1. 声明

仅从接口继承。

2. 解释

这条规则只是说明我们只能从接口继承，而不能从类或抽象类继承。人们使用抽象类的最常见原因是为某些方法提供默认实现，同时让其他方法是抽象的。这样做可以减少重复，也为我们提供了很多便利。

遗憾的是，缺点要严重得多。共享代码会导致耦合。这种情况下，耦合是抽象类中的代码。假设在抽象类中实现了两个方法：methodA 和 methodB。我们发现一个子类只需要 methodA，而另一个子类只需要 methodB。此时，我们唯一的选择是用空函数重写其中一个方法。

当我们有一个具有默认实现的方法时，有两种情况：一是每个可能的子类都需要该方法，此时可以轻松地将该方法移出类；二是一些子类需要重写该方法，但是因为该方法有一个实现，所以当添加一个新子类时，编译器不会提醒我们这个方法。

这是前面讨论的默认值问题的另一个实例。这种情况下，最好让方法完全抽象，因为我们需要显式地处理这些情况。

当多个类需要共享代码时，可以将该代码放在另一个共享类中。我们将在第 5 章学习 INTRODUCE STRATEGY PATTERN 时讨论这一问题。

3. 异味

我根据 Erich Gamma、Richard Helm、Ralph Johnson 和 John Vlissides(如前所述，通常被称为 Gang of Four)合著的 *Design Patterns* 一书中的“优先选择对象组合而非继承”原则推导出这条规则。该书还介绍了面向对象编程的设计模式概念。

4. 意图

此异味清楚地表明我们应该通过引用其他对象来共享代码，以支持从对象继承。这条规则把它发挥到了极致，因为问题很少会需要继承；当问题不需要继承时，组合可以为我们提供一个更灵活稳定的解决方案。

5. 参考

如前所述，该规则来自 *Design Patterns* 一书。在第 5 章讨论 INTRODUCE STRATEGY PATTERN 重构时，我们会探索一个更好的解决方案以获得所需的代码共享。

4.3.3 所有这些代码重复是怎么回事

许多情况下，代码重复是不好的。这是不争的事实，但原因是什么？当我们需要维护代码时，代码重复是不好的，因为我们必须以一种在整个程序中传播的方式更改某些内容。

如果我们有重复的代码，并且在某处更改它，就会有两个不同的函数。另一种说法是，代码重复导致分歧，因此是不好的。

大多数情况下，分歧不是我们想要的；但在我们的示例中，分歧有可能会更好。我们期望不同瓦片的图形应该随着时间的推移而变化，并且应该有所不同。

如果代码应该融合，那么当我们不能使用继承时，应该如何处理它？我们将在下一章中讨论这种情况。

4.4　重构一对复杂的 if 语句

接下来两个仍然违反规则的函数是 moveHorizontal 和 moveVertical。这两个函数几乎相同，因此我只介绍两者中更复杂的一个，另一个留给读者练习。如代码清单 4.107 所示，moveHorizontal 目前看起来很复杂；幸运的是，我们现在可以忽略大部分内容。

代码清单 4.107　初始代码

```
function moveHorizontal(dx: number) {
  if (map[playery][playerx + dx].isFlux()
        || map[playery][playerx + dx].isAir()) {
    moveToTile(playerx + dx, playery);
  } else if ((map[playery][playerx + dx].isStone()
        || map[playery][playerx + dx].isBox())
        && map[playery][playerx + dx + dx].isAir()
        && !map[playery + 1][playerx + dx].isAir()) {
    map[playery][playerx + dx + dx] = map[playery][playerx + dx];
    moveToTile(playerx + dx, playery);
  } else if (map[playery][playerx + dx].isKey1()) {
    removeLock1();
    moveToTile(playerx + dx, playery);
  } else if (map[playery][playerx + dx].isKey2()) {
    removeLock2();
    moveToTile(playerx + dx, playery);
  }
}
```

||是我们要保留的

首先，注意这里有两个||。这些表达了关于底层域的信息。因此，我们不仅要保留这种结构，还要强调它。我们通过只将那部分推到类中来进行强调。

我们并不是将整个方法推到类中，因此这与之前所做的有点不同；但是，过程保持不变。最困难的部分是想出一个好名称。现在，让我们小心查看代码在做什么。我们想说明通量和空气之间存在某种关系；它与游戏有关，而不是普通的东西，因此我们不会详细讨论，而只是说明它们是可吃的。

(1) 在 Tile 接口中引入 isEdible 方法。

(2) 在每个类中，添加一个名称稍有错误的方法：isEdible2。

(3) 将 return this.isFlux() || this.isAir() ;作为方法体。

(4) 内联 isFlux 和 isAir 的值。

(5) 删除名称中的临时性的 2。

(6) 仅在这里替换 map[playery][playerx + dx].isFlux() || map[playery][playerx + dx].isAir()。我们不能在任何地方都进行替换，因为我们不知道其他||是否指代相同的属性(即可吃)。

其他||的情况相同。此时，箱子和石头共享可推动的属性。通过遵循相同的模式，我们最终得到代码清单 4.108 和代码清单 4.109 所示的代码。

代码清单 4.108 重构之前

```
function moveHorizontal(dx: number) {
  if (map[playery][playerx + dx].isFlux()
      || map[playery][playerx + dx].isAir()) {
    moveToTile(playerx + dx, playery);
  } else if ((map[playery][playerx + dx].isStone()
      || map[playery][playerx + dx].isBox())
      && map[playery][playerx + dx + dx].isAir()
      && !map[playery + 1][playerx + dx].isAir()) {
    map[playery][playerx + dx + dx] = map[playery][playerx + dx];
    moveToTile(playerx + dx, playery);
  } else if (map[playery][playerx + dx].isKey1()) {
    removeLock1();
    moveToTile(playerx + dx, playery);
  } else if (map[playery][playerx + dx].isKey2()) {
    removeLock2();
    moveToTile(playerx + dx, playery);
  }
}
```

要被提取的||

代码清单 4.109 重构之后

```
function moveHorizontal(dx: number) {
  if (map[playery][playerx + dx].isEdible()) {
    moveToTile(playerx + dx, playery);
  } else if (map[playery][playerx + dx].isPushable()
      && map[playery][playerx + dx + dx].isAir()
      && !map[playery + 1][playerx + dx].isAir()) {
    map[playery][playerx + dx + dx] = map[playery][playerx + dx];
    moveToTile(playerx + dx, playery);
  } else if (map[playery][playerx + dx].isKey1()) {
    removeLock1();
    moveToTile(playerx + dx, playery);
  } else if (map[playery][playerx + dx].isKey2()) {
    removeLock2();
    moveToTile(playerx + dx, playery);
  }
}
interface Tile {
  // ...
  isEdible(): boolean;
  isPushable(): boolean;
}
class Box implements Tile {
  // ...
  isEdible() { return false; }
  isPushable() { return true; }
}
class Air implements Tile {
  // ...
  isEdible() { return true; }
  isPushable() { return false; }
}
```

新的辅助方法

Box 和 Stone 是相似的

Air 和 Flux 是相似的

保留了||的行为后，我们照常继续并查看上下文。这段代码的上下文是 map[playery][playerx + dx]，因为它用于每个 if。这里可以看到，PUSH CODE INTO CLASSES 不仅适用于从一系列相等检查开始的情况，而且适用于任何具有清晰上下文的事物(即对同一实例有许多方法调用)。

因此，我们再次将代码推入 map[playery][playerx + dx];Tile。应用 PUSH CODE INTO CLASSES 后，代码如代码清单 4.110 所示。

代码清单 4.110　应用 PUSH CODE INTO CLASSES 后

```
function moveHorizontal(dx: number) {
  map[playery][playerx + dx].moveHorizontal(dx);
}
interface Tile {
  // ...
  moveHorizontal(dx: number): void;
}
class Box implements Tile {          ◄── Box 和 Stone 是相似的
  // ...
  moveHorizontal(dx: number) {
    if (map[playery][playerx + dx + dx].isAir()
        && !map[playery + 1][playerx + dx].isAir()) {
      map[playery][playerx + dx + dx] = this;
      moveToTile(playerx + dx, playery);
    }
  }
}
class Key1 implements Tile {         ◄── Key1 和 Key2 是相似的
  // ...
  moveHorizontal(dx: number) {
    removeLock1();
    moveToTile(playerx + dx, playery);
  }
}
class Lock1 implements Tile {        ◄── 其余的是空的
  // ...
  moveHorizontal(dx: number) { }
}
class Air implements Tile {          ◄── Air 和 Flux 是相似的
  // ...
  moveHorizontal(dx: number) {
    moveToTile(playerx + dx, playery);
  }
}
```

像往常一样，原来的 moveHorizontal 方法只有一行，因此将它内联。注意，因为这个 if 更复杂，所以在 Box 和 Stone 中有来自它的人工成分。幸运的是，这些方法仍然遵循我们的规则。现在你可以对 moveVertical 方法执行相同的操作。

唯一与新规则 NEVER USE IF WITH ELSE 冲突的方法是 updateTile。但该方法有一个隐藏结构，我们将在下一章进一步探讨。

4.5 删除无用代码

在结束本章之前，我们需要执行一些清理工作。我们引入了很多新方法，有些方法在内联后会被删除，但我们可以进一步清理。

许多IDE(包括Visual Studio Code)会显示函数是否未经使用。如果我们看到“未经使用”的指示，并且没有正在使用函数，就应该立即将函数删除。代码一经删除，后续就无须做任何处理，因此可以帮助我们节省时间。

遗憾的是，由于接口是公共的，因此任何IDE都无法显示接口中的方法是否未经使用。我们可能会在以后使用这些方法，也可能会有其他地方使用这些方法。因此一般情况下，接口中的方法不可以轻易删除。

但是本章考虑的接口都是我们自己引入的，因此我们知道整个作用域，可以随意调用，特别是可以删除接口中未经使用的方法。以下技术可以帮助你判断方法是否未经使用。

(1) 编译，不应出现错误。

(2) 从接口中删除方法。

(3) 编译。

- 如果编译错误，则撤销，然后继续。
- 如果编译正确，则遍历每个类，检查是否可以在避免错误的情况下删除相同方法。

这一技术简单有效。在完成接口清理后，一个接口将只包含1个方法，另一个接口将包含10个方法。我非常喜欢删除代码，甚至为此建立了一种重构模式：TRY DELETE THEN COMPILE。

重构模式：TRY DELETE THEN COMPILE

1. 描述

这种重构模式的主要用途是，在我们知道接口的整个作用域时，从接口中删除未使用的方法。我们也可以使用此模式来查找并删除任何未使用的方法。执行TRY DELETE THEN COMPILE就像其名称描述的一样简单：尝试删除一个方法，查看编译器是否允许我们这样做。这种重构模式的有趣之处不是它的复杂性，而是它的目的。注意，我们不应在实现新特性时执行此重构，因为可能会删除尚未使用的方法。

代码库中的过期代码会拖缓其速度。阅读或忽略代码需要时间，这使得编译和分析变得更慢，测试也更困难。我们越快地删除不相关的代码，过程的成本和工作量就会越低。

为帮助识别未使用的方法，许多编辑器以某种方式突显它们。但是这些编辑器中的分析可能会被欺骗。可以欺骗分析的东西之一是接口。如果方法在接口中，可能是因为该方法需要对作用域之外的代码可用，也可能是因为我们需要对作用域之内的代码使用该方法。编辑器无法进行区分。唯一安全的选择是假设所有接口方法都需要在作用域之外使用。

当我们知道一个接口只在作用域之内使用时，就需要手动清理它。这就是这种重构模式的目的。

2. 过程

(1) 编译，不应出现错误。
(2) 从接口中删除方法。
(3) 编译。
- 如果编译出错，则撤销，然后继续。
- 如果编译没有出错，遍历每个类，检查是否可以在避免错误的情况下删除相同方法。

3. 示例

代码清单 4.111 所示的这段人造代码片段中有 3 个未使用的方法，但编辑器并未将它们全部突出显示。在某些编辑器中，任何一个方法都不会被突出显示。

代码清单 4.111　初始代码

```
interface A {
  m1(): void;
  m2(): void;
}
class B implements A {
  m1() { console.log("m1"); }
  m2() { this.m3(); }
  m3() { console.log("m3"); }
}
let a = new B();
a.m1();
```

你能按照这个过程发现并消除 3 个未使用的方法吗？

4.6　本章小结

- NEVER USE IF WITH ELSE 和 NEVER USE SWITCH 规则规定我们应该只在程序的边缘使用 else 或 switch。else 和 switch 都是低级控制流操作符。在应用程序的核心部分，我们应该采用重构模式 REPLACE TYPE CODE WITH CLASSES 和 PUSH CODE INTO CLASSES 用高级类和方法替换 switch 和 else if 链。
- 过于泛化的方法会阻止我们进行重构。这些情况下，可以使用重构模式 SPECIALIZE METHOD 来消除不必要的泛化。
- ONLY INHERIT FROM INTERFACES 规则阻止我们通过使用抽象类和类继承来重用代码，因为这些类型的继承强加了不必要的紧密耦合。
- 我们添加了两种重构模式用于重构后的清理。INLINE METHOD 和 TRY DELETE THEN COMPILE 都可以删除不能增加可读性的方法。

第 5 章 将类似的代码融合在一起

本章内容

- 用 UNIFY SIMILAR CLASSES 统一相似的类
- 用条件算术展现结构
- 了解简单的 UML 类图
- 用 INTRODUCE STRATEGY PATTERN 统一类似代码
- 用 NO INTERFACE WITH ONLY ONE IMPLEMENTATION 消除混乱

上一章中还没有完成 updateTile。updateTile 违反了几条规则，最明显的是 NEVER USE IF WITH ELSE。我们还努力保留代码中的||，因为它们表达了结构。本章将探讨如何在代码中展现更多此类结构。

代码清单 5.1 所示是目前的 updateTile。

代码清单 5.1　初始代码

```
function updateTile(x: number, y: number) {
  if ((map[y][x].isStone() || map[y][x].isFallingStone())
      && map[y + 1][x].isAir()) {
    map[y + 1][x] = new FallingStone();
    map[y][x] = new Air();
  } else if ((map[y][x].isBox() || map[y][x].isFallingBox())
      && map[y + 1][x].isAir()) {
    map[y + 1][x] = new FallingBox();
    map[y][x] = new Air();
  } else if (map[y][x].isFallingStone()) {
    map[y][x] = new Stone();
  } else if (map[y][x].isFallingBox()) {
    map[y][x] = new Box();
  }
}
```

5.1 统一相似的类

我们发现的第一件事是，与之前的情况一样，我们有括号表达式(即(map[y][x].isStone() || map[y][x].isFallingStone()))表示我们不仅要保留而且要强调的关系。因此，我们的第一步是为两个括号中的||分别引入一个函数(如代码清单 5.2 和代码清单 5.3 所示)。stony 和 boxy 应该分别理解为“像石头一样”和“像箱子一样”。

代码清单 5.2 重构之前

```
function updateTile(x: number, y: number) {
  if ((map[y][x].isStone()
          || map[y][x].isFallingStone())
          && map[y + 1][x].isAir()) {
    map[y + 1][x] = new FallingStone();
    map[y][x] = new Air();
  } else if ((map[y][x].isBox()
          || map[y][x].isFallingBox())
          && map[y + 1][x].isAir()) {
    map[y + 1][x] = new FallingBox();
    map[y][x] = new Air();
  } else if (map[y][x].isFallingStone()) {
    map[y][x] = new Stone();
  } else if (map[y][x].isFallingBox()) {
    map[y][x] = new Box();
  }
}
```

代码清单 5.3 重构之后

```
function updateTile(x: number, y: number) {
  if (map[y][x].isStony()

          && map[y + 1][x].isAir()) {
    map[y + 1][x] = new FallingStone();
    map[y][x] = new Air();
  } else if (map[y][x].isBoxy()

          && map[y + 1][x].isAir()) {
    map[y + 1][x] = new FallingBox();
    map[y][x] = new Air();
  } else if (map[y][x].isFallingStone()) {
    map[y][x] = new Stone();
  } else if (map[y][x].isFallingBox()) {
    map[y][x] = new Box();
  }
}

interface Tile {
  // ...
  isStony(): boolean;
  isBoxy(): boolean;
}
class Air implements Tile {
  // ...
  isStony() { return false; }
  isBoxy() { return false; }
}
```

新的辅助方法

处理完||之后，可以将代码推入类中，但也可以先查看在上一章中引入的类和各种方法。此时，TRY DELETE THEN COMPILE 让我们删除 isStone 和 isBox。

我们注意到 Stone 和 FallingStone 之间的唯一区别是 isFallingStone 和 moveHorizontal 方法执行的结果不同(如代码清单 5.4 和代码清单 5.5 所示)。

代码清单 5.4　Stone

```
class Stone implements Tile {
  isAir() { return false; }
  isFallingStone() { return false; }
  isFallingBox() { return false; }
  isLock1() { return false; }
  isLock2() { return false; }
  draw(g: CanvasRenderingContext2D,
    x: number, y: number)
  {
    // ...
  }
  moveVertical(dy: number) { }
  isStony() { return true; }
  isBoxy() { return false; }
  moveHorizontal(dx: number) {
    // ...
  }
}
```

代码清单 5.5　FallingStone

```
class FallingStone implements Tile {
  isAir() { return false; }
  isFallingStone() { return true; }
  isFallingBox() { return false; }
  isLock1() { return false; }
  isLock2() { return false; }
  draw(g: CanvasRenderingContext2D,
    x: number, y: number)
  {
    // ...
  }
  moveVertical(dy: number) { }
  isStony() { return true; }
  isBoxy() { return false; }
  moveHorizontal(dx: number) {

  }
}
```

仅有的差异

当一个方法返回一个常量时，我们称其为常量方法。这两个类共享一个常量方法，在每种情况下返回不同的值，因此我们可以连接两者。像这样连接两个类需要两个阶段，这个过程让人想起分数相加的算法。分数相加的第一步是使分母相等，同样连接类的第一个阶段是使类在除常量方法外的所有方法中都相等。分数的第二阶段是实际相加；连接类的第二个阶段是实际连接。实践操作如下所示。

(1) 第一个阶段使两个 moveHorizontal 相等。

首先，在每个 moveHorizontal 的方法体中，在现有代码周围添加一个封闭的 if (true) { }，如代码清单 5.6 和代码清单 5.7 所示。

代码清单 5.6　重构之前

```
class Stone implements Tile {
  // ...
  moveHorizontal(dx: number) {

    if (map[playery][playerx+dx+dx].isAir()
    && !map[playery+1][playerx+dx].isAir())
    {
      map[playery][playerx+dx + dx] = this;
      moveToTile(playerx+dx, playery);
    }

  }
}
class FallingStone implements Tile {
  // ...
  moveHorizontal(dx: number) {

  }
}
```

代码清单 5.7　重构之后(1/8)

```
class Stone implements Tile {
  // ...
  moveHorizontal(dx: number) {
    if (true) {
      if (map[playery][playerx+dx+dx].isAir()
      && !map[playery+1][playerx+dx].isAir())
      {
        map[playery][playerx+dx + dx] = this;
        moveToTile(playerx+dx, playery);
      }
    }
  }
}
class FallingStone implements Tile {
  // ...
  moveHorizontal(dx: number) {
    if (true) { }
  }
}
```

新的 if(true)

然后，分别用 isFallingStone() === true 和 isFallingStone() === false 替换 true(如代码清单 5.8 和代码清单 5.9 所示)。

代码清单 5.8 重构之前

```
class Stone implements Tile {
  // ...
  moveHorizontal(dx: number) {
    if (true) {
      if (map[playery][playerx+dx+dx].isAir()
      && !map[playery+1][playerx+dx].isAir())
      {
        map[playery][playerx+dx + dx] = this;
        moveToTile(playerx+dx, playery);
      }
    }
  }
}
class FallingStone implements Tile {
  // ...
  moveHorizontal(dx: number) {
    if (true) { }
  }
}
```

代码清单 5.9 重构之后(2/8)

```
class Stone implements Tile {
  // ...
  moveHorizontal(dx: number) {
    if (this.isFallingStone() === false) {
      if (map[playery][playerx+dx+dx].isAir()
      && !map[playery+1][playerx+dx].isAir())
      {
        map[playery][playerx+dx + dx] = this;
        moveToTile(playerx+dx, playery);
      }
    }
  }
}
class FallingStone implements Tile {
  // ...
  moveHorizontal(dx: number) {
    if (this.isFallingStone() === true) { }
  }
}
```

特定条件

最后，复制每个 moveHorizontal 的方法体并将其与 else 一起粘贴到另一个 moveHorizontal 中(如代码清单 5.10 和代码清单 5.11 所示)。

代码清单 5.10 重构之前

```
class Stone implements Tile {
  // ...
  moveHorizontal(dx: number) {
    if (this.isFallingStone() === false) {
      if (map[playery][playerx+dx+dx].isAir()
      && !map[playery+1][playerx+dx].isAir())
      {
        map[playery][playerx+dx + dx] = this;
        moveToTile(playerx+dx, playery);
      }
    }



  }
}
class FallingStone implements Tile {
  // ...
  moveHorizontal(dx: number) {
```

其他方法的方法体

代码清单 5.11 重构之后(3/8)

```
class Stone implements Tile {
  // ...
  moveHorizontal(dx: number) {
    if (this.isFallingStone() === false) {
      if (map[playery][playerx+dx+dx].isAir()
      && !map[playery+1][playerx+dx].isAir())
      {
        map[playery][playerx+dx + dx] = this;
        moveToTile(playerx+dx, playery);
      }
    }
    else if (this.isFallingStone() === true)
    {
    }
  }
}
class FallingStone implements Tile {
  // ...
  moveHorizontal(dx: number) {
    if (this.isFallingStone() === false) {
      if (map[playery][playerx+dx+dx].isAir()
      && !map[playery+1][playerx+dx].isAir())
        {
        map[playery][playerx+dx + dx] = this;
```

```
    if (this.isFallingStone() === true)
    {
    }
  }
}
```

```
      moveToTile(playerx+dx, playery);
}
    }
    else if (this.isFallingStone() === true)
    {
    }
  }
}
```

(2) 现在只有 isFallingStone 常量方法不同，因此第二个阶段首先引入 falling 字段并在构造函数中赋其值(如代码清单 5.12 和代码清单 5.13 所示)。

代码清单 5.12　重构之前

```
class Stone implements Tile {




  // ...
  isFallingStone() { return false; }
}
class FallingStone implements Tile {




  // ...
  isFallingStone() { return true; }
}
```

代码清单 5.13　重构之后(4/8)

```
class Stone implements Tile {
  private falling: boolean;        ← 新字段
  constructor() {
    this.falling = false;          ← 为新字段赋一个默认值
  }
  // ...
  isFallingStone() { return false; }
}
class FallingStone implements Tile {
  private falling: boolean;        ← 新字段
  constructor() {
    this.falling = true;           ← 为新字段赋一个默认值
  }
  // ...
  isFallingStone() { return true; }
}
```

(3) 更改 isFallingStone，返回新的 falling 字段(如代码清单 5.14 和代码清单 5.15 所示)。

代码清单 5.14　重构之前

```
class Stone implements Tile {
  // ...
  isFallingStone() { return false; }
}
class FallingStone implements Tile {
  // ...
isFallingStone() { return true; }
}
```

代码清单 5.15　重构之后(5/8)

```
class Stone implements Tile {
  // ...
  isFallingStone() { return this.falling; }   ← 返回字段而不是常量
}
class FallingStone implements Tile {
  // ...
  isFallingStone() { return this.falling; }   ← 返回字段而不是常量
}
```

(4) 编译，以确保我们没有破坏任何东西。

(5) 对于每个类进行如下操作。

首先，复制 falling 的默认值，然后将默认值作为形参(如代码清单 5.16 和代码清单 5.17 所示)。

代码清单 5.16 重构之前

```
class Stone implements Tile {
  private falling: boolean;
  constructor() {
    this.falling = false;
  }
  // ...
}
```

代码清单 5.17 重构之后(6/8)

```
class Stone implements Tile {
  private falling: boolean;
  constructor(falling: boolean) {     使 falling
    this.falling = falling;           成为一个形参
  }
  // ...
}
```

然后，检查编译错误并插入默认值作为实参(如代码清单 5.18 和代码清单 5.19 所示)。

代码清单 5.18 重构之前

```
/// ...
  new Stone();
/// ...
```

代码清单 5.19 重构之后(7/8)

```
/// ...
  new Stone(false);     ← 使用默认值进行调用
/// ...
```

(6) 删除所有其他类，只留一个正在进行统一的类，并且通过切换到这个仍然存在的类来修复所有编译错误(如代码清单 5.20 和代码清单 5.21 所示)。

代码清单 5.20 重构之前

```
/// ...
  new FallingStone(true);
/// ...
```

代码清单 5.21 重构之后(8/8)

```
/// ...
  new Stone(true);     ← 用统一的类取代被删除的类
/// ...
```

这种统一相当于如代码清单 5.22 和代码清单 5.23 所示的转变。

代码清单 5.22 重构之前

```
function updateTile(x: number, y: number) {
  if (map[y][x].isStony()
          && map[y + 1][x].isAir()) {
    map[y + 1][x] = new FallingStone();
    map[y][x] = new Air();
  } else if (map[y][x].isBoxy()
          && map[y + 1][x].isAir()) {
    map[y + 1][x] = new FallingBox();
    map[y][x] = new Air();
  } else if (map[y][x].isFallingStone()) {
    map[y][x] = new Stone();
  } else if (map[y][x].isFallingBox()) {
    map[y][x] = new Box();
  }
}
class Stone implements Tile {
  // ...
  isFallingStone() { return false; }
  moveHorizontal(dx: number) {
    if (map[playery][playerx+dx+dx].isAir()
```

代码清单 5.23 重构之后

```
function updateTile(x: number, y: number) {
  if (map[y][x].isStony()
          && map[y + 1][x].isAir()) {
    map[y + 1][x] = new Stone(true);
    map[y][x] = new Air();
  } else if (map[y][x].isBoxy()
          && map[y + 1][x].isAir()) {
    map[y + 1][x] = new FallingBox();
    map[y][x] = new Air();
  } else if (map[y][x].isFallingStone()) {
    map[y][x] = new Stone(false);
  } else if (map[y][x].isFallingBox()) {
    map[y][x] = new Box();
  }
}
class Stone implements Tile {
  constructor(private falling: boolean) { }   ← 私有字段，在构造函数中被设置
  // ...
  isFallingStone() { return this.falling; }   ← isFallingStone 返回这个字段
  moveHorizontal(dx: number) {                ← moveHorizontal 有以下组合体
```

```
    && !map[playery+1][playerx+dx].isAir())
    {
      map[playery][playerx+dx + dx] = this;
      moveToTile(playerx+dx, playery);
    }
  }
}
class FallingStone implements Tile {
  // ...
  isFallingStone() { return true; }
  moveHorizontal(dx: number) { }
}
```

```
  if (this.isFallingStone() === false) {
    if (map[playery][playerx+dx+dx].isAir()
    && !map[playery+1][playerx+dx].isAir())
    {
      map[playery][playerx+dx + dx] = this;
      moveToTile(playerx+dx, playery);
    }
  } else if(this.isFallingStone() === true)
  {
  }
 }
}
```

FallingStone 被移除

在 TypeScript 语言中

构造函数的行为与大多数语言略有不同。首先，我们只能有一个构造函数，并且它总是被称为 constructor。

其次，在构造函数的形参前面加上 public 或 private 会自动创建一个实例变量并将实参的值赋给它。因此，以下代码是相等的。

重构之前

```
class Stone implements Tile {
  private falling: boolean;
  constructor(falling: boolean) {
    this.falling = falling;
  }
}
```

重构之后

```
class Stone implements Tile {

  constructor(
    private falling: boolean) { }
}
```

本书一般更喜欢右边的版本。

如果查看生成的 moveHorizontal，我们会发现很多有趣的点。最明显的是，它包含一个空的 if。更重要的是，它现在包含一个 else，这意味着它违反 NEVER USE IF WITH ELSE。以刚才的方式连接类的一个常见效果是，会暴露潜在的隐藏类型代码。在本例中，布尔型 falling 是一个类型代码。我们可以将这一类型代码设置为枚举来进行展现(如代码清单 5.24 和代码清单 5.25 所示)。

代码清单 5.24　重构之前

```
/// ...
  new Stone(true);
/// ...
  new Stone(false);
/// ...
class Stone implements Tile {
  constructor(private falling: boolean)
  { }
  // ...
  isFallingStone() {
```

代码清单 5.25　重构之后

```
enum FallingState {
  FALLING, RESTING
}
/// ...
  new Stone(FallingState.FALLING);
/// ...
  new Stone(FallingState.RESTING);
/// ...
class Stone implements Tile {
  constructor(private falling: FallingState)
  { }
  // ...
  isFallingStone() {
```

```
    return this.falling;
  }
}
```

```
    return this.falling
      === FallingState.FALLING;
  }
}
```

这一更改使我们消除了 Stone 的未命名布尔实参问题，提高了代码可读性。但更好的是，我们知道了如何处理枚举：REPLACE TYPE CODE WITH CLASSES(如代码清单 5.26 和代码清单 5.27 所示)。

代码清单 5.26 重构之前

```
enum FallingState {
  FALLING, RESTING
}
  new Stone(FallingState.FALLING);
  new Stone(FallingState.RESTING);
class Stone implements Tile {
  constructor(private falling:
FallingState)
  { }
  // ...
  isFallingStone() {
    return this.falling
      === FallingState.FALLING;
  }
}
```

代码清单 5.27 重构之后

```
interface FallingState {
  isFalling(): boolean;
  isResting(): boolean;
}
class Falling implements FallingState {
  isFalling() { return true; }
  isResting() { return false; }
}
class Resting implements FallingState {
  isFalling() { return false; }
  isResting() { return true; }
}
  new Stone(new Falling());
  new Stone(new Resting());
class Stone implements Tile {
  constructor(private falling:
FallingState)
  { }
  // ...
  isFallingStone() {
    return this.falling.isFalling();
  }
}
```

如果我们因 new 稍慢而烦恼，可以将它们提取为常量；但请记住，性能优化应该由分析工具引导。如果我们在 moveHorizontal 方法中内联 isFallingStone，就会发现可能应该使用 PUSH CODE INTO CLASSES(如代码清单 5.28 和代码清单 5.29 所示)。

代码清单 5.28 重构之前

```
interface FallingState {
  // ...
}
class Falling implements FallingState {
  // ...
}
class Resting implements FallingState {
  // ...
}
```

代码清单 5.29 重构之后

```
interface FallingState {
  // ...
  moveHorizontal(
    tile: Tile, dx: number): void;
}
class Falling implements FallingState {
  // ...
  moveHorizontal(tile: Tile, dx: number) {
  }
}
class Resting implements FallingState {
  // ...
  moveHorizontal(tile: Tile, dx: number) {
```

```
class Stone implements Tile {
  // ...
  moveHorizontal(dx: number) {
    if (!this.falling.isFalling()) {
      if (map[playery][playerx+dx+dx].isAir()
      && !map[playery+1][playerx+dx].isAir())
      {
        map[playery][playerx+dx + dx] = this;
        moveToTile(playerx+dx, playery);
      }
    } else if (this.falling.isFalling()) {
    }
  }
}
```

```
    if (map[playery][playerx+dx+dx].isAir()
    && !map[playery+1][playerx+dx].isAir())
    {
      map[playery][playerx+dx + dx] = tile;
      moveToTile(playerx+dx, playery);
    }
  }
}
class Stone implements Tile {
  // ...
  moveHorizontal(dx: number) {
    this.falling.moveHorizontal(this, dx);
  }
}
```

最后，由于我们引入了一个新接口，因此可以使用 TRY DELETE THEN COMPILE 来删除 isResting。我把如何处理 Box 和 FallingBox 的类似问题留给你；注意，你可以重用 FallingState。我们将统一两个相似的类称为 UNIFY SIMILAR CLASSES。

重构模式：UNIFY SIMILAR CLASSES

1. 描述

每当我们在一组常量方法中有两个或更多个彼此不同的类时，可以使用这种重构模式来进行统一。一组常量方法称为基，具有两种方法的基称为两点基。我们希望基有尽可能少的方法。当我们想统一 X 个类时，最多需要一个(X-1)点基。统一类是有益的，因为类越少通常意味着我们发现的结构越多。

2. 过程

(1) 第一个阶段是使所有非基方法相等。对于每一个方法执行以下步骤。

- 在每个版本的方法体中，围绕现有代码添加一个封闭的 if (true) { }。
- 用一个表达式替换 true，该表达式调用所有的基方法并将结果与其常量值进行比较。
- 复制每个版本的方法体并将其与 else 一起粘贴到所有其他版本中。

(2) 现在只有基方法不同，因此第二个阶段首先为基中的每个方法引入一个字段，并且在构造函数中赋值其常量。

(3) 更改方法，返回新字段而不是常量。

(4) 编译，以确保我们没有破坏任何东西。

(5) 对于每个类执行以下操作，每次一个字段。

- 复制字段的默认值，然后将默认值设为形参。
- 检查编译错误并插入默认值作为实参。

(6) 所有类都相同后，删除所有统一的类，只保留其中一个并切换到该类，修复所有编译错误。

3. 示例

在这个示例中，有一个交通灯，它具有 3 个非常相似的类(如代码清单 5.30 所示)，因此我们决定将其统一。

代码清单 5.30　初始代码

```
function nextColor(t: TrafficColor) {
  if (t.color() === "red") return new Green();
  else if (t.color() === "green") return new Yellow();
  else if (t.color() === "yellow") return new Red();
}
interface TrafficColor {
  color(): string;
  check(car: Car): void;
}
class Red implements TrafficColor {
  color() { return "red"; }
  check(car: Car) { car.stop(); }
}
class Yellow implements TrafficColor {
  color() { return "yellow"; }
  check(car: Car) { car.stop(); }
}
class Green implements TrafficColor {
  color() { return "green"; }
  check(car: Car) { car.drive(); }
}
```

我们遵循以下过程。

(1) 基方法是 color，因为它在每个类中返回不同的常量，所以我们需要使 check 方法相等。对这些方法中的每一种执行以下步骤。

首先，在每个版本 check 的方法体中，围绕现有代码添加一个封闭的 if (true) { }，如代码清单 5.31 和代码清单 5.32 所示。

代码清单 5.31　重构之前

```
class Red implements TrafficColor {
  // ...
  check(car: Car) {

    car.stop();

  }
}
class Yellow implements TrafficColor {
  // ...
  check(car: Car) {

    car.stop();

  }
}
class Green implements TrafficColor {
  // ...
  check(car: Car) {
```

代码清单 5.32　重构之后(1/8)

```
class Red implements TrafficColor {
  // ...
  check(car: Car) {
    if (true) {          <-- 添加 if(true){}
      car.stop();
    }
  }
}
class Yellow implements TrafficColor {
  // ...
  check(car: Car) {
    if (true) {          <-- 添加 if(true){}
      car.stop();
    }
  }
}
class Green implements TrafficColor {
  // ...
  check(car: Car) {
    if (true) {          <-- 添加 if(true){}
```

```
    car.drive();

  }
}
```

```
      car.drive();
    }
  }
}
```

然后，用一个表达式替换 true，该表达式调用基方法并将结果与其常量值进行比较(如代码清单 5.33 和代码清单 5.34 所示)。

代码清单 5.33　重构之前

```
class Red implements TrafficColor {
  color() { return "red"; }
  check(car: Car) {
    if (true) {
      car.stop();
    }
  }
}
class Yellow implements TrafficColor {
  color() { return "yellow"; }
  check(car: Car) {
    if (true) {
      car.stop();
    }
  }
}
class Green implements TrafficColor {
  color() { return "green"; }
  check(car: Car) {
    if (true) {
      car.drive();
    }
  }
}
```

代码清单 5.34　重构之后(2/8)

```
class Red implements TrafficColor {
  color() { return "red"; }
  check(car: Car) {
    if (this.color() === "red") {
      car.stop();
    }
  }
}
class Yellow implements TrafficColor {
  color() { return "yellow"; }
  check(car: Car) {
    if (this.color() === "yellow") {
      car.stop();
    }
  }
}
class Green implements TrafficColor {
  color() { return "green"; }
  check(car: Car) {
    if (this.color() === "green") {
      car.drive();
    }
  }
}
```

检查基方法

最后，我们复制每个版本的方法体并将其与 else 一起粘贴到所有其他版本中(如代码清单 5.35 和代码清单 5.36 所示)。

代码清单 5.35 重构之前

```
class Red implements TrafficColor {
  // ...
  check(car: Car) {
    if (this.color() === "red") {
      car.stop();
    }
  }
}
class Yellow implements TrafficColor {
  // ...
  check(car: Car) {
    if (this.color() === "yellow") {
      car.stop();
    }
  }
}
class Green implements TrafficColor {
  // ...
  check(car: Car) {
    if (this.color() === "green") {
      car.drive();
    }
  }
}
```

代码清单 5.36 重构之后(3/8)

```
class Red implements TrafficColor {
  // ...
  check(car: Car) {
    if (this.color() === "red") {
      car.stop();
    } else if (this.color() === "yellow") {
      car.stop();
    } else if (this.color() === "green") {
      car.drive();
    }
  }
}
class Yellow implements TrafficColor {
  // ...
  check(car: Car) {
    if (this.color() === "red") {
      car.stop();
    } else if (this.color() === "yellow") {
      car.stop();
    } else if (this.color() === "green") {
      car.drive();
    }
  }
}
class Green implements TrafficColor {
  // ...
  check(car: Car) {
    if (this.color() === "red") {
      car.stop();
    } else if (this.color() === "yellow") {
      car.stop();
    } else if (this.color() === "green") {
      car.drive();
    }
  }
}
```

将方法复制到彼此之间

(2) 现在 check 方法相同，只有基方法不同。第二个阶段首先为 color 方法引入一个字段并在构造函数中赋值其常量(如代码清单 5.37 和代码清单 5.38 所示)。

代码清单 5.37　重构之前

```
class Red implements TrafficColor {


  color() { return "red"; }
  // ...
}
class Yellow implements TrafficColor {


  color() { return "yellow"; }
  // ...
}
class Green implements TrafficColor {


  color() { return "green"; }
  // ...
}
```

代码清单 5.38　重构之后(4/8)

```
class Red implements TrafficColor {
  constructor(
    private col: string = "red") { }
  color() { return "red"; }
  // ...
}
class Yellow implements TrafficColor {
  constructor(
    private col: string = "yellow") { }
  color() { return "yellow"; }
  // ...
}
class Green implements TrafficColor {
  constructor(
    private col: string = "green") { }
  color() { return "green"; }
  // ...
}
```

添加的构造函数

(3) 更改方法，返回新字段而不是常量(如代码清单 5.39 和代码清单 5.40 所示)。

代码清单 5.39　重构之前

```
class Red implements TrafficColor {
  // ...
  color() { return "red"; }
}
class Yellow implements TrafficColor {
  // ...
  color() { return "yellow"; }
}
class Green implements TrafficColor {
  // ...
  color() { return "green"; }
}
```

代码清单 5.40　重构之后(5/8)

```
class Red implements TrafficColor {
  // ...
  color() { return this.col; }
}
class Yellow implements TrafficColor {
  // ...
  color() { return this.col; }
}
class Green implements TrafficColor {
  // ...
  color() { return this.col; }
}
```

返回一个字段而不是一个常量

(4) 编译，以确保我们没有破坏任何东西。

(5) 对于每个类执行以下操作，每次一个字段。

首先复制字段的默认值，然后将默认值设为形参(如代码清单 5.41 和代码清单 5.42 所示)。

代码清单 5.41　重构之前

```
class Red implements TrafficColor {
  constructor(
    private col: string = "red") { }
  // ...
}
```

代码清单 5.42　重构之后(6/8)

```
class Red implements TrafficColor {
  constructor(
    private col: string) { }
  // ...
}
```

剪切默认值

然后检查编译错误并插入默认值作为实参(如代码清单 5.43 和代码清单 5.44 所示)。

代码清单 5.43 重构之前

```
function nextColor(t: TrafficColor) {
  if (t.color() === "red")
    return new Green();
  else if (t.color() === "green")
    return new Yellow();
  else if (t.color() === "yellow")
    return new Red();
}
```

代码清单 5.44 重构之后(7/8)

```
function nextColor(t: TrafficColor) {
  if (t.color() === "red")
    return new Green();
  else if (t.color() === "green")
    return new Yellow();
  else if (t.color() === "yellow")
    return new Red("red");
}
```

通过粘贴来修复错误

(6) 所有类都相同后，删除所有统一的类，只保留其中一个并切换到该类，修复所有编译错误(如代码清单 5.45 和代码清单 5.46 所示)。

代码清单 5.45 重构之前

```
function nextColor(t: TrafficColor) {
  if (t.color() === "red")
    return new Green();
  else if (t.color() === "green")
    return new Yellow();
  else if (t.color() === "yellow")
    return new Red();
}
class Yellow implements TrafficColor { ... }
class Green implements TrafficColor { ... }
```

代码清单 5.46 重构之后(8/8)

```
function nextColor(t: TrafficColor) {
  if (t.color() === "red")
    return new Red("green");
  else if (t.color() === "green")
    return new Red("yellow");
  else if (t.color() === "yellow")
    return new Red("red");
}
```

删除 Yellow 和 Green 类

此时，我们不需要接口，应该将其重命名为 Red，还应该努力去除 if 和 else——可能需要使用即将介绍的重构模式。不过，我们已经成功统一了 3 个类(如代码清单 5.47 和代码清单 5.48 所示)。

代码清单 5.47 重构之前

```
function nextColor(t: TrafficColor) {
  if (t.color() === "red")
    return new Green();
  else if (t.color() === "green")
    return new Yellow();
  else if (t.color() === "yellow")
    return new Red();
}
interface TrafficColor {
  color(): string;
  check(car: Car): void;
}
class Red implements TrafficColor {
  color() { return "red"; }
  check(car: Car) { car.stop(); }
}
class Yellow implements TrafficColor {
```

代码清单 5.48 重构之后

```
function nextColor(t: TrafficColor) {
  if (t.color() === "red")
    return new Red("green");
  else if (t.color() === "green")
    return new Red("yellow");
  else if (t.color() === "yellow")
    return new Red("red");
}
interface TrafficColor {
  color(): string;
  check(car: Car): void;
}
class Red implements TrafficColor {
  constructor(private col: string) { }
  color() { return this.col; }
  check(car: Car) {
    if (this.color() === "red") {
```

```
  color() { return "yellow"; }
  check(car: Car) { car.stop(); }
}
class Green implements TrafficColor {
  color() { return "green"; }
  check(car: Car) { car.drive(); }
}
```

```
        car.stop();
      } else if (this.color() === "yellow") {
        car.stop();
      } else if (this.color() === "green") {
        car.drive();
      }
    }
  }
```

此时，将 3 种颜色提取为常量可以避免一遍又一遍地实例化它们，因此是有意义的，而且也很简单。

4. 补充阅读

据我所知，这是首次将此过程描述为重构模式。

5.2　统一简单条件

为继续讨论 updateTile，我们想让一些 if 的语句体更相似，如代码清单 5.49 所示。

代码清单 5.49　初始代码

```
function updateTile(x: number, y: number) {
  if (map[y][x].isStony()
        && map[y + 1][x].isAir()) {
    map[y + 1][x] = new Stone(new Falling());
    map[y][x] = new Air();
  } else if (map[y][x].isBoxy()
        && map[y + 1][x].isAir()) {
    map[y + 1][x] = new Box(new Falling());
    map[y][x] = new Air();
  } else if (map[y][x].isFallingStone()) {
    map[y][x] = new Stone(new Resting());
  } else if (map[y][x].isFallingBox()) {
    map[y][x] = new Box(new Resting());
  }
}
```

我们决定引入设置和取消设置新字段 falling 的方法，如代码清单 5.50 所示。

代码清单 5.50　引入 drop 和 rest 之后

```
interface Tile {
  // ...
  drop(): void;      ← 设置新字段的新方法；在大多数类中为空
  rest(): void;      ← 取消设置新字段的新方法；在大多数类中为空
}
class Stone implements Tile {
  // ...
```

```
  drop() { this.falling = new Falling(); }
  rest() { this.falling = new Resting(); }
}
class Flux implements Tile {
  // ...
  drop() { }
  rest() { }
}
```

取消设置新字段的新方法；在大多数类中为空

设置新字段的新方法；在大多数类中为空

一次只做一件事，我们先处理 rest，然后处理 drop。可以在 updateTile 中直接使用 rest，如代码清单 5.51 和代码清单 5.52 所示。

代码清单 5.51 重构之前

```
function updateTile(x: number, y: number) {
  if (map[y][x].isStony()
          && map[y + 1][x].isAir()) {
    map[y+1][x] = new Stone(new Falling());
    map[y][x] = new Air();
  } else if (map[y][x].isBoxy()
          && map[y + 1][x].isAir()) {
    map[y + 1][x] = new Box(new Falling());
    map[y][x] = new Air();
  } else if (map[y][x].isFallingStone()) {
    map[y][x] = new Stone(new Resting());
  } else if (map[y][x].isFallingBox()) {
    map[y][x] = new Box(new Resting());
  }
}
```

代码清单 5.52 重构之后

```
function updateTile(x: number, y: number) {
  if (map[y][x].isStony()
          && map[y + 1][x].isAir()) {
    map[y+1][x] = new Stone(new Falling());
    map[y][x] = new Air();
  } else if (map[y][x].isBoxy()
          && map[y + 1][x].isAir()) {
    map[y + 1][x] = new Box(new Falling());
    map[y][x] = new Air();
  } else if (map[y][x].isFallingStone()) {
    map[y][x].rest();
  } else if (map[y][x].isFallingBox()) {
    map[y][x].rest();
  }
}
```

使用新的辅助方法

我们看到最后两个 if 的语句体是一样的。当相邻的两个 if 语句具有相同的语句体时，可以简单地在两个条件之间添加||来连接它们(如代码清单 5.53 和代码清单 5.54 所示)。

代码清单 5.53 重构之前

```
function updateTile(x: number, y: number) {
  if (map[y][x].isStony()
          && map[y + 1][x].isAir()) {
    map[y+1][x] = new Stone(new Falling());
    map[y][x] = new Air();
  } else if (map[y][x].isBoxy()
          && map[y + 1][x].isAir()) {
    map[y + 1][x] = new Box(new Falling());
    map[y][x] = new Air();
  } else if (map[y][x].isFallingStone()) {
    map[y][x].rest();
  } else if (map[y][x].isFallingBox()) {
    map[y][x].rest();
  }
}
```

代码清单 5.54 重构之后

```
function updateTile(x: number, y: number) {
  if (map[y][x].isStony()
          && map[y + 1][x].isAir()) {
    map[y+1][x] = new Stone(new Falling());
    map[y][x] = new Air();
  } else if (map[y][x].isBoxy()
          && map[y + 1][x].isAir()) {
    map[y + 1][x] = new Box(new Falling());
    map[y][x] = new Air();
  } else if (map[y][x].isFallingStone()
          || map[y][x].isFallingBox()) {
    map[y][x].rest();
  }
}
```

组合条件

现在，我们已经习惯使用||，因此立即将||表达式推入类中，并根据这两个方法的共同名称 isFalling 来命名它们。

重申第 2 章中的一个重要观点。在整个过程中，我们不作任何判断，只是遵循代码的现有结构。我们是在没有真正了解代码作用的情况下进行这些重构。这一点很重要，因为如果你必须首先了解所有代码，重构的代价可能很高。某些重构模式可以无须研究代码，这可以为你节省大量时间。

重构前后的代码如代码清单 5.55 和代码清单 5.56 所示。

代码清单 5.55　重构之前

```
function updateTile(x: number, y:
number) {
  if (map[y][x].isStony()
          && map[y + 1][x].isAir()) {
    map[y+1][x] = new Stone(new
Falling());
    map[y][x] = new Air();
  } else if (map[y][x].isBoxy()
          && map[y + 1][x].isAir()) {
    map[y + 1][x] = new Box(new
Falling());
    map[y][x] = new Air();

  } else if (map[y][x].isFallingStone()
          || map[y][x].isFallingBox()) {
    map[y][x].rest();
  }
}
```

代码清单 5.56　重构之后

```
function updateTile(x: number, y:
number) {
  if (map[y][x].isStony()
          && map[y + 1][x].isAir()) {
    map[y+1][x] = new Stone(new
Falling());
    map[y][x] = new Air();
  } else if (map[y][x].isBoxy()
          && map[y + 1][x].isAir()) {
    map[y + 1][x] = new Box(new
Falling());
    map[y][x] = new Air();

  } else if (map[y][x].isFalling()) {   ← 使用新的辅助方法
    map[y][x].rest();
  }
}
```

尽管这种重构模式是本书中最简单的模式之一，但它的强大功能可以实现更强大的模式。闲话少说，下面学习 COMBINE IFS。

重构模式：COMBINE IFS

1. 描述

这种重构模式通过连接具有相同语句体的连续 if 来减少重复。我们通常只在有针对性的重构中遇到这种情况，此时我们故意尝试让这种情况发生——将语句体相同的 if 放在一起编写很不自然。这种模式通过添加||暴露两个表达式中的关系，非常有用。且正如我们所见，我们喜欢运用这个模式。

2. 过程

(1) 验证语句体是否相同。

(2) 选择第一个 if 的右括号和 else if 的左括号之间的代码，按 Delete 键，然后插入一个||。在 if 之后插入一个左括号，在{之前插入一个右括号(如代码清单 5.57 和代码清单 5.58 所示)。我们总是在表达式周围保留括号，以确保不会改变行为。

代码清单 5.57 重构之前

```
if (expression1) {
  // body
} else if (expression2) {
  // same body
}
```

代码清单 5.58 重构之后

```
if ((expression1) || (expression2)) {
  // body
}
```

(3) 如果表达式很简单，则可以删除多余的括号或设定编辑器来完成。

3. 示例

在这个示例中，我们使用一些逻辑来确定如何处理发票(如代码清单 5.59 所示)。

代码清单 5.59 初始代码

```
if (today.getDate() === 1 && account.getBalance() > invoice.getAmount()) {
  account.pay(bill);
} else if (invoice.isLastDayOfPayment() && invoice.isApproved()) {
  account.pay(bill);
}
```

我们遵循以下过程。

(1) 验证语句体是否相同。

(2) 选择第一个 if 的右括号和 else if 的左括号之间的代码，按 Delete 键，然后插入一个||。在 if 之后插入一个左括号，在{之前插入一个右括号。我们总是在表达式周围保留括号，以确保不会改变行为(如代码清单 5.60 和代码清单 5.61 所示)。

代码清单 5.60 重构之前

```
if (today.getDate() === 1
  && account.getBalance()
  > invoice.getAmount())
{
  account.pay(bill);
} else if (invoice.isLastDayOfPayment()
  && invoice.isApproved())
{
  account.pay(bill);
}
```

代码清单 5.61 重构之后

```
if ((today.getDate() === 1
  && account.getBalance()
  > invoice.getAmount())
  || (invoice.isLastDayOfPayment()
  && invoice.isApproved()))
{
  account.pay(bill);
}
```

第一个 if 的条件(括号内)

第二个 if 的条件(括号内)

(3) 如果表达式很简单，那么可以去掉多余的括号或设定编辑器来完成。

4. 补充阅读

许多业内人士认为这是常识。因此，我认为这是首次将其描述为一种正式的重构模式。

5.3 统一复杂条件

通过查看 updateTile 的第一个 if，我们意识到它只是用空气代替了一块石头，又用石头代替了空气。这与使用 drop 函数移动石头并将其设置为落下相同。箱子的情况也是如此(如代码清单 5.62 和代码清单 5.63 所示)。

代码清单 5.62　重构之前

```
function updateTile(x: number, y: number) {
  if (map[y][x].isStony()
          && map[y + 1][x].isAir()) {
    map[y+1][x] = new Stone(new Falling());

map[y][x] = new Air();
  } else if (map[y][x].isBoxy()
          && map[y + 1][x].isAir()) {
    map[y + 1][x] = new Box(new Falling());

    map[y][x] = new Air();
  } else if (map[y][x].isFalling()) {
    map[y][x].rest();
  }
}
```

代码清单 5.63　重构之后

```
function updateTile(x: number, y:
number) {
  if (map[y][x].isStony()
          && map[y + 1][x].isAir()) {
    map[y][x].drop();
    map[y + 1][x] = map[y][x];
    map[y][x] = new Air();
  } else if (map[y][x].isBoxy()
          && map[y + 1][x].isAir()) {
    map[y][x].drop();
    map[y + 1][x] = map[y][x];
    map[y][x] = new Air();
  } else if (map[y][x].isFalling()) {
    map[y][x].rest();
  }
}
```

设置石头或箱子落下，交换瓦片并放入新空气

前两个 if 的语句体是相同的。我们可以再次使用 COMBINE IF，通过在两个条件之间放置||，将两个 if 连接成一个 if(如代码清单 5.64 和代码清单 5.65 所示)。

代码清单 5.64　重构之前

```
function updateTile(x: number, y:
number) {
  if (map[y][x].isStony()
          && map[y + 1][x].isAir()) {
    map[y][x].drop();
    map[y + 1][x] = map[y][x];
    map[y][x] = new Air();
  } else if (map[y][x].isBoxy()
          && map[y + 1][x].isAir()) {
    map[y][x].drop();
    map[y + 1][x] = map[y][x];
    map[y][x] = new Air();
  } else if (map[y][x].isFalling()) {
  map[y][x].rest();
  }
}
```

代码清单 5.65　重构之后

```
function updateTile(x: number, y:
number) {
  if (map[y][x].isStony()
          && map[y + 1][x].isAir()
          || map[y][x].isBoxy()
          && map[y + 1][x].isAir()) {


    map[y][x].drop();
    map[y + 1][x] = map[y][x];
    map[y][x] = new Air();
  } else if (map[y][x].isFalling()) {
    map[y][x].rest();
  }
}
```

组合条件

由此产生的条件比上一次稍复杂。因此，这是讨论如何在这种情况下工作的好时机。

5.3.1　对条件使用算术规则

我们可以像处理本书中的大部分代码一样处理条件表达式，而不需要知道它的任务

是什么。无须深入研究理论背景，事实可证明||(和|)的行为类似于+(加法)，而&&(和&)的行为类似于×(乘法)。帮助记住这一点的技巧是||的两行可以形成一个+，&里面隐藏着一个×，如图 5.1 所示。这有助于我们记住何时需要在||周围加上括号，并且所有的常规算术规则都适用。

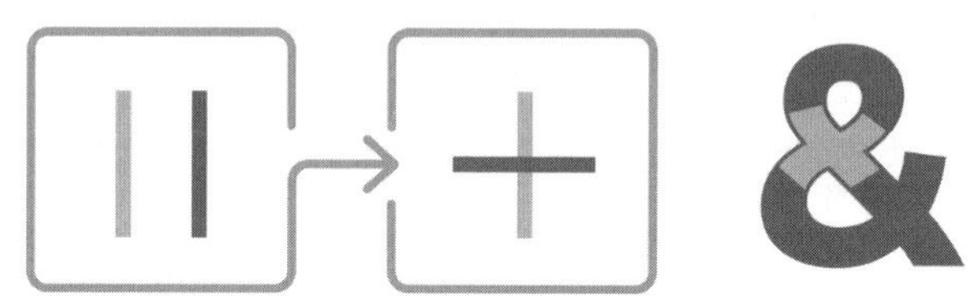

图 5.1 帮助记住优先级的助记符

图 5.2 中的规则适用于所有情况，除非条件有副作用。为了能够按照预期使用这些规则，我们应该始终避免在条件中出现副作用，即遵循 USE PURE CONDITIONS。

$$
\begin{aligned}
a+b+c &= (a+b)+c = a+(b+c) \\
a\cdot b\cdot c &= (a\cdot b)\cdot c = a\cdot(b\cdot c) \\
a+b &= b+a \\
a\cdot b &= b\cdot a \\
a\cdot(b+c) &= a\cdot b+a\cdot c \\
(a+b)\cdot c &= a\cdot c+b\cdot c
\end{aligned}
$$

图 5.2 算术规则

5.3.2 规则：USE PURE CONDITIONS

1. 声明

条件应该永远是纯粹的。

2. 解释

条件是 if 或 while 之后的内容以及 for 循环的中间部分。“纯粹”意味着条件没有副作用。副作用意味着条件为变量赋值、抛出异常或与 I/O 交互(如打印某些内容、写入文件等)。

出于多种原因，拥有纯粹条件非常重要。首先，如前所述，具有副作用的条件会妨碍我们使用前面的规则。其次，在条件中，副作用并不常见，因此我们一般不认为条件会有副作用；这意味着我们需要自己发现副作用，也就是说我们应该具有更强的认知能力，花费更多的时间调查跟踪哪些条件会产生哪些副作用。

代码清单 5.66 所示的代码很常见，其中 readLine 返回下一行并推进指针。推进指针是一个副作用，因此我们的条件不是纯粹的。代码清单 5.67 是一个更好的实现，将获取代码行和移动指针的任务分开。最好引入一种方法来检查是否还有更多内容要读取，而不是返回 null，但我们将在之后讨论这一点。

代码清单 5.66　重构之前

```
class Reader {
  private data: string[];
  private current: number;


  readLine() {
    this.current++;
    return this.data[this.current] || null;
  }
}
/// ...
let br = new Reader();
let line: string | null;
while ((line = br.readLine()) !== null) {
  console.log(line);
}
```

代码清单 5.67　重构之后

```
class Reader {
  private data: string[];
  private current: number;
  nextLine() {                     ◄── 有副作用的新方法
    this.current++;
  }
  readLine() {
    return this.data[this.current] || null;   ◄── 从现有方法移除的副作用
  }
}
/// ...
let br = new Reader();
for(;br.readLine() !== null;br.nextLine()){   ◄── 改为 for 循环，以确保我们记得调用 nextLine
  let line = br.readLine();        ◄── 第二次调用以获得当前行
  console.log(line);
}
```

注意，我们可以根据需要多次调用 readLine，并且没有副作用。

如果我们无法控制实现，而无法从副作用中分离返回，则可以使用缓存。实现缓存的方法有很多种；在不详细研究实现的情况下，有一个通用缓存，它可以接受任何方法并将副作用部分从返回部分分离出来(如代码清单 5.68 所示)。

代码清单 5.68　缓存

```
class Cacher<T> {
  private data: T;
  constructor(private mutator: () => T) {
    this.data = this.mutator();
  }
  get() {
    return this.data;
  }
  next() {
    this.data = this.mutator();
  }
}

let tmpBr = new Reader();                    ◄── 像往常一样实例化 Reader，但有一个临时名称
let br = new Cacher(() => tmpBr.readLine());   ◄── 在缓存中包括具体的调用
for (; br.get() !== null; br.next()) {
  let line = br.get();
  console.log(line);
}
```

3. 异味

这条规则源于一种普遍的异味，即“将查询与命令分开”；你可以在 Richard Mitchell 和 Jim McKim 合著的 *Design by Contract，by Example*(Addison-Wesley，2001)一书中找到它。这种异味不难发现。在异味中，“命令”是指任何有副作用的东西，“查询”是指任

何纯粹的东西。遵循这种异味的一个简单方法是仅在 void 方法中允许副作用：它们要么有副作用，要么返回一些东西，但不能两者同时进行。

因此，这种异味和这条规则之间的唯一区别是，我们关注的是调用点而不是定义点。在最初的研究中，Mitchell 和 McKim 建立了更多的原则，这些原则在所有情况下都依赖严格的分离。我们已经放松了异味，而关注条件，因为在条件之外混合查询和命令不会影响我们的重构能力；坚持异味也许更多的是一种风格。让方法同时返回和改变某些东西也更常见，因此我们习惯于发现它。事实上，编程中最常见的运算符之一“++”既可以增值也可以返回值。

我们很容易认为这条规则也源于 Robert C. Martin 的 *Clean Code*(Pearson，2008)一书中的“方法应该只做一件事”异味。有副作用是一回事，返回是另一回事。

4. 意图

目的是将获取数据和更改数据分开，使我们的代码更清晰和更可预测。由于方法更简单，它通常还可以实现更好的命名。副作用属于转变全局状态的范畴，如第 2 章所述，这是危险的。因此，隔离转变会更易于管理。

5. 参考

参阅 Richard Mitchell 和 Jim McKim 合著的 *Design by Contract，by Example* 一书可了解更多查询、命令以及如何使用它们进行断言(有时称为订契约)的相关信息。

5.3.3　应用条件算术

根据图 5.2 中的规则处理条件是强大的。考虑 updateTile 中的条件：首先将其转换为数学方程，然后可以轻松地使用熟悉的算术规则来简化它，最后将其转换回代码。转换如图 5.3 所示。

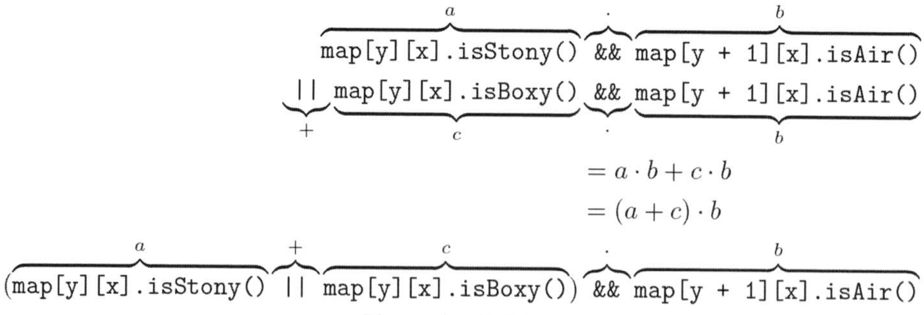

$$\overbrace{\texttt{map[y][x].isStony()}}^{a}\ \overbrace{\texttt{\&\&}}^{\cdot}\ \overbrace{\texttt{map[y + 1][x].isAir()}}^{b}$$

$$\underbrace{\texttt{||}}_{+}\ \underbrace{\texttt{map[y][x].isBoxy()}}_{c}\ \underbrace{\texttt{\&\&}}_{\cdot}\ \underbrace{\texttt{map[y + 1][x].isAir()}}_{b}$$

$$= a \cdot b + c \cdot b$$

$$= (a + c) \cdot b$$

$$(\overbrace{\texttt{map[y][x].isStony()}}^{a}\ \overbrace{\texttt{||}}^{+}\ \overbrace{\texttt{map[y][x].isBoxy()}}^{c})\ \overbrace{\texttt{\&\&}}^{\cdot}\ \overbrace{\texttt{map[y + 1][x].isAir()}}^{b}$$

图 5.3　应用算术规则

当你必须在现实世界中简化更复杂的条件时，在脑中练习将条件转换为数学方程、简化它并将其转换回代码的过程是非常宝贵的。这种技术还可以帮助你发现条件中棘手的括号错误。

一个来自真实生活的故事

我曾花很多时间练习这个过程，以至于它对我来说是自发的。在我做顾问的职业生涯中，有好几次我参与一个项目，唯一的目的就是跟踪条件中的括号错误。如果你还没有学习过这个技巧，那么很难发现这些缺陷，而且这些缺陷的影响似乎是不可预知的。

将之前的简化放入代码中，我们得到如代码清单 5.69 和代码清单 5.70 所示的结果。

代码清单 5.69　重构之前

```
function updateTile(x: number, y: number) {
  if (map[y][x].isStony()
          && map[y + 1][x].isAir()
          || map[y][x].isBoxy()
          && map[y + 1][x].isAir()) {
    map[y][x].drop();
    map[y + 1][x] = map[y][x];
    map[y][x] = new Air();
  } else if (map[y][x].isFalling()) {
    map[y][x].rest();
  }
}
```

代码清单 5.70　重构之后

```
function updateTile(x: number, y: number) {
  if ((map[y][x].isStony()

          || map[y][x].isBoxy())
          && map[y + 1][x].isAir()) {
    map[y][x].drop();
    map[y + 1][x] = map[y][x];
    map[y][x] = new Air();
  } else if (map[y][x].isFalling()) {
    map[y][x].rest();
  }
}
```

被简化的条件，有一个括号

现在我们处于与之前类似的情况：有一个||，想要将其推入类中。在第 4 章中，我们建立了石头和箱子之间的关系并将方法命名为 pushable。但是在此处，该名称没有意义。不要仅因为名称相同就盲目地重用它，这一点很重要：名称还应该包括上下文。因此，在本例中，我们编写了一个名为 canFall 的新方法(如代码清单 5.71 和代码清单 5.72 所示)。

在应用 PUSH CODE INTO CLASSES 后，我们有另一个很好的简化。

代码清单 5.71　重构之前

```
function updateTile(x: number, y: number) {
  if ((map[y][x].isStony()
          || map[y][x].isBoxy())
          && map[y + 1][x].isAir()) {
    map[y][x].drop();
    map[y + 1][x] = map[y][x];
    map[y][x] = new Air();
  } else if (map[y][x].isFalling()) {
    map[y][x].rest();
  }
}
```

代码清单 5.72　重构之后

```
function updateTile(x: number, y: number) {
  if (map[y][x].canFall()

          && map[y + 1][x].isAir()) {
    map[y][x].drop();
    map[y + 1][x] = map[y][x];
    map[y][x] = new Air();
  } else if (map[y][x].isFalling()) {
    map[y][x].rest();
  }
}
```

使用新的辅助方法

5.4　跨类统一代码

继续讨论 updateTile，现在可以将其推入类中(如代码清单 5.73 和代码清单 5.74 所示)。

代码清单 5.73 重构之前

```
function updateTile(x: number, y: number) {
  if (map[y][x].canFall()
          && map[y + 1][x].isAir()) {
    map[y][x].drop();
    map[y + 1][x] = map[y][x];
    map[y][x] = new Air();
  } else if (map[y][x].isFalling()) {
    map[y][x].rest();
  }
}
```

代码清单 5.74 重构之后

```
function updateTile(x: number, y: number) {
  map[y][x].update(x, y);
}
interface Tile {
  // ...
  update(x: number, y: number): void;
}
class Air implements Tile {
  // ...
  update(x: number, y: number) { }
}
class Stone implements Tile {
  // ...
  update(x: number, y: number) {
    if (map[y + 1][x].isAir()) {
      this.falling = new Falling();
      map[y + 1][x] = this;
      map[y][x] = new Air();
    } else if (this.falling.isFalling()) {
      this.falling = new Resting();
    }
  }
}
```

我们内联 updateTile 进行清理。在将许多方法推入类后，我们在接口中引入了许多方法。这是使用 TRY DELETE THEN COMPILE 进行一些中途清理的好时机。注意，这几乎删除了我们引入的所有 isX 方法。剩下的那些都有一些特殊的含义，例如 isLockX 和 isAir，它们会影响其他瓦片的行为。

目前，我们在 Stone 和 Box 中都有这个确切的代码。与之前的情况相反，我们不希望在此处产生分歧。下落行为应该保持同步，如果我们引入更多瓦片，就可能再次使用它。

(1) 首先创建一个新类 FallStrategy(如代码清单 5.75 所示)。

代码清单 5.75 新类

```
class FallStrategy {
}
```

(2) 在 Stone 和 Box 的构造函数中实例化 FallStrategy(如代码清单 5.76 和代码清单 5.77 所示)。

代码清单 5.76 重构之前

```
class Stone implements Tile {

  constructor(
    private falling: FallingState)
  {


  }
  // ...
}
```

代码清单 5.77 重构之后(1/5)

```
class Stone implements Tile {
  private fallStrategy: FallStrategy;      // ← 新字段
  constructor(
    private falling: FallingState)
  {
    this.fallStrategy = new FallStrategy(); // ← 初始化新字段
  }
  // ...
}
```

(3) 用与处理 PUSH CODEINTO CLASSES 相同的方式移动 update(如代码清单 5.78 和代码清单 5.79 所示)。

代码清单 5.78　重构之前

```
class Stone implements Tile {
  // ...
  update(x: number, y: number) {
    if (map[y + 1][x].isAir()) {
      this.falling = new Falling();
      map[y + 1][x] = this;
      map[y][x] = new Air();
    } else if (this.falling.isFalling()) {
      this.falling = new Resting();
    }
  }
}
class FallStrategy {
}
```

代码清单 5.79　重构之后(2/5)

```
class Stone implements Tile {
  update(x: number, y: number) {
    this.fallStrategy.update(x, y);
  }
}
class FallStrategy {
  update(x: number, y: number) {
    if (map[y + 1][x].isAir()) {
      this.falling = new Falling();
      map[y + 1][x] = this;
      map[y][x] = new Air();
    } else if (this.falling.isFalling()) {
      this.falling = new Resting();
    }
  }
}
```

(4) 我们依赖于 falling 字段，因此执行以下操作。

首先移动 falling 字段并在 FallStrategy 中为其创建访问器(如代码清单 5.80 和代码清单 5.81 所示)。

代码清单 5.80　重构之前

```
class Stone implements Tile {
  private fallStrategy: FallStrategy;
  constructor(
    private falling: FallingState)
  {
    this.fallStrategy = new
FallStrategy();

  }
  // ...
}
class FallStrategy {
  // ...
}
```

代码清单 5.81　重构之后(3/5)

```
class Stone implements Tile {
  private fallStrategy: FallStrategy;
  constructor(
    falling: FallingState)                 ← 移除 private
  {
    this.fallStrategy =
      new FallStrategy(falling);           ← 添加一个实参
  }
  // ...
}
class FallStrategy {
  constructor(
    private falling: FallingState)         ← 添加一个带形参的构造函数
  {

  }
  getFalling() { return this.falling; }    ← 该字段的新访问器
  // ...
}
```

然后使用新访问器修复原始类中的错误(如代码清单 5.82 和代码清单 5.83 所示)。

代码清单 5.82 重构之前

```
class Stone implements Tile {
  // ...
  moveHorizontal(dx: number) {
    this.falling

      .moveHorizontal(this, dx);
  }
}
```

代码清单 5.83 重构之后(4/5)

```
class Stone implements Tile {
  // ...
  moveHorizontal(dx: number) {
    this.fallStrategy
      .getFalling()
      .moveHorizontal(this, dx);   ◄── 使用新访问器
  }
}
```

(5) 添加一个 tile 形参来为 FallStrategy 中剩余的错误替换 this(如代码清单 5.84 和代码清单 5.85 所示)。

代码清单 5.84 重构之前

```
class Stone implements Tile {
  // ...
  update(x: number, y: number) {
    this.fallStrategy.update(x, y);
  }
}
class FallStrategy {
  update(x: number, y: number) {
    if (map[y + 1][x].isAir()) {
      this.falling = new Falling();
      map[y + 1][x] = this;
      map[y][x] = new Air();
    } else if (this.falling.isFalling())
{
      this.falling = new Resting();
    }
  }
}
```

代码清单 5.85 重构之后(5/5)

```
class Stone implements Tile {                  添加一个形参
  // ...                                        来替换 this
  update(x: number, y: number) {
    this.fallStrategy.update(this, x, y);   ◄──
  }
}
class FallStrategy {
  update(tile: Tile, x: number, y: number) {◄──
    if (map[y + 1][x].isAir()) {
      this.falling = new Falling();          添加一个形参
      map[y + 1][x] = tile;          ◄──     来替换 this
      map[y][x] = new Air();
    } else if (this.falling.isFalling()) {
      this.falling = new Resting();
    }
  }
}
```

这将产生如代码清单 5.86 和代码清单 5.87 所示的转换。

代码清单 5.86 重构之前

```
class Stone implements Tile {

  constructor(private falling: FallingState)
  {



  }
  // ...
  update(x: number, y: number) {
    if (map[y + 1][x].isAir()) {
      this.falling = new Falling();
      map[y + 1][x] = this;
      map[y][x] = new Air();
    } else if (this.falling.isFalling()) {
```

代码清单 5.87 重构之后

```
class Stone implements Tile {
  private fallStrategy: FallStrategy;
  constructor(falling: FallingState)
  {
    this.fallStrategy =
      new FallStrategy(falling);
  }
  // ...
  update(x: number, y: number) {
    this.fallStrategy.update(this, x, y);
  }
}
class FallStrategy {
  constructor(private falling: FallingState)
```

```
      this.falling = new Resting();
    }
  }
}
```

```
  { }
  isFalling() { return this.falling; }
  update(tile: Tile, x: number, y: number) {
    if (map[y + 1][x].isAir()) {
      this.falling = new Falling();
      map[y + 1][x] = tile;
      map[y][x] = new Air();
    } else if (this.falling.isFalling()) {
      this.falling = new Resting();
    }
  }
}
```

在 FallStrategy.update 中，如果仔细查看 else if，会发现若 falling 为 true，它会被设置为 false；否则，falling 已经是 false。因此可以删除此条件(如代码清单 5.88 和代码清单 5.89 所示)。

代码清单 5.88　重构之前

```
class FallStrategy {
  // ...
  update(tile: Tile, x: number, y: number) {
    if (map[y + 1][x].isAir()) {
      this.falling = new Falling();
      map[y + 1][x] = tile;
      map[y][x] = new Air();
    } else if (this.falling.isFalling()) {
      this.falling = new Resting();
    }
  }
}
```

代码清单 5.89　重构之后

```
class FallStrategy {
  // ...
  update(tile: Tile, x: number, y: number) {
    if (map[y + 1][x].isAir()) {
      this.falling = new Falling();
      map[y + 1][x] = tile;
      map[y][x] = new Air();
    } else {                                  ◄── 删除的
      this.falling = new Resting();               条件
    }
  }
}
```

现在代码指定了所有路径中的 falling，因此可以将其分解。我们还删除了空的 else。然后有一个 if 来检查与变量相同的值；这种情况下，我们更喜欢直接使用变量(如代码清单 5.90 和代码清单 5.91 所示)。

代码清单 5.90　重构之前

```
class FallStrategy {
  // ...
  update(tile: Tile, x: number, y: number) {
    if (map[y + 1][x].isAir()) {
      this.falling = new Falling();
      map[y + 1][x] = tile;
      map[y][x] = new Air();
    } else {
      this.falling = new Resting();
    }
  }
}
```

代码清单 5.91　重构之后

```
class FallStrategy {
  // ...
  update(tile: Tile, x: number, y: number) {
    this.falling = map[y + 1][x].isAir()
      ? new Falling()
      : new Resting();                        ◄── 将 this.falling
    if (this.falling.isFalling()) {               分解到 if 之外
      map[y + 1][x] = tile;
      map[y][x] = new Air();
    }
  }
}
```

目前已经少于 5 行，但还没有完成。记住，我们有一条 IF ONLY AT THE START 规则。我们仍然需要遵循这个规则，因此执行了一个简单的 EXTRACT METHOD(如代码清单 5.92 和代码清单 5.93 所示)。

代码清单 5.92 重构之前

```
class FallStrategy {
  // ...
  update(tile: Tile, x: number, y: number) {
    this.falling = map[y + 1][x].isAir()
      ? new Falling()
      : new Resting();
    if (this.falling.isFalling()) {
      map[y + 1][x] = tile;
      map[y][x] = new Air();
    }
  }
}
```

代码清单 5.93 重构之后

```
class FallStrategy {
  // ...
  update(tile: Tile, x: number, y: number) {
    this.falling = map[y + 1][x].isAir()
      ? new Falling()
      : new Resting();
    this.drop(tile, x, y);
  }
  private drop(tile: Tile,
    x: number, y: number)
  {
    if (this.falling.isFalling()) {
      map[y + 1][x] = tile;
      map[y][x] = new Air();
    }
  }
}
```

提取的方法

然后内联 updateTile、编译、测试和提交。

我们统一“下落代码”的重构模式称为 INTRODUCE STRATEGY PATTERN，它是本书中最复杂的重构模式。其他很多地方也引用了这一模式，且都用图来演示它的效果。因此首先需要了解 UML 类图的基础知识。

5.4.1 引入 UML 类图描绘类关系

有时我们需要传达有关代码的属性，例如其架构或事情发生的顺序。其中一些属性更容易通过图表达；因此，我们有一个称为统一建模语言(UML)的框架。

UML 包含许多类型的标准图，以传达有关代码的特定属性。一些示例包括序列图、类图和活动图，本书不会对这些示例进行详细解释。策略模式以及其他一些模式通常通过称为类图的特定类型的 UML 图来演示。我希望当你读完本书后能够阅读任何其他关于整洁代码或重构的书，并能够理解它。因此，本节将解释类图的工作原理。

类图说明了接口和类的结构以及它们相互关联的方式。我们用框、标题来表示类，有时也表示方法，但很少表示字段。接口像类一样表示，但标题上方有 interface。我们还可以表示方法和字段是 private(-)还是 public(+)。代码清单 5.94 和图 5.4 展示了如何在类图中描述具有字段和方法的小类。

代码清单 5.94 一个完整的类

```
class Cls {
  private text: string = "Hello";
  public name: string;
  private getText() { return this.text;
}
  printText() {
console.log(this.getText()); }
}
```

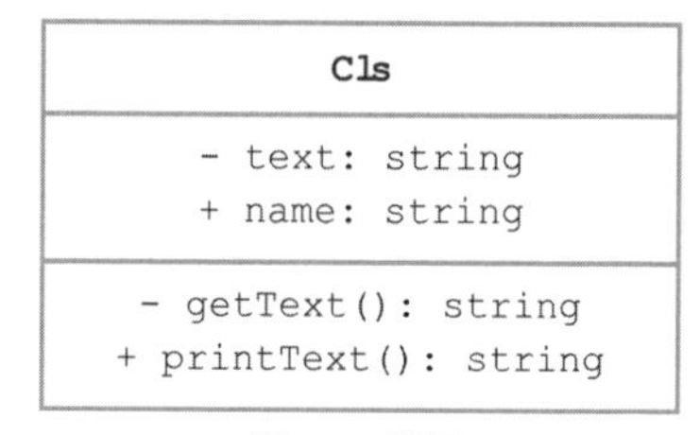

图 5.4 类图

大多数情况下，我们只有兴趣讨论类的公共接口。因此，通常不讨论任何私有接口。大多数字段都是私有的，我们将在下一章讨论。因为我们经常只描述公共方法，所以不需要包含可见性。

类图最重要的部分是类和接口之间的关系，分为三类：X uses a Y、X is a Y 和 X has a Y。在每个类别中，两种特定的箭头类型传达的内容略有不同。类图中描述的关系类型如图 5.5 所示。

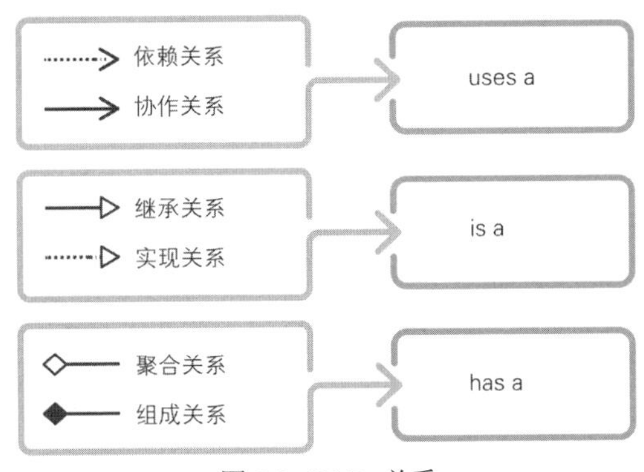

图 5.5　UML 关系

我们可以稍作简化。ONLY INHERIT FROM INTERFACES 规则阻止我们使用继承箭头。我们通常在不知道或不关心关系是什么时使用 uses a 箭头。组合和聚合之间的区别主要在于审美方面。因此，大多数时候，我们可以侥幸使用两种关系类型：组合和实现。代码清单 5.95 和代码清单 5.96 以及图 5.6 和图 5.7 显示了类和图的两种简单用法。

代码清单 5.95　实现

```
interface A {
  m(): void;
}
class B implements A {
  m() { console.log("Hello"); }
}
```

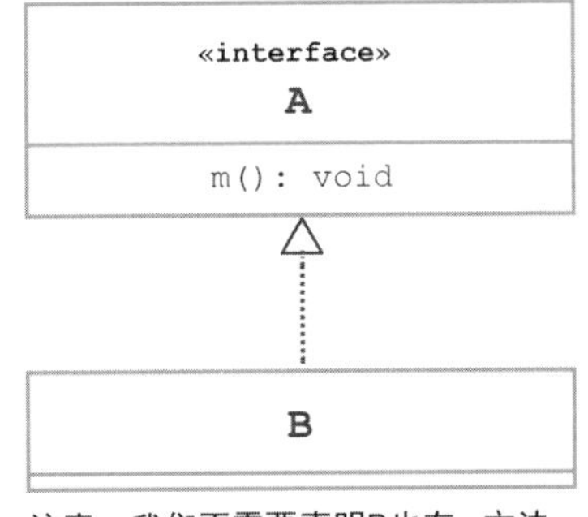

图 5.6　实现

代码清单 5.96　组合

```
class A {
  private b: B;
}
class B {
}
```

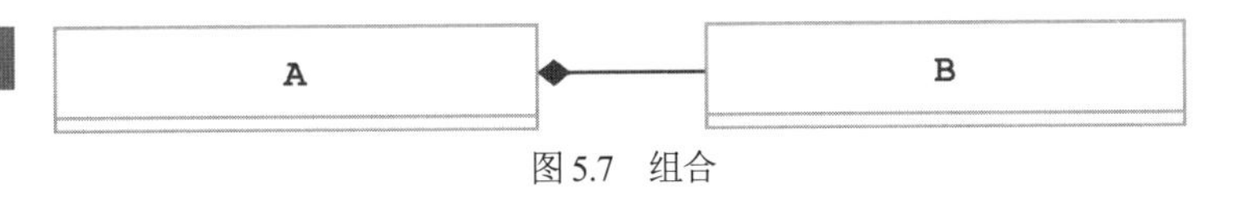

图 5.7　组合

快速为整个程序制作类图会让人不知所措，因此帮助不大。我们主要使用它们来说明设计模式或软件架构的一小部分，因此只包括重要的方法。图 5.8 显示了一个专注于 FallStrategy 的类图。学习如何使用类图后，我们就可以说明 INTRODUCE STRATEGY PATTERN 的效果。

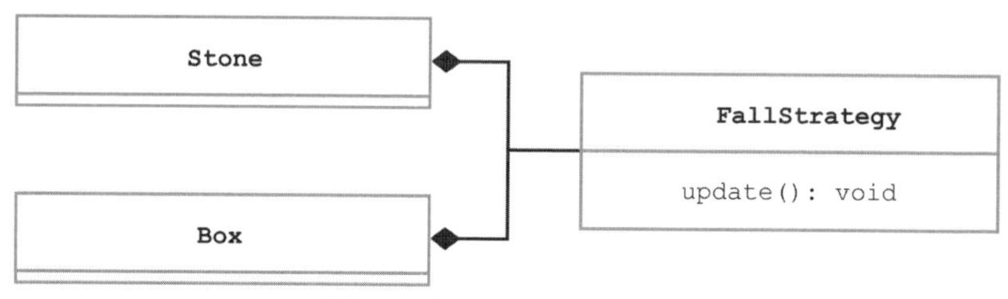

图 5.8 关注 FallStrategy 的类图

5.4.2 重构模式：INTRODUCE STRATEGY PATTERN

1. 描述

我们已经讨论了 if 语句成为低级控制流操作符的方式，也提到了使用对象的好处。通过实例化另一个类来引入变化的概念称为策略模式，通常用类似于前面的类图来说明(见图 5.9)。

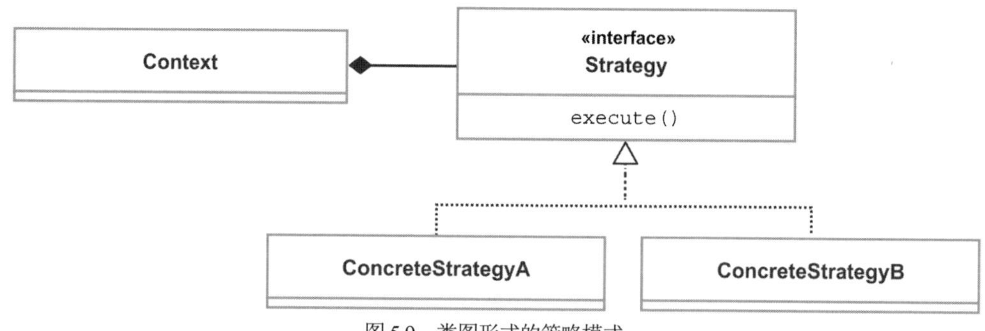

图 5.9 类图形式的策略模式

许多模式是策略模式的变体；如果策略有字段，我们称之为状态模式。这些区别大多是学术性的——让我们听起来很权威，但在实践中，知道正确的名称对我们的交流并没有多大帮助。基本思想是一样的：通过添加类来实现更改(我们在第 2 章讨论了这样做的好处)。因此，我们使用术语“策略模式”来描述将任何代码移动到它自己的类中。当我们不使用新的变体选项时，也仍然增加了可能性。

注意，这与将类型代码转换为类不同。这些类代表数据，因此我们倾向于将许多方法放入其中。我们很少在策略类完成后在其中添加方法；相反，如果我们需要更改功能，则更愿意创建一个新类。

因为策略模式的目的是变化，所以总是用继承来描述：通常来自接口，但有时也来自抽象类。我们已经讨论了其缺点，但没有使用继承。

策略模式的变化是后期绑定的最终形式。在运行时，策略模式允许我们加载代码完全未知的类并将它们无缝集成到控制流中——甚至不需要重新编译代码。由此可见策略模式是多么强大和有用。

引入策略模式有两种情况。首先，可以重构，因为我们想在代码中引入变化。这种情况下，我们最终应该有一个接口。但是，为尽可能快地进行重构，我们建议推迟使用接口。其次，在使用下落代码的情况下，我们不希望很快增加变化；只希望统一类的行为。我们有一个 NO INTERFACE WITH ONLY ONE IMPLEMENTATION 规则。当我们需要接口时——无论是立即需要还是稍后需要——就使用一种称为 EXTRACT INTERFACE FROM IMPLEMENTATION 的重构模式。下面将解释上述规则和重构模式。

2. 过程

(1) 对我们要隔离的代码执行 EXTRACT METHOD。如果想将这一代码与其他东西统一，则要确保方法相同。

(2) 创建一个新类。

(3) 在构造函数中实例化新类。

(4) 将方法移动到新类中。

(5) 如果对任何字段产生依赖，则执行以下操作。

- 将字段移动到新类中，为字段创建访问器。
- 使用新访问器修复原始类中的错误。

(6) 为新类中的剩余错误添加一个形参来替换 this。

(7) 使用 INLINE METHOD 来反转步骤(1)的提取。

3. 示例

在这个场景中，我们假设有两个类可以批量处理数组，这意味着可以将更大数组切片或分批成小数组，然后将小数组传递给这些类。这在处理超过 RAM 容量的数据或流数据时很常见。在本例中，我们有一个批处理器用于查找最小元素，还有一个批处理器用于计算总和(如代码清单 5.97 所示)。

代码清单 5.97　初始代码

```
class ArrayMinimum {
  constructor(private accumulator: number) {
  }
  process(arr: number[]) {
    for (let i = 0; i < arr.length; i++)
      if (this.accumulator > arr[i])
        this.accumulator = arr[i];
    return this.accumulator;
  }
}
class ArraySum {
  constructor(private accumulator: number) {
  }
  process(arr: number[]) {
```

```
    for (let i = 0; i < arr.length; i++)
      this.accumulator += arr[i];
    return this.accumulator;
  }
}
```

这些批处理器相似但不完全相同。我们将演示如何同时从两个处理器中提取策略，以便之后将类统一。

(1) 我们对要隔离的代码执行 EXTRACT METHOD(如代码清单 5.98 和代码清单 5.99 所示)。因为最终想要统一这两个类，所以需要确保方法相同。

代码清单 5.98 重构之前

```
class ArrayMinimum {
  constructor(private accumulator: number) {
  }
  process(arr: number[]) {
    for (let i = 0; i < arr.length; i++)
      if (this.accumulator > arr[i])
        this.accumulator = arr[i];
    return this.accumulator;
  }
}
class ArraySum {
  constructor(private accumulator: number) {
  }
  process(arr: number[]) {
    for (let i = 0; i < arr.length; i++)
      this.accumulator += arr[i];
    return this.accumulator;
  }
}
```

代码清单 5.99 重构之后(1/7)

```
class ArrayMinimum {
  constructor(private accumulator: number) {
  }
  process(arr: number[]) {
    for (let i = 0; i < arr.length; i++)
      this.processElement(arr[i]);      ← 提取的方法和调用

    return this.accumulator;
  }
  processElement(e: number) {           ←
    if (this.accumulator > e)
      this.accumulator = e;
  }
}
class ArraySum {
  constructor(private accumulator: number) {
  }
  process(arr: number[]) {
    for (let i = 0; i < arr.length; i++)
      this.processElement(arr[i]);      ← 提取的方法和调用
    return this.accumulator;
  }
  processElement(e: number) {           ←
    this.accumulator += e;
  }
}
```

(2) 创建新类，如代码清单 5.100 所示。

代码清单 5.100 重构之后(2/7)

```
class MinimumProcessor {
}
class SumProcessor {
}
```

(3) 在构造函数中实例化新类(如代码清单 5.101 和代码清单 5.102 所示)。

代码清单 5.101　重构之前

```
class ArrayMinimum {

  constructor(private accumulator: number) {

  }
  // ...
}
class ArraySum {

  constructor(private accumulator: number) {

  }
  // ...
}
```

代码清单 5.102　重构之后(3/7)

```
class ArrayMinimum {
  private processor: MinimumProcessor;
  constructor(private accumulator: number) {
    this.processor = new MinimumProcessor();
  }
  // ...
}
class ArraySum {
  private processor: SumProcessor;
  constructor(private accumulator: number) {
    this.processor = new SumProcessor();
  }
  // ...
}
```

添加一个字段并在构造函数中初始化它

(4) 将方法分别移至 MinimumProcessor 和 SumProcessor(如代码清单 5.103 和代码清单 5.104 所示)。

代码清单 5.103　重构之前

```
class ArrayMinimum {
  // ...
  processElement(e: number) {
    if (this.accumulator > e)
      this.accumulator = e;
  }
}
class ArraySum {
  // ...
processElement(e: number) {
    this.accumulator += e;
  }
}
class MinimumProcessor {
}
class SumProcessor {
}
```

代码清单 5.104　重构之后(4/7)

```
class ArrayMinimum {
  // ...
  processElement(e: number) {
    this.processor.processElement(e);


  }
}
class ArraySum {
  // ...
  processElement(e: number) {
    this.processor.processElement(e);
  }
}
class MinimumProcessor {
  processElement(e: number) {
    if (this.accumulator > e)
      this.accumulator = e;
  }
}
class SumProcessor {
  processElement(e: number) {
    this.accumulator += e;
  }
}
```

在类中调用方法

新方法

(5) 由于我们在两种情况下都依赖 accumulator 字段，因此执行以下步骤。

首先将 accumulator 字段移动到 MinimumProcessor 和 SumProcessor 类，为它们创建访问器(如代码清单 5.105 和代码清单 5.106 所示)。

代码清单 5.105 重构之前

```
class ArrayMinimum {
  private processor: MinimumProcessor;
  constructor(private accumulator: number) {
    this.processor =
      new MinimumProcessor();
  }
  // ...
}
class ArraySum {
  private processor: SumProcessor;
  constructor(private accumulator: number) {
    this.processor =
      new SumProcessor();
  }
  // ...
}
class MinimumProcessor {
  // ...
}
class SumProcessor {
  // ...
}
```

代码清单 5.106 重构之后(5/7)

```
class ArrayMinimum {
  private processor: MinimumProcessor;
  constructor(accumulator: number) {                  ◄─┐
    this.processor =                                    │
      new MinimumProcessor(accumulator);              ◄─┤
  }                                                     │
  // ...                                                │
}                                                       │
class ArraySum {                                        │
  private processor: SumProcessor;                      │
  constructor(accumulator: number) {                  ◄─┤
    this.processor =                                    │
      new SumProcessor(accumulator);                  ◄─┤
  }                                                移动 │
  // ...                                           字段 │
}
class MinimumProcessor {
  constructor(private accumulator: number) {          ◄─┐
  }                                                     │
─►getAccumulator() {                                    │
    return this.accumulator;                            │
  }                                                     │
  // ...                                                │
}                                                       │
class SumProcessor {                                    │
  constructor(private accumulator: number) {          ◄─┤
  }                                                移动 │
─►getAccumulator() {                               字段 │
    return this.accumulator;
  }
  // ...
}
```

(获取字段的访问器 → getAccumulator())

然后使用新访问器修复原始类中的错误(如代码清单 5.107 和代码清单 5.108 所示)。

代码清单 5.107 重构之前

```
class ArrayMinimum {
  // ...
  process(arr: number[]) {
    for (let i = 0; i < arr.length; i++)
      this.processElement(arr[i]);
    return this.accumulator;
  }
}
class ArraySum {
  // ...
  process(arr: number[]) {
    for (let i = 0; i < arr.length; i++)
      this.processElement(arr[i]);
    return this.accumulator;
  }
}
```

代码清单 5.108 重构之后(6/7)

```
class ArrayMinimum {
  // ...
  process(arr: number[]) {
    for (let i = 0; i < arr.length; i++)
      this.processElement(arr[i]);
    return
this.processor.getAccumulator(); }         ◄─┐
}                                              │
class ArraySum {                               │
  // ...                                       │
  process(arr: number[]) {                     │
    for (let i = 0; i < arr.length; i++)       │
      this.processElement(arr[i]);             │
    return                                     │
this.processor.getAccumulator(); }         ◄─┤
}                                    使用访问器 │
                                     获取字段   │
```

(6) 为新类中的剩余错误添加一个形参替换 this。这在本例中没有必要，因为新类中没有错误。

(7) 使用 INLINE METHOD 反转步骤(1)中的提取(如代码清单 5.109 和代码清单 5.110 所示)。

代码清单 5.109　重构之前

```
class ArrayMinimum {
  // ...
  process(arr: number[]) {
    for (let i = 0; i < arr.length; i++)
      this.processElement(arr[i]);
    return this.processor.getAccumulator();
  }
  processElement(e: number) {
    this.processor.processElement(e);
  }
}
class ArraySum {
  // ...
  process(arr: number[]) {
    for (let i = 0; i < arr.length; i++)
      this.processElement(arr[i]);
    return this.processor.getAccumulator();
  }
  processElement(e: number) {
    this.processor.processElement(e);
  }
}
```

移除的 processElement

代码清单 5.110　重构之后(7/7)

```
class ArrayMinimum {
  // ...
  process(arr: number[]) {
    for (let i = 0; i < arr.length; i++)
      this.processor.processElement(arr[i]);
    return this.processor.getAccumulator();
  }
}
class ArraySum {
  // ...
  process(arr: number[]) {
    for (let i = 0; i < arr.length; i++)
      this.processor.processElement(arr[i]);
    return this.processor.getAccumulator();
  }
```

内联的 processElement 方法

此时，两个原始类ArrayMinimum和ArraySum除了构造中的实例化外都是相同的(如代码清单 5.111 和代码清单 5.112 所示)。可以使用 EXTRACT INTERFACE FROM IMPLEMENTATION来解决这一问题。我们很快就会学习这一方法并将其作为形参传递。

代码清单 5.111　重构之前

```
class ArrayMinimum {

  constructor(private accumulator: number) {


  }
  process(arr: number[]) {
    for (let i = 0; i < arr.length; i++)
      if (this.accumulator > arr[i])
        this.accumulator = arr[i];
    return this.accumulator;
  }
}
class ArraySum {
```

代码清单 5.112　重构之后

```
class ArrayMinimum {
  private processor: MinimumProcessor;
  constructor(accumulator: number) {
    processor =
      new MinimumProcessor(accumulator);
  }
  process(arr: number[]) {
    for (let i = 0; i < arr.length; i++)

      this.processor.processElement(arr[i]);
    return this.processor.getAccumulator();
  }
}
class ArraySum {
  private processor: SumProcessor;
```

```
  constructor(private accumulator: number) {



  }
  process(arr: number[]) {
    for (let i = 0; i < arr.length; i++)
      this.accumulator += arr[i];
    return this.accumulator;
  }
}
```

```
  constructor(accumulator: number) {
    processor =
      new SumProcessor(accumulator);
  }
  process(arr: number[]) {
    for (let i = 0; i < arr.length; i++)
      this.processor.processElement(arr[i]);
    return this.processor.getAccumulator();
  }
}
class MinimumProcessor {
  constructor(private accumulator: number) {
  }
  getAccumulator() {
    return this.accumulator;
  }
  processElement(e: number) {
    if (this.accumulator > e)
      this.accumulator = e;
  }
}
class SumProcessor {
  constructor(private accumulator: number) {
  }
  getAccumulator() {
    return this.accumulator;
  }
  processElement(e: number) {
    this.accumulator += e;
  }
}
```

4. 补充阅读

策略模式最初由 Gang of Four (即 Erich Gamma、Richard Helm、Ralph Johnson 和 John Vlissides)在 *Design Patterns*(Addison-Wesley, 1994)中引入。由于它过于强大，因此在很多地方会使用。然而，将策略模式后加到代码中的想法来自 Martin Fowler 的 *Refactoring*(Addison-Wesley Professional, 1999)一书。

5.4.3 规则：NO INTERFACE WITH ONLY ONE IMPLEMENTATION

1. 声明

永远不要有只有一种实现的接口。

2. 解释

这个规则规定我们不应该有只有一种实现的接口。这样的接口通常来自学习建议，例如“始终针对接口进行编程”。然而，这种方法并不总是有益的。

有人认为只有一种实现的接口不会增加可读性。更糟糕的是，接口意味着有变体；

如果没有，就会增加我们的思考负担。如果想修改实现类，这种接口也可能会减慢我们的速度，因为还需要更新接口，这要求我们必须更小心。原因与 SPECIALIZE METHOD 模式中相似；只有一个实现类的接口是一种泛化，并无作用。

在许多语言中，我们将接口放在它们自己的文件中。在这些语言中，具有一个实现类的接口使用两个文件，而一个实现类只使用一个文件。一个文件的差异不是什么大问题；但是，如果我们的代码库对只有一个衍生物的接口具有亲和力，那么文件数量可能是应有的两倍，这会带来重大的思考负担。

某些情况下，没有被实现的接口是有意义的。当我们想要创建匿名类时，这些接口非常有用，最常见的是用于比较器之类的东西，或者通过匿名内部类强制执行更严格的封装。我们将在下一章讨论封装；然而，由于匿名内部类在实践中很少使用，本书不会对其进行介绍。

3. 异味

有这样一句名言：计算机科学中的每一个问题都可以通过引入另一个间接层来解决。这说的就是接口。我们将细节隐藏在抽象之下。John Carmack 是 Doom、Quake 和其他几款游戏的杰出首席程序员。这条规则源于他在一条推文中解释的一种异味“抽象以实际复杂性的增加来换取感知复杂性的降低”，意味着我们应该谨慎对待抽象。

4. 意图

目的是限制不必要的样板代码。接口是样板代码的常见来源。它们非常危险，因为很多人都被告知应该优先选用接口，这往往会使应用程序膨胀。

5. 参考

Fred George 在 2015 年的 GOTO 演讲“The Secret Assumption of Agile”中提出了类似的规则。

5.4.4 重构模式：EXTRACT INTERFACE FROM IMPLEMENTATION

1. 描述

这是另一个相当简单的重构模式。它很有用，因为它允许我们将创建接口的时间推迟到实际需要时(即当我们想要引入变化时)。

2. 过程

(1) 创建一个与从中提取接口的类同名的新接口。

(2) 重命名我们要从中提取接口的类并使其实现新接口。

(3) 编译并检查错误。

- 如果错误由 new 引起，则将实例化更改为新的类名。
- 否则，将导致错误的方法添加到接口中。

3. 示例

我们继续前面的示例，重点关注 SumProcessor(如代码清单 5.113 所示)。

代码清单 5.113　初始代码

```
class ArraySum {
  private processor: SumProcessor;
  constructor(accumulator: number) {
    processor = new SumProcessor(accumulator);
  }
  process(arr: number[]) {
    for (let i = 0; i < arr.length; i++)
      this.processor.processElement(arr[i]);
    return this.processor.getAccumulator();
  }
}
class SumProcessor {
  constructor(private accumulator: number) { }
  getAccumulator() { return this.accumulator; }
  processElement(e: number) {
    this.accumulator += e;
  }
}
```

我们遵循以下过程。

(1) 创建一个与从中提取接口的类同名的新接口(如代码清单 5.114 所示)。

代码清单 5.114　添加新接口

```
interface SumProcessor {
}
```

(2) 重命名我们要从中提取接口的类并使其实现新接口(如代码清单 5.115 和代码清单 5.116 所示)。

代码清单 5.115　重构之前

```
class SumProcessor {
  // ...
}
```

代码清单 5.116　重构之后(1/3)

```
class TmpName implements SumProcessor {
  // ...
}
```

(3) 编译并检查错误。

如果错误是 new 引起的，将实例化更改为新的类名(如代码清单 5.117 和代码清单 5.118 所示)。

代码清单 5.117　重构之前

```
class ArraySum {
  private processor: SumProcessor;
  constructor(accumulator: number) {
    processor =
      new SumProcessor(accumulator);
  }
  // ...
}
```

代码清单 5.118　重构之后(2/3)

```
class ArraySum {
  private processor: SumProcessor;
  constructor(accumulator: number) {
    processor =
      new TmpName(accumulator);      ← 实例化一个类而不是一个接口
  }
  // ...
}
```

否则，将导致错误的方法添加到接口中(如代码清单 5.119 和代码清单 5.120 所示)。

代码清单 5.119　重构之前

```
class ArraySum {
  // ...
  process(arr: number[]) {
    for (let i = 0; i < arr.length; i++)
      this.processor.processElement(arr[i]);
    return this.processor.getAccumulator();
  }
}
interface SumProcessor {
}
```

代码清单 5.120　重构之后(3/3)

```
class ArraySum {
  // ...
  process(arr: number[]) {
    for (let i = 0; i < arr.length; i++)
      this.processor.processElement(arr[i]);
    return this.processor.getAccumulator();
  }
}
interface SumProcessor {
  processElement(e: number): void;      ← 将方法添加到接口中
  getAccumulator(): number;
}
```

现在一切正常，我们应该将接口重命名为更合适的名称(例如 ElementProcessor)并且将类重命名回 SumProcessor。我们也可以让之前的 MinimumProcessor 实现接口，然后将 ArraySum 中的 accumulator 形参替换为处理器并将其重命名为 BatchProcessor。因此两个批处理器是相同的，我们可以删除其中一个。执行所有这些会产生如代码清单 5.121 所示的代码。

代码清单 5.121　重构之后

```
class BatchProcessor {
  constructor(private processor: ElementProcessor) { }
  process(arr: number[]) {
    for (let i = 0; i < arr.length; i++)
      this.processor.processElement(arr[i]);
    return this.processor.getAccumulator();
  }
}
interface ElementProcessor {
  processElement(e: number): void;
  getAccumulator(): number;
}
class MinimumProcessor implements ElementProcessor {
  constructor(private accumulator: number) { }
  getAccumulator() { return this.accumulator; }
  processElement(e: number) {
    if (this.accumulator > e)
```

```
    this.accumulator = e;
  }
}
class SumProcessor implements ElementProcessor {
  constructor(private accumulator: number) { }
  getAccumulator() { return this.accumulator; }
  processElement(e: number) {
    this.accumulator += e;
  }
}
```

4. 补充阅读

据我所知，这是首次将这种技术描述为重构模式。

5.5 统一类似函数

另一个有类似代码的地方是在 removeLock1 和 removeLock2 这两个函数中(如代码清单 5.122 和代码清单 5.123 所示)。

代码清单 5.122 removeLock1

```
function removeLock1() {
  for (let y = 0; y < map.length; y++) {
    for (let x = 0; x < map[y].length; x++){
      if (map[y][x].isLock1()) {
        map[y][x] = new Air();
      }
    }
  }
}
```

唯一的区别

代码清单 5.123 removeLock2

```
function removeLock2() {
  for (let y = 0; y < map.length; y++) {
    for (let x = 0; x < map[y].length; x++){
      if (map[y][x].isLock2()) {
        map[y][x] = new Air();
      }
    }
  }
}
```

事实证明，也可以使用 INTRODUCE STRATEGY PATTERN 对其进行统一。以上两者并不相同，因此处理方式是假设拥有第一个，需要引入第二个：也就是说要添加变化。

(1) 首先对要隔离的代码执行 EXTRACT METHOD(如代码清单 5.124 和代码清单 5.125 所示)。

代码清单 5.124 重构之前

```
function removeLock1() {
  for (let y = 0; y < map.length; y++)
    for (let x = 0; x < map[y].length; x++)
      if (map[y][x].isLock1())
        map[y][x] = new Air();
}
```

代码清单 5.125 重构之后(1/3)

```
function removeLock1() {
  for (let y = 0; y < map.length; y++)
    for (let x = 0; x < map[y].length; x++)
      if (check(map[y][x]))
        map[y][x] = new Air();
}
function check(tile: Tile) {
  return tile.isLock1();
}
```

新方法和调用

(2) 创建一个新类，如代码清单 5.126 所示。

代码清单 5.126　一个新类

```
class RemoveStrategy {
}
```

(3) 这种情况下，我们没有可以实例化这个新类的构造函数。我们选择直接在函数中将其实例化(如代码清单 5.127 和代码清单 5.128 所示)。

代码清单 5.127　重构之前

```
function removeLock1() {

  for (let y = 0; y < map.length; y++)
    for (let x = 0; x < map[y].length; x++)
      if (check(map[y][x]))
        map[y][x] = new Air();
}
```

代码清单 5.128　重构之后(2/3)

```
function removeLock1() {
  let shouldRemove = new RemoveStrategy();   ← 初始化新类
  for (let y = 0; y < map.length; y++)
    for (let x = 0; x < map[y].length; x++)
      if (check(map[y][x]))
        map[y][x] = new Air();
}
```

(4) 移动方法，如代码清单 5.129 和代码清单 5.130 所示。

代码清单 5.129　重构之前

```
function removeLock1() {
  let shouldRemove = new RemoveStrategy();
  for (let y = 0; y < map.length; y++)
    for (let x = 0; x < map[y].length; x++)
      if (check(map[y][x]))
        map[y][x] = new Air();
}

function check(tile: Tile) {
  return tile.isLock1();
}
```

代码清单 5.130　重构之后(3/3)

```
function removeLock1() {
  let shouldRemove = new RemoveStrategy();
  for (let y = 0; y < map.length; y++)
    for (let x = 0; x < map[y].length; x++)
      if (shouldRemove.check(map[y][x]))   ←
        map[y][x] = new Air();
}
class RemoveStrategy {
  check(tile: Tile) {   ← 移动的方法
    return tile.isLock1();
  }
}
```

(5) 现在没有对任何字段的依赖，新类中也没有错误。

引入策略后，可以使用 EXTRACT INTERFACE FROM IMPLEMENTATION 以引入变化。

(1) 创建一个与从中提取接口的类同名的新接口(如代码清单 5.131 所示)。

代码清单 5.131　重构之前

```
interface RemoveStrategy {
}
```

(2) 重命名要从中提取接口的类并使其实现新接口(如代码清单 5.132 和代码清单 5.133 所示)。

代码清单 5.132 重构之前

```
class RemoveStrategy {
  // ...
}
```

代码清单 5.133 重构之后(1/3)

```
class RemoveLock1 implements
RemoveStrategy
{
  // ...
}
```

(3) 编译并检查错误。

如果是 new 引起的，则将其更改为新类名(如代码清单 5.134 和代码清单 5.135 所示)。

代码清单 5.134 重构之前

```
function removeLock1() {
  let shouldRemove = new RemoveStrategy();
  for (let y = 0; y < map.length; y++)
    for (let x = 0; x < map[y].length; x++)
      if (shouldRemove.check(map[y][x]))
        map[y][x] = new Air();
}
```

代码清单 5.135 重构之后(2/3)

```
function removeLock1() {
  let shouldRemove = new RemoveLock1();    ◀ 实例化一个类而不是一个接口
  for (let y = 0; y < map.length; y++)
    for (let x = 0; x < map[y].length; x++)
      if (shouldRemove.check(map[y][x]))
        map[y][x] = new Air();
}
```

否则，将导致错误的方法添加到接口中(如代码清单 5.136 和代码清单 5.137 所示)。

代码清单 5.136 重构之前

```
interface RemoveStrategy {
}
```

代码清单 5.137 重构之后(3/3)

```
interface RemoveStrategy {
  check(tile: Tile): boolean;
}
```

此时，根据removeLock1的副本制作removeLock2非常简单。然后，只需要将shouldRemove作为形参移出即可。我将省略细节，大体过程如下。

(1) 从 removeLock1 中提取除第一行外的所有内容，得到 remove。

(2) 局部变量 shouldRemove 只使用一次，因此将其内联。

(3) 对 removeLock1 使用 INLINE METHOD。

这些重构导致我们只有一个 remove(如代码清单 5.138 和代码清单 5.139 所示)。

代码清单 5.138 重构之前

```
function removeLock1() {


  for (let y = 0; y < map.length; y++)
    for (let x = 0; x < map[y].length; x++)
      if (map[y][x].isLock1())
        map[y][x] = new Air();
}
class Key1 implements Tile {
  // ...
  moveHorizontal(dx: number) {
    removeLock1();
    moveToTile(playerx + dx, playery);
  }
```

代码清单 5.139 重构之后

```
function remove(
  shouldRemove: RemoveStrategy)
{
  for (let y = 0; y < map.length; y++)
    for (let x = 0; x < map[y].length; x++)
      if (shouldRemove.check(map[y][x]))
        map[y][x] = new Air();
}
class Key1 implements Tile {
  // ...
  moveHorizontal(dx: number) {
    remove(new RemoveLock1());
    moveToTile(playerx + dx, playery);
  }
```

```
}
```

```
}
interface RemoveStrategy {
  check(tile: Tile): boolean;
}
class RemoveLock1 implements RemoveStrategy
{
  check(tile: Tile) {
    return tile.isLock1();
  }
}
```

就像之前一样，这使得 remove 更通用，但这次不会限制我们。它还使得可以通过添加进行更改：如果我们想删除另一种类型的瓦片，可以简单地创建另一个实现 RemoveStrategy 的类，而无须修改任何内容。

在某些应用程序中，我们喜欢避免在循环内调用 new，因为这样做会降低应用程序的速度。如果这里是这种情况，那么我们可以轻松地将 RemoveLock 策略存储在实例变量中并在构造函数中对其进行初始化。然而，我们还没有完成 Key1。

5.6 统一类似代码

在 Key1 和 Key2 以及 Lock1 和 Lock2 中也有一些重复，其中“孪生类”几乎相同(如代码清单 5.140 和代码清单 5.141 所示)。

代码清单 5.140　Key1 和 Lock1

```
class Key1 implements Tile {
  // ...
  draw(g: CanvasRenderingContext2D,
    x: number, y: number)
  {
    g.fillStyle = "#ffcc00";
    g.fillRect(x * TILE_SIZE, y * TILE_SIZE,
      TILE_SIZE, TILE_SIZE);
}
  moveHorizontal(dx: number) {
    remove(new RemoveLock1());
    moveToTile(playerx + dx, playery);
  }
}
class Lock1 implements Tile {
  // ...
  isLock1() { return true; }
  isLock2() { return false; }
  draw(g: CanvasRenderingContext2D,
    x: number, y: number)
  {
    g.fillStyle = "#ffcc00";
    g.fillRect(x * TILE_SIZE, y * TILE_SIZE,
      TILE_SIZE, TILE_SIZE);
  }
}
```

代码清单 5.141　Key2 和 Lock2

```
class Key2 implements Tile {
  // ...
  draw(g: CanvasRenderingContext2D,
    x: number, y: number)
  {
    g.fillStyle = "#00ccff";
    g.fillRect(x * TILE_SIZE, y * TILE_SIZE,
      TILE_SIZE, TILE_SIZE);
  }
  moveHorizontal(dx: number) {
    remove(new RemoveLock2());
    moveToTile(playerx + dx, playery);
  }
}
class Lock2 implements Tile {
  // ...
  isLock1() { return false; }
  isLock2() { return true; }
  draw(g: CanvasRenderingContext2D,
    x: number, y: number)
  {
    g.fillStyle = "#00ccff";
    g.fillRect(x * TILE_SIZE, y * TILE_SIZE,
      TILE_SIZE, TILE_SIZE);
  }
}
```

首先在两个钥匙和两个锁上使用 UNIFY SIMILAR CLASSES(如代码清单 5.142 和代码清单 5.143 所示)。

代码清单 5.142 重构之前

```
class Key1 implements Tile {
  // ...
  draw(g: CanvasRenderingContext2D,
    x: number, y: number)
  {
    g.fillStyle = "#ffcc00";
    g.fillRect(x * TILE_SIZE, y * TILE_SIZE,
      TILE_SIZE, TILE_SIZE);
  }
  moveHorizontal(dx: number) {
    remove(new RemoveLock1());
    moveToTile(playerx + dx, playery);
  }
}
class Lock1 implements Tile {
  // ...
class Key1 implements Tile {
  // ...
  draw(g: CanvasRenderingContext2D,
    x: number, y: number)
  {
    g.fillStyle = "#ffcc00";
    g.fillRect(x * TILE_SIZE, y * TILE_SIZE,
      TILE_SIZE, TILE_SIZE);
  }
  moveHorizontal(dx: number) {
    remove(new RemoveLock1());
    moveToTile(playerx + dx, playery);
  }
}
class Lock1 implements Tile {
```

代码清单 5.143 重构之后

```
class Key implements Tile {
  constructor(
    private color: string,
    private removeStrategy: RemoveStrategy)
  { }
  // ...
  draw(g: CanvasRenderingContext2D,
    x: number, y: number)
  {
    g.fillStyle = this.color;
    g.fillRect(x * TILE_SIZE, y * TILE_SIZE,
      TILE_SIZE, TILE_SIZE);
  }
  moveHorizontal(dx: number) {
    remove(this.removeStrategy);
    moveToTile(playerx + dx, playery);
  }
}
class Lock implements Tile {
  constructor(
    private color: string,
    private lock1: boolean,
    private lock2: boolean) { }
  // ...
  isLock1() { return this.lock1; }
  isLock2() { return this.lock2; }
class Key implements Tile {
  constructor(
    private color: string,
    private removeStrategy: RemoveStrategy)
  { }
  // ...
  draw(g: CanvasRenderingContext2D,
    x: number, y: number)
  {
    g.fillStyle = this.color;
    g.fillRect(x * TILE_SIZE, y * TILE_SIZE,
      TILE_SIZE, TILE_SIZE);
  }
  moveHorizontal(dx: number) {
    remove(this.removeStrategy);
    moveToTile(playerx + dx, playery);
  }
}
class Lock implements Tile {
  constructor(
    private color: string,
    private lock1: boolean,
    private lock2: boolean) { }
```

```
  // ...


  draw(g: CanvasRenderingContext2D,
    x: number, y: number)
  {
    g.fillStyle = "#ffcc00";
    g.fillRect(x * TILE_SIZE, y * TILE_SIZE,
      TILE_SIZE, TILE_SIZE);
  }
}
function transformTile(tile: RawTile) {
  switch (tile) {
    // ...
    case RawTile.KEY1:
      return new Key1();

    case RawTile.LOCK1:
      return new Lock1();

  }
}
```

```
  // ...
  isLock1() { return this.lock1; }
  isLock2() { return this.lock2; }
  draw(g: CanvasRenderingContext2D,
    x: number, y: number)
  {
    g.fillStyle = this.color;
    g.fillRect(x * TILE_SIZE, y * TILE_SIZE,
      TILE_SIZE, TILE_SIZE);
  }
}
function transformTile(tile: RawTile) {
  switch (tile) {
    // ...
    case RawTile.KEY1:
      return new Key("#ffcc00",
        new RemoveLock1());
    case RawTile.LOCK1:
      return new Lock("#ffcc00",
        true, false);
  }
}
```

这段代码是有效的，但我们也可以使用一些已经知道的结构。我们引入了 isLock1 和 isLock2 方法：它们来自枚举中的两个值，因此我们知道对于任何给定的类，这些方法中只有一个可以返回 true。我们只需要一个形参来表示这两种方法。Lock 方法也是如此(如代码清单 5.144 和代码清单 5.145 所示)。

代码清单 5.144 重构之前

```
class Lock implements Tile {
  constructor(
    private color: string,
    private lock1: boolean,
    private lock2: boolean) { }
  // ...
  isLock1() { return this.lock1; }
  isLock2() { return this.lock2; }
}
```

代码清单 5.145 重构之后

```
class Lock implements Tile {
  constructor(
    private color: string,
    private lock1: boolean
    ) { }
  // ...
  isLock1() { return this.lock1; }
  isLock2() { return !this.lock1; }
}
```

在 Key 和 Lock 中的构造函数的形参 color、lock1 和 removeStrategy 之间似乎也有某种联系。当我们想统一两个类的内容时，可使用最喜欢的新技巧：INTRODUCE STRATEGY PATTERN(如代码清单 5.146 和代码清单 5.147 所示)。

代码清单 5.146 重构之前

```
class Key implements Tile {
  constructor(
    private color: string,
    private removeStrategy: RemoveStrategy)
  { }
  // ...
  draw(g: CanvasRenderingContext2D,
```

代码清单 5.147 重构之后

```
class Key implements Tile {
  constructor(

    private keyConf: KeyConfiguration)
  { }
  // ...
  draw(g: CanvasRenderingContext2D,
```

```
    x: number, y: number)
  {
    g.fillStyle = this.color;
    g.fillRect(x * TILE_SIZE, y * TILE_SIZE,
      TILE_SIZE, TILE_SIZE);
  }
  moveHorizontal(dx: number) {
    remove(this.removeStrategy);
    moveToTile(playerx + dx, playery);
  }
  moveVertical(dy: number) {
    remove(this.removeStrategy);
    moveToTile(playerx, playery + dy);
  }
}
class Lock implements Tile {
  constructor(
    private color: string,
    private lock1: boolean) { }
  // ...
  isLock1() { return this.lock1; }
  isLock2() { return !this.lock1; }
  draw(g: CanvasRenderingContext2D,
    x: number, y: number)
  {
    g.fillStyle = this.color;
    g.fillRect(x * TILE_SIZE, y * TILE_SIZE,
      TILE_SIZE, TILE_SIZE);
  }
}
function transformTile(tile: RawTile) {
  switch (tile) {
    // ...
    case RawTile.KEY1:
      return new Key("#ffcc00",
        new RemoveLock1());
    case RawTile.LOCK1:
      return new Lock("#ffcc00", true);
  }
}
```

```
    x: number, y: number)
  {
    g.fillStyle = this.keyConf.getColor();
    g.fillRect(x * TILE_SIZE, y * TILE_SIZE,
      TILE_SIZE, TILE_SIZE);
  }
  moveHorizontal(dx: number) {
    remove(this.keyConf.getRemoveStrategy());
    moveToTile(playerx + dx, playery);
  }
  moveVertical(dy: number) {
    remove(this.keyConf.getRemoveStrategy());
    moveToTile(playerx, playery + dy);
  }
}
class Lock implements Tile {
  constructor(

    private keyConf: KeyConfiguration) { }
  // ...
  isLock1() { return this.keyConf.is1(); }
  isLock2() { return !this.keyConf.is1(); }
  draw(g: CanvasRenderingContext2D,
    x: number, y: number)
  {
    g.fillStyle = this.keyConf.getColor();
    g.fillRect(x * TILE_SIZE, y * TILE_SIZE,
      TILE_SIZE, TILE_SIZE);
  }
}
class KeyConfiguration {
  constructor(
    private color: string,
    private _1: boolean,
    private removeStrategy: RemoveStrategy)
  { }
  getColor() { return this.color; }
  is1() { return this._1; }
  getRemoveStrategy() {
    return this.removeStrategy;
  }
}
const YELLOW_KEY =
  new KeyConfiguration("#ffcc00", true,
    new RemoveLock1());
function transformTile(tile: RawTile) {
  switch (tile) {
    // ...
    case RawTile.KEY1:
      return new Key(YELLOW_KEY);
    case RawTile.LOCK1:
      return new Lock(YELLOW_KEY);
  }
}
```

假设此时要引入第三对和第四对“钥匙+锁”。我们需要将 keyConfiguration 中的 boolean 更改为 number，并且将 isLock 方法更改为单个 fits(id: number)。现在，可以根据需要引入任意数量的“钥匙+锁”。当然，在此之后，我们将 number 重写为枚举，然后使用 REPLACE TYPE CODE WITH CLASSES。

再次注意，这个转换明确了一些我们没有花时间研究的东西：颜色和锁的 ID 是相关联的。这个示例的直观性让我们可能已经预料到这一点。然而，即使我们正在处理一个复杂的金融系统，也会慢慢发现嵌入在代码现有结构中的这些联系。以这种方式发现的一些联系属于巧合，因此我们必须小心并询问自己这种分组是否有意义。这样的分组也可能暴露代码中的一些令人讨厌的缺陷，这些缺陷源于一些本不应该被链接却被链接的事物。

我们引入的 KeyConfiguration 类目前非常枯燥乏味。在下一章中，我们将弥补这一点并通过封装数据进一步展示和利用链接。

5.7 本章小结

- 当我们有应该融合的类似代码时，应该对其进行统一。可以使用 UNIFY SIMILAR CLASSES 来统一类，使用 COMBINE IF 来统一 if，使用 INTRODUCE STRATEGY PATTERN 来统一方法。
- USE PURE CONDITIONS 规则规定条件不应有副作用，因为如果没有副作用，则可以使用条件算术。我们学习了如何使用 Cache 将副作用与条件分开。
- UML 类图通常用于说明对代码库的特定架构更改。
- 具有单个实现类的接口是一种不必要的通用化。NO INTERFACE WITH ONLY ONE IMPLEMENTATION 规则规定我们不应该有这类接口。相反，应该稍后使用重构模式 EXTRACT INTERFACE FROM IMPLEMENTATION 引入接口。

第6章 保护数据

本章内容

- 使用 DO NOT USE GETTERS AND SETTERS 强制封装
- 使用 ELIMINATE GETTER OR SETTER 消除 getter
- 使用 ENCAPSULATE DATA 到 NEVER HAVE COMMON AFFIXES
- 使用 ENFORCE SEQUENCE 消除不变量

在第 2 章中，我们讨论了局部化不变量的优势。我们在引入类时已经采取了这种方法，因为类将涉及相同数据的功能聚集在一起，从而拉近不变量并将其局部化。在本章中，我们专注于封装(限制对数据和功能的访问)，这样不变量只能在局部被破坏，因此更容易预防。

6.1 无 getter 封装

目前，代码遵循我们的规则，可读性和可扩展性已变得更强。但是，引入另一条规则可以让我们做得更好，这条规则就是 DO NOT USE GETTERS OR SETTERS。

6.1.1 规则：DO NOT USE GETTERS OR SETTERS

1. 声明

不要对非布尔字段使用 setter 或 getter。

2. 解释

我们说的 setter 或 getter 分别指直接赋值或返回非布尔字段的方法。对于 C#程序员，我们还在此定义中包含属性。注意，这与方法的名称无关——它可以叫做 getX，也可以不叫做 getX。

我们经常将 getter 和 setter 与封装一起学习，作为绕过私有字段的标准方法。但是，如果我们拥有对象字段的 getter，会立即打破封装并使不变量变为全局。在返回一个对象后，接收者可以进一步分发对象，这是我们无法控制的。任何获得该对象的人都可以调用它的公共方法，可能会以我们意想不到的方式对其进行修改。

setter 也存在类似的问题。理论上，setter 引入了另一个间接层，我们可以在其中更改内部数据结构并修改 setter，使其仍然具有相同的签名。按照定义，这样的方法不再是 setter，因此也就不存在问题。然而，在实践中，我们会修改 getter 以返回新的数据结构，然后必须修改接收者，以适应新的数据结构。这正是我们想要避免的紧耦合形式。

这只是可变对象的问题；然而，该规则仅将布尔值指定为例外情况，这是由于私有字段的另一个影响也适用于不可变字段：所建议的架构。将字段设为私有的最大优势之一是，这样做鼓励基于推的架构。在基于推的架构中，我们将计算推到尽可能靠近数据的位置；而在基于拉的架构中，我们获取数据，然后在中心点进行计算。

基于拉的架构会带来没有任何有趣方法的许多“哑”数据类以及一些大型“管理器”类，这些大型“管理器”完成所有工作并混合来自许多地方的数据。这种方法在数据和管理器之间以及数据类之间强加了紧密耦合。

在基于推的架构中，不是“获取”数据，而是将数据作为实参传递。因此，我们的所有类都具有功能，并且根据其功能分发代码。

在本例中，我们想要生成一个指向博客文章的链接。左右两边做同样的事情，但一个是用基于拉的架构编写的，另一个是用基于推的架构编写的。代码清单 6.1 展示了基于拉的代码的调用结构，代码清单 6.2 展示了基于推的代码的调用结构。

代码清单 6.1 基于拉的架构

```
class Website {
  constructor (private url: string) { }
  getUrl () { return this.url; }
}
class User {
  constructor (private username: string) { }
  getUsername() { return this.username; }
}
class BlogPost {
  constructor (private author: User,
    private id: string) { }
  getId() { return this.id; }
  getAuthor() { return this.author; }
}
function generatePostLink(website: Website,
  post: BlogPost)
{
  let url = website.getUrl();
  let user = post.getAuthor();
  let name = user.getUsername();
  let postId = post.getId();
  return url + name + postId;
}
```

代码清单 6.2 基于推的架构

```
class Website {
  constructor (private url: string) { }
  generateLink(name: string, id: string) {
    return this.url + name + id;
  }
}
class User {
  constructor (private username: string) { }
  generateLink(website: Website, id: string)
  {
    return website.generateLink(
      this.username,
      id);
  }
}
  class BlogPost {
    constructor (private author: User,
      private id: string) { }
    generateLink(website: Website) {
      return this.author.generateLink(
        website,
        this.id);
  }
```

```
}
function generatePostLink(website: Website,
  post: BlogPost)
{
  return post.generateLink(website);
}
```

在基于推的架构示例中，我们很可能会内联 generatePostLink，因为它只有一行，没有任何附加信息。

3. 异味

这条规则源自“迪米特法则”，它通常被概括为“不要和陌生人说话”。在这个上下文中，陌生人是我们无法直接访问但可以获得引用的对象。在面向对象的语言中，这通常通过 getter 发生——因此就有了这个规则。

4. 意图

与我们可以获得引用的对象交互的问题在于，我们现在与获取对象的方式紧密耦合。我们了解对象所有者的内部结构。如果不支持获取旧数据结构的方法，字段的所有者就无法更改数据结构；否则就会破坏我们的代码。

在基于推的架构中，我们暴露类似服务之类的方法。这些方法的用户不应该关心我们如何交付它们的内部结构。

5. 参考

网络上有很多对迪米特法则的描述。若要使用该法则进行全面练习，我推荐 Samuel Ytterbrink 的 Fantasy Battle Refactoring Kata，它可通过 https://github.com/Neppord/FantasyBattle-Refactoring-Kata 获得。

6.1.2 应用规则

在我们的代码中只有 3 个 getter，其中 getColor 和 getRemoveStrategy 在 KeyConfiguration 中。幸运的是，这两个 getter 很好处理。我们从 getRemoveStrategy 开始。

(1) 将 getRemoveStrategy 设为私有，以便在任何使用它的地方都报错(如代码清单 6.3 和代码清单 6.4 所示)。

代码清单 6.3 重构之前

```
class KeyConfiguration {
  // ...
  getRemoveStrategy() {
    return this.removeStrategy;
  }
}
```

代码清单 6.4 重构之后(1/3)

```
class KeyConfiguration {
  // ...
  private getRemoveStrategy() {     ← 方法私有化
    return this.removeStrategy;
  }
}
```

(2) 在错误行上使用 PUSH CODE INTO CLASSES 以修复错误(如代码清单 6.5 和代码清单 6.6 所示)。

代码清单 6.5 重构之前

```
class Key implements Tile {
  // ...
  moveHorizontal(dx: number) {
remove(this.keyConf.getRemoveStrategy());
    moveToTile(playerx + dx, playery);
  }
  moveVertical(dy: number) {
remove(this.keyConf.getRemoveStrategy());
    moveToTile(playerx, playery + dy);
  }
}
class KeyConfiguration {
  // ...
}
```

代码清单 6.6 重构之后(2/3)

```
class Key implements Tile {
  // ...
  moveHorizontal(dx: number) {
    this.keyConf.removeLock();            ← 以前的错误行
    moveToTile(playerx + dx, playery);
  }
  moveVertical(dy: number) {
    this.keyConf.removeLock();            ← 以前的错误行
    moveToTile(playerx, playery + dy);
  }
}
class KeyConfiguration {
  // ...
  removeLock() {
    remove(this.removeStrategy);          ← 新方法
  }
}
```

(3) getRemoveStrategy 被内联为 PUSH CODE INTO CLASSES 的一部分，因此未被使用。我们可以将其删除，以避免其他人尝试使用它(如代码清单 6.7 和代码清单 6.8 所示)。

代码清单 6.7 重构之前

```
class KeyConfiguration {
  // ...
  private getRemoveStrategy() {
    return this.removeStrategy;
  }
}
```

代码清单 6.8 重构之后(3/3)

```
class KeyConfiguration {
  // ...
                          ← 删除 getRemoveStrategy
}
```

为 getColor 重复此过程后，我们得到如代码清单 6.9 和代码清单 6.10 所示的结果。

代码清单 6.9 重构之前

```
class KeyConfiguration {
  // ...
  getColor() {
    return this.color;
  }
  getRemoveStrategy() {
    return this.removeStrategy;
  }
}
class Key implements Tile {
  // ...
  draw(g: CanvasRenderingContext2D,
    x: number, y: number)
  {
    g.fillStyle = this.keyConf.getColor();
    g.fillRect(x * TILE_SIZE, y * TILE_SIZE,
      TILE_SIZE, TILE_SIZE);
  }
```

代码清单 6.10 重构之后

```
class KeyConfiguration {
  // ...
  setColor(g: CanvasRenderingContext2D) {   ← 取代 getColor 的方法
    g.fillStyle = this.color;
  }
  removeLock() {
    remove(this.removeStrategy);
  }
}
class Key implements Tile {
  // ...
  draw(g: CanvasRenderingContext2D,
    x: number, y: number)
  {
    this.keyConf.setColor(g);               ← 取代 getColor 的方法
    g.fillRect(x * TILE_SIZE, y * TILE_SIZE,
      TILE_SIZE, TILE_SIZE);
  }
```

```
moveHorizontal(dx: number) {
    remove(this.keyConf.getRemoveStrategy());
    moveToTile(playerx + dx, playery);
  }
  moveVertical(dy: number) {
    remove(this.keyConf.getRemoveStrategy());
    moveToTile(playerx, playery + dy);
  }
}
class Lock implements Tile {
  // ...
  draw(g: CanvasRenderingContext2D,
    x: number, y: number)
  {
    g.fillStyle = this.keyConf.getColor();
    g.fillRect(x * TILE_SIZE,
      y * TILE_SIZE,
      TILE_SIZE, TILE_SIZE);
  }
}
```

```
moveHorizontal(dx: number) {
    this.keyConf.removeLock();
    moveToTile(playerx + dx, playery);
  }
  moveVertical(dy: number) {
    this.keyConf.removeLock();
    moveToTile(playerx, playery + dy);
  }
}
class Lock implements Tile {
  // ...
  draw(g: CanvasRenderingContext2D,
    x: number, y: number)
  {
    this.keyConf.setColor(g);
    g.fillRect(x * TILE_SIZE,
      y * TILE_SIZE,
      TILE_SIZE, TILE_SIZE);
  }
}
```

取代 getRemoveStrategy 的方法

注意，setColor 不是前面所描述的意义上的 setter。还要注意的是，这里违反了 EITHER CALL OR PASS 规则，因为我们既传递了 g 又调用了 g.fillRect。可以通过将 fillRect 与 color 一起推入 KeyConfiguration 或将 fillRect 提取到一个方法中来解决这个问题。如果这样做，可能会在稍后封装 g 并将该方法推到自定义图形对象中以代替 CanvasRenderingContext2D。我将这个作为练习留给跃跃欲试的读者。

尽管消除 getter 的过程也很简单，但列出两个名称暗示我们应该消除 getter，它们有助于强调我们这样做的重要性。我们称这种重构模式为 ELIMINATE GETTER OR SETTER。

6.1.3 重构模式：ELIMINATE GETTER OR SETTER

1. 描述

这种重构使我们通过将功能推近数据来消除 getter 和 setter。方便的是，因为 getter 和 setter 非常相似，所以我们可以采用相同的过程消除它们；但为便于阅读，我们假设在描述的其余部分使用 getter。

通过将代码推近数据，我们已经多次将不变量局部化。此处解决方案也是如此。通常，当我们这样做时，会引入很多类似的函数替代 getter。这些函数是根据使用 getter 的上下文数量引入的。有很多方法意味着我们可以根据特定的调用上下文而不是数据上下文来命名它们。

我们在第 4 章中看到过这个问题的一个示例。在 TrafficLight 示例中，汽车有一个名为 drive 的公共方法，TrafficLight 最终会调用该方法。drive 方法以其对汽车的影响命名，但我们可以根据调用它的上下文将其命名为 notifyGreenLight。这对汽车的影响也是一样的(如代码清单 6.11 和代码清单 6.12 所示)。

代码清单 6.11 重构之前

```
class Green implements TrafficLight {
  // ...
  updateCar() { car.drive(); }
}
```

代码清单 6.12 重构之后

```
class Green implements TrafficLight {
  // ...
  updateCar() { car.notifyGreenLight(); }   ← 根据上下文重命名方法后
}
```

2. 过程

(1) 将 getter 或 setter 设为私有，以使任何使用它的地方都会报错。

(2) 使用 PUSH CODE INTO CLASSES 修复错误。

(3) getter 或 setter 被内联为 PUSH CODE INTO CLASSES 的一部分，因此未被使用。我们将其删除，以避免其他人尝试使用它。

3. 示例

继续前面的示例，我们可以选择删除任何 getter(如代码清单 6.13 所示)。

代码清单 6.13 初始代码

```
class Website {
  constructor (private url: string) { }
  getUrl() { return this.url; }
}
class User {
  constructor (private username: string) { }
  getUsername() { return this.username; }
}
class BlogPost {
  constructor (private author: User, private id: string) { }
  getId() { return this.id; }
  getAuthor() { return this.author; }
}
function generatePostLink(website: Website, post: BlogPost) {
  let url = website.getUrl();
  let user = post.getAuthor();
  let name = user.getUsername();
  let postId = post.getId();
  return url + name + postId;
}
```

这里演示消除 getAuthor。我们遵循以下过程。

(1) 将 getter 设为私有，以便在任何使用它的地方都能报错(如代码清单 6.14 和代码清单 6.15 所示)。

代码清单 6.14 重构之前

```
class BlogPost {
  // ...
  getAuthor() {
    return this.author;
  }
}
```

代码清单 6.15 重构之后(1/3)

```
class BlogPost {
  // ...
  private getAuthor() {   ← 添加 private
    return this.author;
  }
}
```

(2) 使用 PUSH CODE INTO CLASSES 修复错误(如代码清单 6.16 和代码清单 6.17 所示)。

代码清单 6.16　重构之前

```
function generatePostLink(website:
Website,
  post: BlogPost)
{
  let url = website.getUrl();
  let user = post.getAuthor();
  let name = user.getUsername();
  let postId = post.getId();
  return url + name + postId;
}
class BlogPost {
  // ...
}
```

代码清单 6.17 之后 (2/3)

```
function generatePostLink(website: Website,
  post: BlogPost)
{
  let url = website.getUrl();

  let name = post.getAuthorName();
  let postId = post.getId();
  return url + name + postId;
}
class BlogPost {
  // ...
  getAuthorName() {
    return this.author.getUsername();
  }
}
```

新方法

(3) getter 被内联为 PUSH CODE INTO CLASSES 的一部分，因此未被使用。我们将其删除，以避免其他人尝试使用它(如代码清单 6.18 和代码清单 6.19 所示)。

代码清单 6.18　重构之前

```
class BlogPost {
  // ...
  private getAuthor() {
    return this.author;
  }
}
```

代码清单 6.19　重构之后(3/3)

```
class BlogPost {
  // ...

}
```

对其他 getter 执行相同的过程，会得到 6.1 节中描述的基于推的版本。

6.1.4　消除最后的 getter

最后一个 getter 是 FallStrategy.getFalling。我们遵循相同的过程将其删除。

(1) 将 getter 设为私有，以便在任何使用它的地方都能报错(如代码清单 6.20 和代码清单 6.21 所示)。

代码清单 6.20　重构之前

```
class FallStrategy {
  // ...
  getFalling() {
    return this.falling;
  }
}
```

代码清单 6.21　重构之后(1/3)

```
class FallStrategy {
  // ...
  private getFalling() {
    return this.falling;
  }
}
```

添加
private

(2) 使用 PUSH CODE INTO CLASSES 修复错误(如代码清单 6.22 和代码清单 6.23 所示)。

代码清单 6.22 重构之前

```
class Stone implements Tile {
  // ...
  moveHorizontal(dx: number) {
    this.fallStrategy.getFalling()
      .moveHorizontal(this, dx);
  }
}
class Box implements Tile {
  // ...
  moveHorizontal(dx: number) {
    this.fallStrategy.getFalling()
      .moveHorizontal(this, dx);
  }
}
class FallStrategy {
  // ...
}
```

代码清单 6.23 重构之后(2/3)

```
class Stone implements Tile {
  // ...
  moveHorizontal(dx: number) {
    this.fallStrategy
      .moveHorizontal(this, dx);
  }
}
class Box implements Tile {
  // ...
  moveHorizontal(dx: number) {
    this.fallStrategy
      .moveHorizontal(this, dx);
  }
}
class FallStrategy {
  // ...
  moveHorizontal(tile: Tile, dx: number) {
    this.falling
      .moveHorizontal(tile, dx);
  }
}
```

新方法

(3) getter 被内联为 PUSH CODE INTO CLASSES 的一部分，因此未被使用。我们将其删除，以避免其他人尝试使用它(如代码清单 6.24 和代码清单 6.25 所示)。

代码清单 6.24 重构之前

```
class FallStrategy {
  // ...
  private getFalling() {
    return this.falling;
  }
}
```

代码清单 6.25 重构之后(3/3)

```
class FallStrategy {
  // ...

}
```

getFalling 被删除

这将得到如代码清单 6.26 和代码清单 6.27 所示的 FallStrategy。

代码清单 6.26 重构之前

```
class Stone implements Tile {
  // ...
  moveHorizontal(dx: number) {
    this.fallStrategy.getFalling()
      .moveHorizontal(this, dx);
  }
}
class Box implements Tile {
  // ...
  moveHorizontal(dx: number) {
    this.fallStrategy.getFalling()
```

代码清单 6.27 重构之后

```
class Stone implements Tile {
  // ...
  moveHorizontal(dx: number) {
    this.fallStrategy
      .moveHorizontal(this, dx);
  }
}
class Box implements Tile {
  // ...
  moveHorizontal(dx: number) {
    this.fallStrategy
```

新推的代码

```
    .moveHorizontal(this, dx);
  }
}
class FallStrategy {
  constructor(private falling: FallingState)
  { }
  getFalling() { return this.falling; }
  update(tile: Tile, x: number, y: number) {
    this.falling = map[y + 1][x].isAir()
      ? new Falling()
      : new Resting();
    this.drop(tile, x, y);
  }
  private drop(tile: Tile,
    x: number, y: number)
  {
    if (this.falling.isFalling()) {
      map[y + 1][x] = tile;
      map[y][x] = new Air();
    }
  }
}
```

getFalling被删除

```
    .moveHorizontal(this, dx);
  }
}
class FallStrategy {
  constructor(private falling: FallingState)
  { }

  update(tile: Tile, x: number, y: number) {
    this.falling = map[y + 1][x].isAir()
      ? new Falling()
      : new Resting();
    this.drop(tile, x, y);
  }
  private drop(tile: Tile,
    x: number, y: number)
  {
    if (this.falling.isFalling()) {
      map[y + 1][x] = tile;
      map[y][x] = new Air();
    }
  }
  moveHorizontal(tile: Tile, dx: number) {
    this.falling.moveHorizontal(tile, dx);
  }
}
```

新推的代码

通过查看 FallStrategy，我们意识到可以进行一些其他改进。首先，三元运算符?:违反了 NEVER USE IF WITH ELSE 规则。其次，drop 中的 if 似乎与 falling 的关系更紧密。如果我们从三元运算符开始，可以通过将行推入 Tile 来消除 if(如代码清单 6.28 和代码清单 6.29 所示)。

代码清单 6.28　重构之前

```
interface Tile {
  // ...

}
class Air implements Tile {
  // ...




}
class Stone implements Tile {
  // ...




}
class FallStrategy {
  // ...
  update(tile: Tile, x: number, y: number) {
    this.falling = map[y + 1][x].isAir()
```

代码清单 6.29　重构之后

```
interface Tile {
  // ...
  getBlockOnTopState(): FallingState;
}
class Air implements Tile {
  // ...
  getBlockOnTopState() {
    return new Falling();
  }
}
class Stone implements Tile {
  // ...
  getBlockOnTopState() {
    return new Resting();
  }
}
class FallStrategy {
  // ...
  update(tile: Tile, x: number, y: number) {
    this.falling =
```

推的代码

```
      ? new Falling()
      : new Resting();
    this.drop(tile, x, y);
  }
}
```

```
      map[y + 1][x].getBlockOnTopState();  ◄── 推的代码

    this.drop(tile, x, y);
  }
}
```

在 FallStrategy.drop 中，可以通过将方法推入 FallingState 和内联 FallStrategy.drop 来完全消除 if(如代码清单 6.30 和代码清单 6.31 所示)。

代码清单 6.30　重构之前

```
interface FallingState {
  // ...



}
class Falling {
  // ...





}
class Resting {
  // ...


}
class FallStrategy {
  // ...
  update(tile: Tile, x: number, y: number) {
    this.falling =
      map[y + 1][x].getBlockOnTopState();
    this.drop(tile, x, y);
  }
  private drop(tile: Tile,
    x: number, y: number)
  {
    if (this.falling.isFalling()) {
      map[y + 1][x] = tile;
      map[y][x] = new Air();
    }
  }
}
```

代码清单 6.31　重构之后

```
interface FallingState {
  // ...
  drop(
    tile: Tile, x: number, y: number): void;   ◄─┐
}                                                 │
class Falling {                                   │
  // ...                                          │
  drop(tile: Tile, x: number, y: number) {     ◄─┤
    map[y + 1][x] = tile;                         │
    map[y][x] = new Air();                        │
  }                                            推的代码
}                                                 │
class Resting {                                   │
  // ...                                          │
  drop(tile: Tile, x: number, y: number) { }   ◄─┤
}                                                 │
class FallStrategy {                              │
  // ...                                          │
  update(tile: Tile, x: number, y: number) {      │
    this.falling =                                │
      map[y + 1][x].getBlockOnTopState();         │
    this.falling.drop(tile, x, y)              ◄─┘
  }
     ◄── drop 被删除
}
```

6.2　封装简单数据

再次说明，我们的代码目前遵守所有规则。因此，我们又引入一条新规则。

6.2.1　规则：NEVER HAVE COMMON AFFIXES

1. 声明

我们的代码不应该有带通用前缀或后缀的方法或变量。

2. 解释

我们经常为方法和变量加上后缀或前缀，以暗示它们的上下文，例如 username 表示用户名，startTimer 表示计时器的启动操作。这样做是为了传达上下文。虽然这样会使代码可读性更强，但当多个元素具有相同的词缀时，就表明这些元素是连贯的。有一种更好的方式来传达这种结构：类。

使用类对这些方法和变量进行分组的好处是，我们可以完全控制外部接口。我们可以隐藏辅助方法，从而不会在全局作用域内造成污染。这一点特别重要，因为“5 行规则”引入了很多方法。

也有可能不是每个方法都可以从任何地方安全调用。如果我们提取一个复杂计算的中间部分，就可能需要一些设置才能运行。在我们的游戏中，updateMap 和 drawMap 就是这种情况，两者都需要调用 transformMap。

最重要的是，通过隐藏数据，我们确保在类中维护其不变量。这使不变量局部化，从而更容易维护。

回想第 4 章中的银行示例，如果我们直接调用 deposit，就可以只存钱而不取款。由于我们从不想直接调用 deposit，因此实现此功能的更好方法就是将这两个方法放在一个类中并将 deposit 设为私有(如代码清单 6.32 和代码清单 6.33 所示)。

代码清单 6.32　坏代码

```
function accountDeposit(
  to: string, amount: number)
{
  let accountId = database.find(to);
  database.updateOne(
    accountId,
    { $inc: { balance: amount } });
}

function accountTransfer(amount: number,
  from: string, to: string)
{
  accountDeposit(from, -amount);
  accountDeposit(to, amount);
}
```

代码清单 6.33　好代码

```
class Account {
  private deposit(
    to: string, amount: number)
  {
    let accountId = database.find(to);
    database.updateOne(
      accountId,
      { $inc: { balance: amount } });
  }

  transfer(amount: number,
    from: string, to: string)
  {
    this.deposit(from, -amount);
    this.deposit(to, amount);
  }
}
```

3. 异味

产生这条规则的异味被称为单一职责原则。它与之前讨论的“方法应该只做一件事”异味相同，但适用于类。类应该只有一个职责。

4. 意图

设计具有单一职责的类需要规则和概述。此规则有助于识别子职责。通用词缀所暗示的结构表明，这些方法和变量共同承担通用词缀的任务；因此，这些方法应该放在一个单独的类中，专用于此共同职责。

这条规则还帮助我们识别任务，即使它们随着应用程序的发展而出现。类通常会随着时间的推移而增加。

5. 参考

单一职责原则在互联网上有广泛的介绍，它是类的标准设计原则。遗憾的是，这意味着通常需要预先设计。但在这里，我们采用了不同的方法并专注于可以在代码中看到的问题。

6.2.2 应用规则

如下所示，我们有一个具有相同词缀、方法和变量的明确组。

- playerx
- playery
- drawPlayer

这表明我们应该将它们放到一个名为 Player 的类中。我们已经有一个 Player 类，但这个 Player 类的目的完全不同。有两个简单的解决方案。一种方案是将所有瓦片类型封装在一个命名空间中并将其公开。尽管这是我们的首选解决方案，但它会导致大量针对 TypeScript 的修补。由于本书的主题并不是 TypeScript，因此我们选择另一个简单的解决方案：只需要重命名现有的 Player(如代码清单 6.34 和代码清单 6.35 所示)。

代码清单 6.34 重构之前

```
class Player implements Tile { ... }
```

代码清单 6.35 重构之后

```
class PlayerTile implements Tile { ... }
```

将 Tile 附加到名称

现在，可以为前面提到的组创建一个新的 Player 类。

(1) 创建一个 Player 类(如代码清单 6.36 所示)。

代码清单 6.36 新类

```
class Player { }
```

(2) 将变量 playerx 和 playery 移到 Player 中，将 let 替换为 private。从名称中删除 player。之后还需要为变量创建 getter 和 setter(如代码清单 6.37 和代码清单 6.38 所示)。

代码清单 6.37 重构之前

```
let playerx = 1;
let playery = 1;
```

代码清单 6.38 重构之后(1/4)

```
class Player {
  private x = 1;
  private y = 1;
  getX() { return this.x; }
  getY() { return this.y; }
  setX(x: number) { this.x = x; }
  setY(y: number) { this.y = y; }
}
```

新类

从名称中删除 player

新的 getter 和 setter

(3) 因为 playerx 和 playery 不再处于全局作用域内，所以编译器通过给出错误来帮助我们找到所有引用。我们通过以下 5 个步骤修复这些错误。

- 为 Player 类的实例选择一个合适的变量名称，即 player。
- 假设我们有一个 player 变量，使用其 getter 或 setter(如代码清单 6.39 和代码清单 6.40 所示)。

代码清单 6.39 重构之前

```
function moveToTile(
  newx: number, newy: number)
{
  map[playery][playerx] =
    new Air();
  map[newy][newx] = new PlayerTile();
  playerx = newx;
  playery = newy;
}
/// ...
```

改变所有访问和赋值

代码清单 6.40 重构之后(2/4)

```
function moveToTile(
  newx: number, newy: number)
{
  map[player.getY()][player.getX()] =
    new Air();
  map[newy][newx] = new PlayerTile();
  player.setX(newx);
  player.setY(newy);
}
/// ...
```

访问改为 getter

赋值改为 setter

- 如果两个或多个不同的方法出现错误，则添加 player: Player 作为第一个形参，添加 player 作为实参，产生新的错误(如代码清单 6.41 和代码清单 6.42 所示)。

代码清单 6.41 重构之前

```
interface Tile {
  // ...
  moveHorizontal(
    dx: number): void;
  moveVertical(
    dy: number): void;
}
```

player 被添加为许多方法的形参，甚至对于接口中的方法也是如此

代码清单 6.42 重构之后(3/4)

```
interface Tile {
  // ...
  moveHorizontal(
    player: Player, dx: number): void;
  moveVertical(
    player: Player, dy: number): void;
}
```

- 重复操作，直到只有一个方法出现错误。
- 因为我们封装了变量，所以在变量原来的位置设置 let player = new Player();(如代码清单 6.43 所示)。

代码清单 6.43 重构之后(4/4)

```
let player = new Player();
```

这种转换对整个代码库进行了更改。代码清单 6.44 和代码清单 6.45 所示是一些重要的影响结果。

代码清单 6.44 重构之前

```
interface Tile {
  // ...
  moveHorizontal(
    dx: number): void;
  moveVertical(
    dy: number): void;
}
```

在许多方法中添加 player 作为形参

代码清单 6.45 重构之后

```
interface Tile {
  // ...
  moveHorizontal(
    player: Player, dx: number): void;
  moveVertical(
    player: Player, dy: number): void;
}
```

```
/// ...
function moveToTile(
  newx: number, newy: number)
{
  map[playery][playerx] =
    new Air();
  map[newy][newx] = new PlayerTile();
  playerx = newx;
  playery = newy;
}
/// ...

let playerx = 1;
let playery = 1;
```

```
/// ...
function moveToTile(
  newx: number, newy: number)
{
  map[player.getY()][player.getX()] =      // 访问改为 getter
    new Air();
  map[newy][newx] = new PlayerTile();
  player.setX(newx);                       // 赋值转为 setter
  player.setY(newy);
}
/// ...
class Player {                             // 带有 getter 和 setter 的新类
  private x = 1;
  private y = 1;
  getX() { return this.x; }
  getY() { return this.y; }
  setX(x: number) { this.x = x; }
  setY(y: number) { this.y = y; }
}
let player = new Player();                 // 用新声明来代替封装的变量
```

引入一个类后，我们现在可以将任何带有 Player 词缀的方法推到这个类中，而不会出现任何问题。在本例中，我们只需要将 drawPlayer 推入类中(如代码清单 6.46 和代码清单 6.47 所示)。

代码清单 6.46 重构之前

```
function drawPlayer(player: Player,
  g: CanvasRenderingContext2D)
{
  g.fillStyle = "#ff0000";
  g.fillRect(
    player.getX() * TILE_SIZE,
    player.getY() * TILE_SIZE,
    TILE_SIZE,
    TILE_SIZE);
}
class Player {
  // ...
}
```

代码清单 6.47 重构之后

```
function drawPlayer(player: Player,
  g: CanvasRenderingContext2D)
{
  player.draw(g);
}
class Player {
  // ...
  draw(g: CanvasRenderingContext2D) {
    g.fillStyle = "#ff0000";
    g.fillRect(
      this.x * TILE_SIZE,                  // 注意，我们已经内联了 getter
      this.y * TILE_SIZE,
      TILE_SIZE,
      TILE_SIZE);
  }
}
```

像往常一样，我们在 drawPlayer 上执行 INLINE METHOD。新类违反了新规则 DO NOT USE GETTERS OR SETTERS，因此我们使用其相关重构 ELIMINATE GETTER OR SETTER。首先从 getX 开始。

(1) 将 getter 设为私有，以便任何使用它的地方都会报错(如代码清单 6.48 和代码清单 6.49 所示)。

代码清单 6.48　重构之前

```
class Player {
  // ...
  getX() { return this.x; }
}
```

代码清单 6.49　重构之后(1/3)

```
class Player {
  // ...
  private getX() { return this.x; }    ◀── 使 getter 私有化
}
```

(2) 使用 PUSH CODE INTO CLASSES 修复错误(如代码清单 6.50 和代码清单 6.51 所示)。

代码清单 6.50　重构之前

```
class Right implements Input {
  handle(player: Player) {
    map[player.getY()][player.getX() + 1]
      .moveHorizontal(player, 1);
  }
}
class Resting {
  // ...
  moveHorizontal(
    player: Player, tile: Tile, dx: number)
  {
    if (map[player.getY()]
          [player.getX()+dx + dx].isAir()
      && !map[player.getY() + 1]
            [player.getX()+dx].isAir())
    {
      map[player.getY()]
        [player.getX()+dx + dx] = tile;
      moveToTile(player,
        player.getX()+dx,
        player.getY());
    }
  }
}
/// ...
    moveToTile(player,
      player.getX(), player.getY() + dy);
/// ...
function moveToTile(player: Player,
  newx: number, newy: number)
{
  map[player.getY()][player.getX()] =
    new Air();
  map[newy][newx] = new PlayerTile();
  player.setX(newx);
  player.setY(newy);
}
/// ...
class Player {
  // ...
}
```

代码清单 6.51　重构之后(2/3)

```
class Right implements Input {
  handle(player: Player) {
    player.moveHorizontal(1);          ◀──┐
  }                                       │
}                                         │ 推入
class Resting {                           │ Player
  // ...                                  │ 的方法
  moveHorizontal(                         │
    player: Player, tile: Tile, dx: number)
  {                                       │
    player.pushHorizontal(tile, dx);   ◀──┤
  }                                       │
}                                         │
/// ...                                   │
  player.move(0, dy);                  ◀──┘
/// ...
function moveToTile(player: Player,
  newx: number, newy: number)
{
  player.moveToTile(newx, newy);
}
/// ...
class Player {
  // ...
  moveHorizontal(dx: number) {
    map[this.y][this.x + dx]
      .moveHorizontal(this, dx);
  }
  move(dx: number, dy: number) {
    this.moveToTile(this.x+dx, this.y+dy);
  }
  pushHorizontal(tile: Tile, dx: number) {
    if (map[this.y]
          [this.x+dx + dx].isAir()
      && !map[this.y + 1]
            [this.x+dx].isAir())
    {
      map[this.y][this.x+dx + dx] = tile;
      this.moveToTile(this.x+dx, this.y);
    }
  }
  moveToTile(newx: number, newy: number) {
```

```
      map[this.y][this.x] = new Air();
      map[newy][newx] = new PlayerTile();
      this.x = newx;
      this.y = newy;
    }
  }
```

(3) getter 被内联为 PUSH CODE INTO CLASSES 的一部分，因此未被使用。我们将其删除，以避免其他人尝试使用它(如代码清单 6.52 和代码清单 6.53 所示)。

代码清单 6.52　重构之前

```
class Player {
  // ...
  getX() { return this.x; }
}
```

代码清单 6.53　重构之后(3/3)

```
class Player {
  // ...

}
```

删除 getX

幸运的是，getX 和 getY 紧密相连，以至于 getY 和 getX 以及两个 setter 一起消失了。最终得到如代码清单 6.54 和代码清单 6.55 所示的内容。

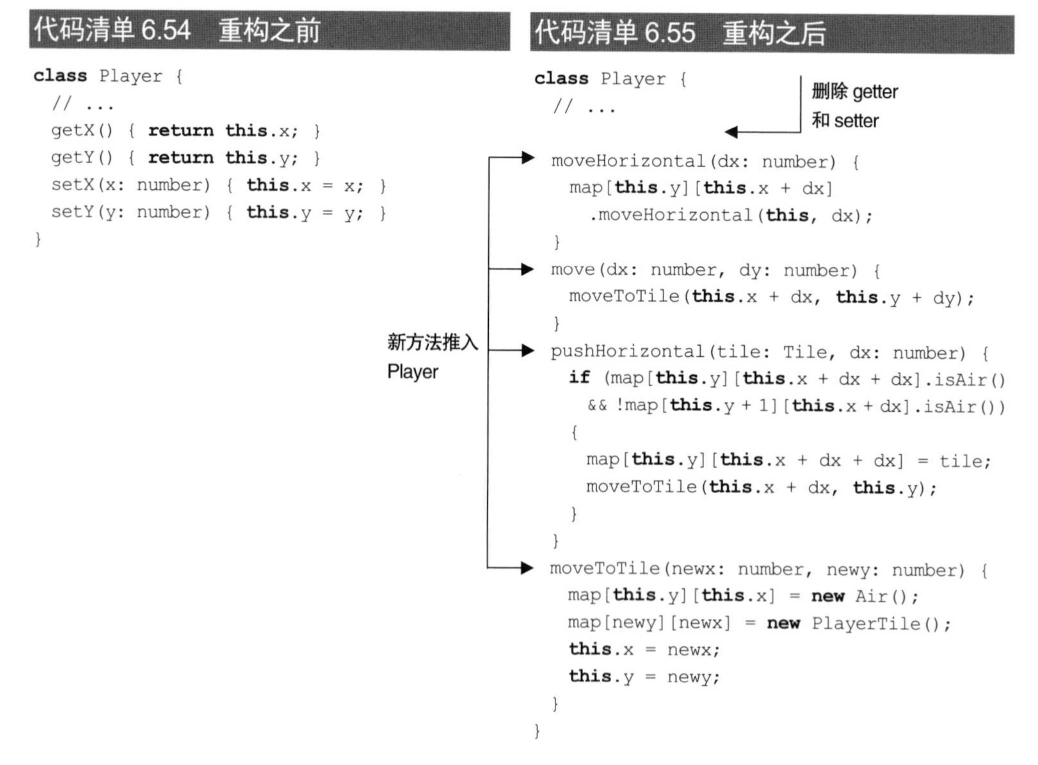

代码清单 6.54　重构之前

```
class Player {
  // ...
  getX() { return this.x; }
  getY() { return this.y; }
  setX(x: number) { this.x = x; }
  setY(y: number) { this.y = y; }
}
```

代码清单 6.55　重构之后

```
class Player {
  // ...

  moveHorizontal(dx: number) {
    map[this.y][this.x + dx]
      .moveHorizontal(this, dx);
  }
  move(dx: number, dy: number) {
    moveToTile(this.x + dx, this.y + dy);
  }
  pushHorizontal(tile: Tile, dx: number) {
    if (map[this.y][this.x + dx + dx].isAir()
      && !map[this.y + 1][this.x + dx].isAir())
    {
      map[this.y][this.x + dx + dx] = tile;
      moveToTile(this.x + dx, this.y);
    }
  }
  moveToTile(newx: number, newy: number) {
    map[this.y][this.x] = new Air();
    map[newy][newx] = new PlayerTile();
    this.x = newx;
    this.y = newy;
  }
}
```

由于 moveToTile 完全被推到 Player 中，我们对原始的 moveToTile 使用 INLINE METHOD，从而将其从全局作用域中删除。新方法 Player.moveToTile 现在只能从 Player 类内部调用，因此可以将其设为 private，从而使 Player 不断增长的接口变得更简洁。

将变量和方法移动到类中的过程被称为 ENCAPSULATE DATA。

6.2.3 重构模式：ENCAPSULATE DATA

1. 描述

如前所述，我们封装变量和方法以限制可以访问它们的位置并使结构更明显。封装方法有助于简化名称并使衔接更清晰。这会带来更好的类，而且通常也会带来更多更小的类，但也是有益的。根据我的经验，人们对创建类的态度过于保守。

然而，最大的好处来自封装变量。正如第 2 章所讨论的那样，我们经常假设数据的某些属性。如果可以从更多的地方访问数据，这些属性将变得更难维护。限制作用域意味着只有类内部的方法可以修改数据，因此只有那些方法可以影响属性。如果我们需要验证一个不变量，只需要检查类内部的代码。

注意，在某些情况下，我们只有具有公共词缀的方法，而没有变量。这种情况下使用这种重构仍然有意义，但我们需要在执行内部步骤之前将方法推入类中。

2. 过程

(1) 创建一个类。

(2) 将变量移动到新类中，将 let 替换为 private。简化变量的名称；为变量创建 getter 和 setter。

(3) 因为变量不再处于全局作用域内，所以编译器通过给出错误来帮助我们找到所有引用。我们通过以下 5 个步骤修复这些错误。

- 为新类的实例选择一个合适的变量名称。
- 用假设变量上的 getter 或 setter 替换访问。
- 如果两个或多个不同的方法出现错误，则添加一个具有先前变量名称的形参作为第一个形参，并且将相同的变量作为第一个实参放置在调用点。
- 重复操作，直到只有一个方法出现错误。
- 如果我们封装了变量，则在声明变量的位置实例化新类。否则，将实例化放在出现错误的方法中。

3. 示例

代码清单 6.56 所示是一个已经构造好的示例；它只是将变量递增 20 次并在每一步打印变量的值。即使是这几行代码也足以显示与此类似的重构存在的潜在缺陷。

代码清单 6.56 初始代码

```
let counter = 0;
function incrementCounter() {
  counter++;
}
function main() {
  for (let i = 0; i < 20; i++) {
    incrementCounter();
    console.log(counter);
  }
}
```

我们遵循以下过程。

(1) 创建一个类，如代码清单 6.57 所示。

代码清单 6.57　新类

```
class Counter { }
```

(2) 将变量移动到新类中，将 let 替换为 private。简化变量的名称并为变量创建 getter 和 setter(如代码清单 6.58 和代码清单 6.59 所示)。

代码清单 6.58　重构之前

```
let counter = 0;
class Counter {



}
```

代码清单 6.59　重构之后(1/4)

```
class Counter {
  private counter = 0;                                   // 封装的变量
  getCounter() { return this.counter; }                  // 新 getter
  setCounter(c: number) {                                // 新 setter
    this.counter = c;
  }
}
```

(3) 因为 counter 不再处于全局作用域内，所以编译器通过给出错误来帮助我们找到所有引用。我们通过以下 5 个步骤修复这些错误。

- 为新类的实例选择一个合适的变量名称：counter。
- 用假设变量上的 getter 或 setter 替换访问(如代码清单 6.60 和代码清单 6.61 所示)。

代码清单 6.60　重构之前

```
function incrementCounter() {
  counter++;

}
function main() {
  for (let i = 0; i < 20; i++) {
    incrementCounter();
    console.log(counter);
  }
}
```

代码清单 6.61　重构之后(2/4)

```
function incrementCounter() {
  counter.setCounter(
    counter.getCounter() + 1);                           // 用 setter 替换赋值
}
function main() {
  for (let i = 0; i < 20; i++) {
    incrementCounter();
    console.log(counter.getCounter());                   // 用 getter 替换访问
  }
}
```

- 如果两个或多个不同的方法出现错误，则添加一个具有先前变量名称的形参作为第一个形参，并且将相同的变量作为第一个实参放置在调用点(如代码清单 6.62 和代码清单 6.63 所示)。

代码清单 6.62　重构之前

```
function incrementCounter()
{
  counter.setCounter(
    counter.getCounter() + 1);
}
function main() {
  for (let i = 0; i < 20; i++) {
    incrementCounter();
    console.log(counter.getCounter());
  }
  }
```

代码清单 6.63　重构之后(3/4)

```
function incrementCounter(counter: Counter)              // 添加的形参
{
  counter.setCounter(
    counter.getCounter() + 1);
}
function main() {
  for (let i = 0; i < 20; i++) {
    incrementCounter(counter);                           // 作为实参传递的人工变量
    console.log(counter.getCounter());
  }
  }
```

- 重复操作，直到只有一个方法出现错误。在本例中，此时我们只有一个错误。
- 现在，我们在循环内初始化类时可能会无意中犯错误。要知道代码是否以某种方式在循环内运行并不总是那么容易。注意，代码清单 6.64 所示的代码尽管可以编译，但却无法正确工作。

代码清单 6.64　不正确

```
function main() {
  for (let i = 0; i < 20; i++) {
    let counter = new Counter();        ◄── 不正确的实例化位置
    incrementCounter(counter);
    console.log(counter.getCounter());
  }
}
```

为确保不会犯这个错误，我们需要确定是否封装了变量。在本例中，我们已经封装了变量，因此在变量曾在的位置对新类进行实例化(如代码清单 6.65 和代码清单 6.66 所示)。

代码清单 6.65　重构之前

```
class Counter { ... }
```

代码清单 6.66　重构之后(4/4)

```
class Counter { ... }
let counter = new Counter();        ◄── 在旧变量所在的位置实例化一个变量
```

在此之后，我们可以轻松地推入具有相同后缀的 incrementCounter。本例中的结果代码也违反了一项规则：你能找出它违反了哪项规则并说明应该如何解决吗？提示：在代码清单 6.63 中查看如何使用 counter。

4. 补充阅读

这种重构与 Martin Fowler 的 *Refactoring* 一书中称为“封装字段”的重构密切相关，后者将公共字段设为私有并为其引入 getter 和 setter。不同的是，我们的版本还用形参替换了对字段的公共访问，这反过来又允许该模式封装没有字段的方法。

转换为形参有一个额外的好处，即如果我们认为合适，可以更容易地移动实例化。由于形参的原因，我们必须在使用类之前将其实例化，从而避免在全局访问时可能发生空引用错误。

6.3　封装复杂数据

在我们的游戏代码库中可看到在方法和变量中有另一个明确的组。

- map
- transformMap
- updateMap
- drawMap

这些应该属于 map 类，因此我们使用 ENCAPSULATE DATA。

(1) 创建一个 Map 类，如代码清单 6.67 所示。

代码清单 6.67　新类

```
class Map { }
```

(2) 将变量 map 移动到 Map 中，并且将 let 替换为 private。在本例中，我们不能简化名称；同时为 map 创建 getter 和 setter(如代码清单 6.68 和代码清单 6.69 所示)。

代码清单 6.68　重构之前

```
let map: Tile[][];
```

代码清单 6.69　重构之后(1/4)

```
class Map {
  private map: Tile[][];
  getMap() { return this.map; }
  setMap(map: Tile[][]) { this.map = map; }
}
```

移动变量，将 let 更改为私有

为 map 添加 getter 和 setter

(3) 因为 map 不再处于全局作用域内，所以编译器通过给出错误来帮助我们找到所有引用。我们通过以下 5 个步骤修复这些错误。

- 为 Map 类的实例选择一个合适的变量名称：map。
- 用假设变量上的 getter 或 setter 替换访问(如代码清单 6.70 和代码清单 6.71 所示)。

代码清单 6.70　重构之前

```
function remove(
  shouldRemove: RemoveStrategy)
{
  for (let y = 0;
       y < map.length;
       y++)
  for (let x = 0;
       x < map[y].length;
       x++)
    if (shouldRemove.check(
      map[y][x]))
      map[y][x] = new Air();
}
```

代码清单 6.71　重构之后(2/4)

```
function remove(
  shouldRemove: RemoveStrategy)
{
  for (let y = 0;
       y < map.getMap().length;
       y++)
    for (let x = 0;
         x < map.getMap()[y].length;
         x++)
      if (shouldRemove.check(
        map.getMap()[y][x]))
        map.getMap()[y][x] = new Air();
}
```

通过 getMap 访问 map

- 如果两个或多个不同的方法出现错误，则添加一个具有先前变量名称的形参作为第一个形参，并且将相同的变量作为第一个实参放置在调用点(如代码清单 6.72 和代码清单 6.73 所示)。

代码清单 6.72　重构之前

```
interface Tile {
  // ...
  moveHorizontal(
    player: Player, dx: number): void;
  moveVertical(
    player: Player, dy: number): void;
  update(
    x: number, y: number): void;
}
/// ...
```

代码清单 6.73　重构之后(2/4)

```
interface Tile {
  // ...
  moveHorizontal(map: Map,
    player: Player, dx: number): void;
  moveVertical(map: Map,
    player: Player, dy: number): void;
  update(map: Map,
    x: number, y: number): void;
}
/// ...
```

作为实参添加的 m

map 被添加到许多地方

- 重复操作，直到只有一个方法出现错误。
- 我们封装了一个变量，因此在 map 原来的位置设置 let map = new Map();(如代码清单 6.74 所示)。

代码清单 6.74 重构之后(4/4)

```
let map = new Map();
```

产生的转变如代码清单 6.75 和代码清单 6.76 所示。

代码清单 6.75 重构之前

```
interface Tile {
  // ...
  moveHorizontal(player: Player, dx: number): void;
  moveVertical(player: Player, dy: number): void;
  update(x: number, y: number): void;
}
/// ...
function remove(shouldRemove: RemoveStrategy)
{
  for (let y = 0; y < map.length; y++)
    for (let x = 0; x < map[y].length; x++)
      if(shouldRemove.check(map[y][x]))
        map[y][x] = new Air();
}
/// ...
let map: Tile[][];
```

代码清单 6.76 重构之后

```
interface Tile {
  // ...
  moveHorizontal(map: Map, player: Player, dx: number): void;
  moveVertical(map: Map, player: Player, dy: number): void;
  update(map: Map, x: number, y: number): void;
}
/// ...
function remove(map: Map, shouldRemove: RemoveStrategy)
{
  for (let y = 0; y < map.getMap().length; y++)
    for (let x = 0; x < map.getMap()[y].length; x++)
      if (shouldRemove.check(map.getMap()[y][x]))
        map.getMap()[y][x] = new Air();
}
/// ...
class Map {
  private map: Tile[][];
  getMap() { return this.map; }
  setMap(map: Tile[][]) { this.map = map; }
}
```

作为实参添加的 map

通过 getMap 访问 map

具有 map 的 getter 和 setter 的新类

现在，处理前面提到的方法变得很容易：PUSH CODE INTO CLASSES 简化了过程中的方法名，像以前一样，我们使用 INLINE METHOD(如代码清单 6.77 和代码清单 6.78 所示)。

代码清单 6.77 重构之前

```
function transformMap(map: Map) {
  map.setMap(new Array(rawMap.length));
  for (let y = 0; y < rawMap.length; y++) {
    map.getMap()[y] = new Array(rawMap[y].length);
    for (let x = 0; x < rawMap[y].length; x++)
      map.getMap()[y][x] = transformTile(rawMap[y][x]);
  }
}
function updateMap(map: Map) {
  for (let y = map.getMap().length - 1; y >= 0; y--)
    for (let x = 0; x < map.getMap()[y].length; x++)
      map.getMap()[y][x].update(map, x, y);
}
function drawMap(map: Map, g: CanvasRenderingContext2D) {
  for (let y = 0; y < map.getMap().length; y++)
    for (let x = 0; x < map.getMap()[y].length; x++)
      map.getMap()[y][x].draw(g, x, y);
}
```

代码清单 6.78 重构之后

```
class Map {
  // ...
  transform() {
    this.map = new Array(rawMap.length);
    for (let y = 0; y < rawMap.length; y++) {
      this.map[y] = new Array(rawMap[y].length);
      for (let x = 0; x < rawMap[y].length; x++)
        this.map[y][x] = transformTile(rawMap[y][x]);
    }
  }
  update() {
    for (let y = this.map.length - 1; y >= 0; y--)
      for (let x = 0; x < this.map[y].length; x++)
      this.map[y][x].update(this, x, y);
  }
  draw(g: CanvasRenderingContext2D) {
    for (let y = 0; y < this.map.length; y++)
      for (let x = 0; x < this.map[y].length; x++)
        this.map[y][x].draw(g, x, y);
  }
}
```

和处理 Player 一样，我们有一个 getter 和一个 setter，因此再次使用 ELIMINATE GETTER OR SETTER。幸运的是，setter 未被使用，因此删除它非常简单。getter 需要一些推动；因此，我将重构前后的代码分成多段(如代码清单 6.79～代码清单 6.86 所示)。

代码清单 6.79　重构之前

```
class Falling {
  // ...
  drop(map: Map, tile: Tile,
    x: number, y: number)
  {
    map.getMap()[y + 1][x] = tile;
    map.getMap()[y][x] = new Air();
  }
}
class Map {
  // ...
}
```

代码清单 6.80　重构之后

```
class Falling {
  // ...
  drop(map: Map, tile: Tile,
    x: number, y: number)
  {
    map.drop(tile, x, y);      ← 代码被推到 Map 中
  }
}
class Map {
  // ...
  drop(tile: Tile, x: number, y: number) {
    this.map[y + 1][x] = tile;
    this.map[y][x] = new Air();
  }
}
```

代码清单 6.81　重构之前

```
class FallStrategy {
  // ...
  update(map: Map, tile: Tile,
    x: number, y: number)
  {
    this.falling =
      map.getMap()[y + 1][x].isAir()
      ? new Falling()
      : new Resting();
    this.falling.drop(map, tile, x, y);
  }
}
class Map {
  // ...
}
```

代码清单 6.82　重构之后

```
class FallStrategy {
  // ...
  update(map: Map, tile: Tile,
    x: number, y: number)
  {
    this.falling =
      map.getBlockOnTopState(x, y + 1);      ← 代码被推到 Map 中


    this.falling.drop(map, tile, x, y);
  }
}
class Map {
  // ...
  getBlockOnTopState(x: number, y: number) {
    return this.map[y][x]
      .getBlockOnTopState();
  }
}
```

代码清单 6.83 重构之前

```
class Player {
  // ...
  moveHorizontal(map: Map, dx: number) {
    map.getMap()[this.y][this.x + dx]
      .moveHorizontal(map, this, dx);
  }
  moveVertical(map: Map, dy: number) {
    map.getMap()[this.y + dy][this.x]
      .moveVertical(map, this, dy);
  }
  pushHorizontal(map: Map, tile: Tile,
    dx: number)
  {
    if (map.getMap()
      [this.y][this.x + dx + dx].isAir()
      && !map.getMap()
      [this.y + 1][this.x + dx].isAir())
    {
      map.getMap()[this.y][this.x + dx + dx]
        = tile;
      this.moveToTile(
        map, this.x + dx, this.y);
    }
  }
  private moveToTile(map: Map,
    newx: number, newy: number)
  {
    map.getMap()[this.y][this.x] =
      new Air();
    map.getMap()[newy][newx] =
      new PlayerTile();
    this.x = newx;
    this.y = newy;
  }
}
class Map {
// ...
}
```

代码清单 6.84 重构之后

```
class Player {
  // ...
  moveHorizontal(map: Map, dx: number) {
    map.moveHorizontal(this,
      this.x, this.y, dx);
  }
  moveVertical(map: Map, dy: number) {
    map.moveVertical(this,
      this.x, this.y, dy);
  }
  pushHorizontal(map: Map, tile: Tile,
    dx: number)
  {
    if (map.isAir(this.x + dx + dx, this.y)
    && !map.isAir(this.x + dx, this.y + 1))
    {
      map.setTile(this.x + dx + dx, this.y,
        tile);
      this.moveToTile(
        map, this.x + dx, this.y);
    }
  }
  private moveToTile(map: Map,
    newx: number, newy: number)
  {
    map.movePlayer(this.x, this.y,
      newx, newy);


    this.x = newx;
    this.y = newy;
  }
}
class Map {
  // ...
  isAir(x: number, y: number) {
    return this.map[y][x].isAir();
  }
  setTile(x: number, y: number, tile: Tile)
  {
    this.map[y][x] = tile;
  }
  movePlayer(x: number, y: number,
    newx: number, newy: number)
  {
    this.map[y][x] = new Air();
    this.map[newy][newx] = new PlayerTile();
  }
  moveHorizontal(player: Player,
    x: number, y: number, dx: number)
  {
```

代码被推到Map中

```
    this.map[y][x + dx]
      .moveHorizontal(this, player, dx);
  }
  moveVertical(player: Player,
    x: number, y: number, dy: number)
  {
    this.map[y + dy][x].moveVertical(
      this, player, dy);
  }
}
```

代码清单 6.85 重构之前

```
function remove(map: Map,
  shouldRemove: RemoveStrategy)
{
  for (let y = 0;
      y < map.getMap().length;
      y++)
    for (let x = 0;
        x < map.getMap()[y].length;
        x++)
      if (shouldRemove.check(
        map.getMap()[y][x]))
        map.getMap()[y][x] = new Air();
}
class Map {
  // ...
  getMap() {
    return this.map;
  }
}
```

代码清单 6.86 重构之后

```
class Map {
  // ...                          getMap 被删除

  remove(shouldRemove: RemoveStrategy) {     代码被推到 Map 中
    for (let y = 0;
        y < this.map.length;
        y++)
      for (let x = 0;
          x < this.map[y].length;
          x++)
        if (shouldRemove.check(
          this.map[y][x]))
          this.map[y][x] = new Air();
  }
}
```

原来的 remove 现在是一行，因此我们使用 INLINE METHOD。

通常，我们不喜欢将像 setTile 这样的强方法引入公共接口。它几乎可以完全控制私有字段 map。但是，我们不应该害怕添加代码，而应该继续前进。

我们注意到 Player.pushHorizontal 中除一行外的所有行都使用了 map，因此决定将代码推到 map 中(如代码清单 6.87 和代码清单 6.88 所示)。

代码清单 6.87 重构之前

```
class Player {
  // ...
  pushHorizontal(map: Map, tile: Tile,
    dx: number)
  {
    if (map.isAir(this.x + dx + dx, this.y)
    && !map.isAir(this.x + dx, this.y + 1))
    {
      map.setTile(this.x + dx + dx, this.y,
        tile);
      this.moveToTile(
        map, this.x + dx, this.y);
```

代码清单 6.88 重构之后

```
class Player {
  // ...
  pushHorizontal(map: Map, tile: Tile,
    dx: number)
  {                                          代码推到 Map 中
    map.pushHorizontal(
      this, tile, this.x, this.y, dx);
  }
  moveToTile(map: Map,                       方法已设为公共
    newx: number, newy: number)
  {
    map.movePlayer(this.x, this.y,
```

```
    }
  }
  private moveToTile(map: Map,
    newx: number, newy: number)
  {
    map.movePlayer(this.x, this.y,
      newx, newy);
    this.x = newx;
    this.y = newy;
  }
}
```

```
      newx, newy);
    this.x = newx;
    this.y = newy;
  }
}
class Map {
  // ...
  pushHorizontal(player: Player, tile: Tile,
    x: number, y: number, dx: number)
  {
    if (this.map[y][x + dx + dx].isAir()
    && !this.map[y + 1][x + dx].isAir())
    {
      this.map[y][x + dx + dx] = tile;
      player.moveToTile(this, x + dx, y);
    }
  }
}
```

这个 setTile 只在 Map 内部使用。我们可以将其设为私有，甚至可以将其删除。

6.4 消除序列不变量

我们注意到 map 是通过调用 map.transform 初始化的。但是在面向对象的设置中，我们有不同的初始化机制：构造函数。这种情况下，我们很幸运，因为可以用 constructor 替换 transform 并删除对 transform 的调用(如代码清单 6.89 和代码清单 6.90 所示)。

代码清单 6.89 重构之前

```
class Map {
  // ...
  transform() {
    // ...
  }
}
/// ...
window.onload = () => {
  map.transform();
  gameLoop(map);
}
```

代码清单 6.90 重构之后

```
class Map {
  // ...
  constructor() {        ← transform 改为 constructor
    // ...
  }
}
/// ...
window.onload = () => {
                         ← 删除对 transform 的调用
  gameLoop(map);
}
```

这样做的显著效果就是删除必须在其他方法之前调用 map.transform 的不变量。当某些东西需要在其他东西之前被调用时，我们称之为序列不变量。由于必须首先调用构造函数，因此不变量会被删除。这种技术总是可以用来确保事情以特定的顺序发生。我们称这种重构为 ENFORCE SEQUENCE。

重构模式：ENFORCE SEQUENCE

1. 描述

我认为最好的重构类型是，我们可以“教”编译器关于希望程序如何运行的知识，这样编译器就可以帮助确保程序运行。本模式是其中一种情况。

面向对象的语言有一个内置属性，即总是在方法之前对对象调用构造函数。我们可以利用这个属性来确保事情以特定的顺序发生。尽管这意味着在我们要强制执行的每一步都引入一个类，但这样做其实相当简单。但是在执行了这个转换后，序列被强制执行，就不再是不变量。我们不需要记住在另一个方法之前调用一个方法，因为不这样做是不可能的。

通过使用构造函数来确保某些代码运行，类的实例就成为代码运行的证据。如果没有成功运行构造函数，我们将无法获得实例。

下列示例说明如何使用这项技术确保字符串在打印前已大写，如代码清单 6.91 和代码清单 6.92 所示。

代码清单 6.91 重构之前

```
function print(str: string) {
  // string should be capitalized
  console.log(str);
}
```

代码清单 6.92 重构之后

```
class CapitalizedString {
  private value: string;
  constructor(str: string) {
    this.value = capitalize(str);
  }
  print() {
                          // 不变量消失了
    console.log(this.value);
  }
}
```

ENFORCE SEQUENCE 转换有两个变体：内部版本和外部版本。前面的示例演示了内部版本：目标函数移动到新类中。代码清单 6.93 和代码清单 6.94 是对这两个变体的并列比较，它们基本具有相同的优点。

代码清单 6.93 内部版本

```
class CapitalizedString {
  private value: string;                    // 私有与公有
  constructor(str: string) {
    this.value = capitalize(str);
  }
  print() {                                 // 方法与具有特定形参类型的函数
    console.log(this.value);
  }
}
```

代码清单 6.94 外部版本

```
class CapitalizedString {
  public readonly value: string;
  constructor(str: string) {
    this.value = capitalize(str);
  }
}
function print(str: CapitalizedString) {
  console.log(str.value);
}
```

这种重构模式侧重于内部版本，因为它没有 getter 或公共字段，因此封装更强。

2. 过程

(1) 对应该最后运行的方法使用 ENCAPSULATE DATA。

(2) 使构造函数调用第一个方法。

(3) 如果两个方法的实参是相连的，把这些实参设置为字段并从方法中移除。

3. 示例

代码清单 6.95 所示是一个类似于前面关于银行的示例。我们希望确保在将钱加到收款方之前，总是先将它从付款方处减去。因此，这个序列为一个负金额的 deposit 后跟一个正金额的 deposit。

代码清单 6.95 初始代码

```
function deposit(
  to: string, amount: number)
{
  let accountId = database.find(to);
  database.updateOne(
    accountId,
    { $inc: { balance: amount } });
}
```

(1) 对应该最后运行的方法使用 ENCAPSULATE DATA(如代码清单 6.96 和代码清单 6.97 所示)。

代码清单 6.96 重构之前

```
function deposit(
  to: string, amount: number)
{
  let accountId = database.find(to);
  database.updateOne(
    accountId,
    { $inc: { balance: amount } });
}
```

代码清单 6.97 重构之后(1/2)

```
class Transfer {            ← 新类
  deposit(
    to: string, amount: number)
  {
    let accountId = database.find(to);
    database.updateOne(
      accountId,
      { $inc: { balance: amount } });
  }
}
```

(2) 使构造函数调用第一个方法(如代码清单 6.98 和代码清单 6.99 所示)。

代码清单 6.98 重构之前

```
class Transfer {




deposit(to: string, amount: number) {
  let accountId = database.find(to);
  database.updateOne(
    accountId,
    { $inc: { balance: amount } });
  }
}
```

代码清单 6.99 重构之后(2/2)

```
class Transfer {
  constructor(
    from: string, amount: number)      新构造函数
  {                                    调用第一个
    this.deposit(from, -amount);       方法
  }
  deposit(to: string, amount: number) {
    let accountId = database.find(to);
    database.updateOne(
      accountId,
      { $inc: { balance: amount } });
  }
}
```

现在，我们已经能够确保从付款方处以负 amount 调用 deposit，但还可以做得更好。我们可以通过将此实参设置为字段并从方法中删除 amount 来连接这两个 amount。因为我们需要在一种情况下对金额进行反运算，所以引入了一个辅助方法。结果如代码清单6.100 所示。

代码清单 6.100　重构之后

```
class Transfer {
  constructor(from: string, private amount: number) {
    this.depositHelper(from, -this.amount);
  }
  private depositHelper(to: string, amount: number) {
    let accountId = database.find(to);
    database.updateOne(accountId, { $inc: { balance: amount } });
  }
  deposit(to: string) {
    this.depositHelper(to, this.amount);
  }
}
```

我们不能凭空造钱，但如果我们忘记向收款方调用 deposit，钱就会消失。因此，我们可能希望将此类封装在另一个类中，以确保正向转移也会发生。

4. 补充阅读

我并不熟悉对这类模式的任何正式描述。毫无疑问，会有人熟悉这种使用对象来证明某事发生的方式，但我还没有见到过这样的讨论。

6.5　以另一种方式消除枚举

最后一个独特的方法是 transformTile，因为有 Tile 后缀。我们已经有一个具有相同后缀的类(或者更具体地说是枚举)：RawTile。由 transformTile 这一名称可知，此方法应移至 RawTile 枚举。然而，这在许多语言(包括 TypeScript)中都是不可能的，因为枚举不能有方法。

6.5.1　通过私有构造函数进行枚举

如果我们的语言不支持枚举方法，那么可以使用一种技术，它通过使用私有构造函数来解决这个问题。创建任何对象都必须调用构造函数。如果我们将构造函数设为private，那么只能在类中创建对象。具体来说，我们可以控制实例的数量。如果将这些实例放在公共常量中，就可以将它们用作枚举(如代码清单 6.101 和代码清单 6.102 所示)。

代码清单 6.101 枚举

```
enum TShirtSize {
  SMALL,
  MEDIUM,
  LARGE,

}
function sizeToString(s: TShirtSize) {
  if (s === TShirtSize.SMALL)
    return "S";
  else if (s === TShirtSize.MEDIUM)
    return "M";
  else if (s === TShirtSize.LARGE)
    return "L";
}
```

代码清单 6.102 私有构造函数

```
class TShirtSize {
  static readonly SMALL = new TShirtSize();
  static readonly MEDIUM = new TShirtSize();
  static readonly LARGE = new TShirtSize();
  private constructor() { }
}
function sizeToString(s: TShirtSize) {
  if (s === TShirtSize.SMALL)
    return "S";
  else if (s === TShirtSize.MEDIUM)
    return "M";
  else if (s === TShirtSize.LARGE)
    return "L";
}
```

唯一的例外是，我们不能在这种结构中使用 switch，不过也有一条规则对此进行规范。注意，如果我们对数据进行序列化和反序列化，就会发生一些奇怪的行为(这超出了本书的范围)。

现在 TShirtSize 变成一个类，我们可以将代码推入其中。遗憾的是，我们无法简化其中的 if，因为与上次不同，这次我们没有为每个值设置一个类：目前只有一个类。为利益最大化，我们需要纠正这种情况，需要使用 REPLACE TYPE CODE WITH CLASSES(如代码清单 6.103 所示)。

代码清单 6.103 替换类型代码值的类

```
interface SizeValue { }
class SmallValue implements SizeValue { }
class MediumValue implements SizeValue { }
class LargeValue implements SizeValue { }
```

同样，我们可以使用命名空间或包来简化这些名称。因为我们并不即时创建新实例，所以这次可以跳过 is 方法，使用===就足够。然后，我们将这些新类作为私有构造函数类中每个值的实参，将实参存储为字段(如代码清单 6.104 和代码清单 6.105 所示)。

代码清单 6.104 重构之前

```
class TShirtSize {
  static readonly SMALL = new TShirtSize();
  static readonly MEDIUM = new TShirtSize();
  static readonly LARGE = new TShirtSize();
  private constructor() { }
}
```

代码清单 6.105 重构之后

```
class TShirtSize {
  static readonly SMALL =
    new TShirtSize(new SmallValue());
  static readonly MEDIUM =
    new TShirtSize(new MediumValue());
  static readonly LARGE =
    new TShirtSize(new LargeValue());
  private constructor(
    private value: SizeValue)
  { }
}
```

值的形参和字段

将新类作为实参传递

现在，每当我们将一些内容推入 TShirtSize 时，还可以将其进一步推入所有类并分解 ===TShirtSize.，从而消除 if。这可能是一种模式，但出于两个原因，我并不将其作为一种模式。首先，这个过程并不适用于所有的编程语言——尤其是 Java。其次，我们已经有一个消除枚举的模式，应该优先考虑这一模式。

在游戏中还有一个枚举：RawTile。我们已经对它执行了 REPLACE TYPE CODE WITH CLASSES，但是由于我们在某些地方使用了索引，因此无法消除这个枚举。不过可以使用之前的转换来消除它。

我们引入一个新的 RawTile2 类，该类带有一个私有构造函数，这个私有构造函数为每个枚举值提供一个字段。我们还为每个枚举值创建了一个新的 RawTileValue 接口和类，将其作为 RawTile2 中字段的实参传递(如代码清单 6.106 所示)。

代码清单 6.106 新类

```
interface RawTileValue { }
class AirValue implements RawTileValue { }
// ...
class RawTile2 {
  static readonly AIR = new RawTile2(new AirValue());
  // ...
  private constructor(private value: RawTileValue) { }
}
```

我们离消除枚举又近了一步。现在需要切换到使用类，而不是枚举。

6.5.2 将数字重新映射到类

在某些语言中，枚举不能有方法，因为对它们的处理方式类似命名整数。在游戏中，我们将 rawMap 存储为整数，然后可以将整数解释为枚举。为替换枚举，我们需要一种方法将数字转换为新的 RawTile2 实例。最简单的方法是创建一个数组，其中所有值的顺序与枚举中的顺序相同(如代码清单 6.107 和代码清单 6.108 所示)。

代码清单 6.107 重构之前

```
enum RawTile {
  AIR,
  FLUX,
  UNBREAKABLE,
  PLAYER,
  STONE, FALLING_STONE,
  BOX, FALLING_BOX,
  KEY1, LOCK1,
  KEY2, LOCK2
}
```

代码清单 6.108 重构之后

```
const RAW_TILES = [
  RawTile2.AIR,
  RawTile2.FLUX,
  RawTile2.UNBREAKABLE,
  RawTile2.PLAYER,
  RawTile2.STONE, RawTile2.FALLING_STONE,
  RawTile2.BOX, RawTile2.FALLING_BOX,
  RawTile2.KEY1, RawTile2.LOCK1,
  RawTile2.KEY2, RawTile2.LOCK2
];
```

通过这种方法，可以轻松地将数字映射到正确的实例。RawTile 消失后，我们将 RawTile 的剩余引用更改为 RawTile2，如果不能更改为 RawTile2，则更改为 number(如代码清单 6.109 和代码清单 6.110 所示)。

代码清单 6.109 重构之前

```
let rawMap: RawTile[][] = [
  // ...
];
class Map {
  private map: Tile[][];
  constructor() {
    this.map = new Array(rawMap.length);
    for (let y = 0;
         y < rawMap.length;
         y++)
    {
      this.map[y] =
        new Array(rawMap[y].length);
      for (let x = 0;
           x < rawMap[y].length;
           x++)
        this.map[y][x] =
          transformTile(
            rawMap[y][x]);
    }
  }
  // ...
}
function transformTile(tile: RawTile) {
  // ...
}
```

代码清单 6.110 重构之后

```
let rawMap: number[][] = [          ◄── 无法放置 RawTile2
  // ...
];
class Map {
  private map: Tile[][];
  constructor() {
    this.map = new Array(rawMap.length);
    for (let y = 0;
         y < rawMap.length;
         y++)
    {
      this.map[y] =
        new Array(rawMap[y].length);
      for (let x = 0;
           x < rawMap[y].length;
           x++)
        this.map[y][x] =
          transformTile(
            RAW_TILES[rawMap[y][x]]);   ◄── 将数字映射到类
    }
  }
  // ...
}
/// ...
function transformTile(tile: RawTile2) {   ◄── 形参已更改为类
  // ...
}
```

现在我们在 transformTile 中得到一个错误。之前留下的 switch 是一个问题，因为如前所述，私有构造函数方法不适用于 switch。所有这些工作都是为了消除枚举和这个 switch。因此，我们通过 RawTile2 使用 PUSHCODE INTO CLASSES 并推入所有类(如代码清单 6.111 和代码清单 6.112 所示)。

代码清单 6.111 重构之前

```
interface RawTileValue { }
class AirValue implements RawTileValue { }
class StoneValue implements RawTileValue { }
class Key1Value implements RawTileValue { }
/// ...
class RawTile2 {
  // ...
}
/// ...
function assertExhausted(x: never): never {
  throw new Error(
    "Unexpected object: " + x);
}
function transformTile(tile: RawTile2) {
  switch (tile) {
    case RawTile.AIR:
```

代码清单 6.112 重构之后

```
interface RawTileValue {
  transform(): Tile;
}
class AirValue implements RawTileValue {
  transform() {
    return new Air();
  }
}
class StoneValue implements RawTileValue {
  transform() {
    return new Stone(new Resting());
  }
}
class Key1Value implements RawTileValue {
  transform() {
    return new Key(YELLOW_KEY);
```

```
      return new Air();
    case RawTile.STONE:
      return new Stone(new Resting());
    case RawTile.KEY1:
      return new Key(YELLOW_KEY);
    // ...
    default: assertExhausted(tile);
  }
}
```

```
  }
}
/// ...
class RawTile2 {
  // ...
  transform() {
    return this.value.transform();
  }
}

function transformTile(tile: RawTile2) {
  return tile.transform();
}
```

代码被直接推到值中

不再需要 assertExhausted

switch 消失了。transformTile 是单行，因此可以使用 INLINE METHOD。最后，我们将 RawTile2 重命名为其永久名称 RawTile。

6.6 本章小结

- 为帮助强制执行封装，要避免暴露数据。DO NOT USE GETTERS OR SETTERS 规则规定，我们也不应该通过 getter 和 setter 间接暴露私有字段。我们可以使用重构模式 ELIMINATE GETTER OR SETTER 消除 getter 和 setter。
- NEVER HAVE COMMON AFFIXES 规则规定，如果方法和变量有共同的前缀和后缀，那么它们应该归属在一个类中。我们可以使用重构模式 ENCAPSULATE DATA 来实现这一点。
- 使用类可以使编译器强制执行序列不变量，从而通过重构模式 ENFORCE SEQUENCE 将其消除。
- 处理枚举的另一种方法是使用具有私有构造函数的类。这样做可以进一步消除枚举和 switch。

本书的第 I 部分到此结束。我们可以继续封装，如封装 inputs 和 handleInputs；我们甚至可以将 player 和 map 封装在一个 Game 类中，但我把这个任务留给你们。

我们还可以提取常量，改进变量和方法命名并引入命名空间，或者专注于类型代码并将部分或全部布尔值转换为枚举，然后使用 REPLACE TYPE CODE WITH CLASSES 等. 关键是，这不是重构的结束。相反，这是一个强有力的开始。在本书的第 II 部分，我们将讨论一些使我们能够出色进行重构的一般原则。

我想说的是，我们在第 I 部分中对游戏示例所做的一切已经产生了一个更好的架构，主要有以下 3 个原因。

- 现在使用新的 Tile 类型扩展游戏会更快捷和安全。
- 因为相关的变量和功能被分组在具有有用名称的类和方法中，因此对代码进行推理要容易得多。

- 我们现在可以更精细的粒度控制数据的作用域。因此，编写一些破坏非局部不变量的程序变得更困难——正如第 2 章所讨论的，非局部不变量是导致大多数错误的原因。

我们在一些地方对代码进行了研究，以便为事物命名或决定元素是否应该在一起。但是这些研究很快，我们从来不需要花时间理解代码中的怪事。事实上，解决这样的问题需要我们花费更多的时间来了解进行重构所不需要的知识。

第Ⅱ部分

学以致用

在第Ⅱ部分中，我们将进一步学习如何通过添加上下文将规则和重构模式带入现实世界。我们将深入实践，以帮助我们充分利用手头可以使用的工具并讨论其形成。

我们提高了抽象层次；不是讨论具体的规则和重构，而是研究影响重构和代码质量的社会技术主题。同时，我们也会提供有关技能、文化和工具的可行建议。

第 7 章 与编译器协作

本章内容

- 了解编译器的优点和缺点
- 利用编译器的优势来消除不变量
- 与编译器分担任务

当我们刚开始学习编程时，编译器就像是无休止的唠叨和挑剔的源泉。编译器把事情看得太认真，不留任何回旋余地，即使是最微小的失误也会让它抓狂。但是如果使用得当，编译器会是我们日常工作中最重要的元素之一。它不仅将我们的代码从高级语言转换为低级语言，而且会验证一些属性并保证在我们运行程序时不会发生某些错误。

在本章中，我们开始了解编译器，以便积极使用它并发挥它的优势。同样，我们将了解编译器的缺点，做到扬长避短。

当我们非常熟悉编译器时，应该通过与它共同承担保证正确性的责任，让它成为我们团队的一部分，帮助正确构建软件。如果我们与编译器发生冲突或在编译器上出错，就会在未来承担更高的缺陷风险，通常收益甚微。

一旦我们与编译器共同承担责任，就必须信任它。我们需要努力将危险的不变量保持在最低限度，还需要关注编译器的输出——包括警告。

这个旅程的最后阶段是接受编译器比我们更擅长预测程序行为这一事实。编译器确实是一个机器人；即使处理数十万行代码，它也不会感到疲倦。编译器可以验证人类无法验证的属性，是一个强大的工具，因此我们应该使用它。

7.1 了解编译器

世界上的编译器种类数不胜数，而且新的编译器持续出现。因此，我们不关注某个特定的编译器，而是讨论大多数编译器共有的属性，包括主流的 Java、C#和 TypeScript。

编译器是一个程序，它有擅长的领域，如一致性。与常见的说法相反，多次编译不会产生不同的结果。同样，编译器也有不擅长的领域，如判断；编译器遵循的习惯用法是“有疑问，就询问”。

从根本上说，编译器的目标是在其他语言中生成与源程序等价的程序。但作为一项服务，现代编译器还会验证运行时是否会发生特定错误。本章重点讨论后者。

就像在编程中一样，我们从练习中理解编译器。我们需要深入了解编译器能做什么、不能做什么，以及它为何会出现问题。因此，我总是准备一个实验项目，检查编译器如何处理某些任务。编译器能保证这是初始化的结果吗？它能告诉我这里 x 是否可以为 null 吗？

在下面的小节中，我们将详细介绍现代编译器的一些最常见的优点和缺点来回答这两个问题。

7.1.1 缺点：停机问题限制了编译时知识

我们无法准确说出在运行时会发生什么的原因被称为停机问题。简而言之，停机问题指出，如果不运行程序，我们就无法知道程序将如何运行——即便如此，我们也只能观察到程序中的一条路径。

停机问题

一般来说，程序在根本上是不可预测的。

为快速演示为什么会这样，考虑如代码清单 7.1 所示的程序。

代码清单 7.1 没有运行时错误的程序

```
if (new Date().getDay() === 35)
  5.foo();
```

我们知道 getDay 永远不会返回 35。即使 if 会因为没有在数字 5 上定义的方法 foo 而失败，也无关紧要，if 中的任何内容都将无法运行。

有些程序一定会失败并被驳回，有些程序绝对不会失败并且会被允许。停机问题意味着编译器必须决定如何处理中间的程序。有时，编译器允许程序可能不按预期运行，包括在运行时失败。而有时，如果编译器不能保证程序是安全的，就会禁止该程序；这被称为保守分析。

保守分析证明，我们的程序不可能出现某些特定的故障。我们只能依靠保守分析。

注意，停机问题并非特定于任何编译器或语言，而是编程语言的固有属性。事实上，受制于停机问题正是编程语言的定义。语言和编译器的不同之处在于它们的保守性和非保守性。

7.1.2 优点：可达性确保方法返回

有一种保守分析检查方法是否在每条路径中都 return。在没有达到 return 语句的情况下，运行到方法的末尾不被允许。

在 TypeScript 中，运行到方法的末尾是合理的；但是如果我们使用第 4 章中的 assertExhausted 方法，就可以获得所需的行为。尽管代码清单 7.2 所示的内容看起来像是运行时的错误，但关键字 never 会强制编译器分析是否有任何可能的方式到达 assertExhausted。在这个示例中，编译器发现我们没有检查枚举的所有值。

代码清单 7.2　由于可达性导致的编译错误

```
enum Color {
  RED, GREEN, BLUE
}
function assertExhausted(x: never): never {
  throw new Error("Unexpected object: " + x);
}
function handle(t: Color) {
  if (t === Color.RED) return "#ff0000";
  if (t === Color.GREEN) return "#00ff00";
  assertExhausted(t);
}
```

编译器错误，因为我们没有处理 Color.BLUE

我们使用这个特定的检查来验证 switch 是否涵盖了 4.2.3 节中的所有情况。这在类型化函数式语言中称为详尽检查，并且在该语言中更为常见。

总的来说，这是一个很有挑战性的分析——特别是当我们遵循“5 行法则”时，因为很容易发现 return 的数量以及位置。

7.1.3　优点：明确赋值防止访问未初始化的变量

编译器擅长验证的另一个属性是，变量在被使用之前是否已明确赋值。注意，这并不意味着变量包含任何有用的东西，但它已经被明确赋值。

这一检查适用于局部变量，特别是在我们想要在 if 中初始化局部变量时。这种情况下，我们承担着没有在所有路径中初始化变量的风险。考虑代码清单 7.3 所示的代码以查找名称为 John 的元素。在 return 语句中，不能保证我们已经初始化了 result 变量；因此编译器不会允许这个程序。

代码清单 7.3　未初始化的变量

```
let result;
for (let i = 0; i < arr.length; i++)
  if (arr[i].name === "John")
    result = arr[i];
return result;
```

我们可能知道，在这段代码中，arr 肯定包含一个名为 John 的元素。这种情况下，编译器过于谨慎。处理这个问题的最佳方法是告诉编译器我们所知道的内容：它会找到一个名为 John 的元素。

我们可以利用明确赋值分析的另一个目标“只读(或最终)字段”来教编译器。只读字段需要在构造函数终止时初始化；这意味着我们需要在构造函数中或直接在声明中对其赋值。

我们可以使用这种严格性来确保存在特定的值。在前面的示例中，可以在一个类中为名为John的对象使用一个只读字段来包装数组。因此，我们甚至不必遍历列表。当然，这样做确实意味着我们必须更改列表的创建方式。不过，通过进行此更改，可以防止任何人导致John对象在无人注意的情况下消失，从而消除不变量。

7.1.4 优点：访问控制有助于封装数据

编译器在访问控制方面也很出色，我们在封装数据时会使用到访问控制。如果我们将成员设为私有，就可以确保它不会意外逃脱。我们在第6章中看到了很多关于如何以及为什么使用这种技术的示例，因此此处不会更详细地说明，只是为了澄清初级程序员的一个常见误解：private适用于类，而不是对象。这意味着我们可以检查另一个对象的私有成员(如果属于同一类)。

如果我们有对不变量敏感的方法，可以通过将不变量设为私有来保护它们，如代码清单7.4所示。

代码清单7.4 由于访问导致的编译错误

```
class Class {
  private sensitiveMethod() {
    // ...
  }
}
let c = new Class();
c.sensitiveMethod();    // 此处出现编译错误
```

7.1.5 优点：类型检查证明属性

我想强调的编译器的最后一个优势是最强大的优点：类型检查器。类型检查器负责检查变量和成员是否存在。在本书的第I部分中，每当我们重命名某些东西以获得报错时，就会使用这个功能。它也是启用ENFORCE SEQUENCE的类型检查器。

在代码清单7.5所示的这个示例中，我们编码了一个不能为空的列表数据结构，因其只能由一个元素或一个后跟一个列表的元素组成。

代码清单7.5 类型导致的编译错误

```
interface NonEmptyList<T> {
  head: T;
}
class Last<T> implements NonEmptyList<T> {
  constructor(public readonly head: T) { }
}
class Cons<T> implements NonEmptyList<T> {
  constructor(
    public readonly head: T,
    public readonly tail: NonEmptyList<T>) { }
}
```

```
function first<T>(xs: NonEmptyList<T>) {
  return xs.head;
}
first([]);
```
类型错误

与一般情况相反，强类型化不是二元属性。编程语言可以或多或少地强类型化。我们在本书中考虑的 TypeScript 子集将其类型强度限制为与 Java 和 C#等效。这种级别的类型强度足以教导编译器一些复杂的属性，例如不能从空堆栈中弹出某些内容。然而，这需要掌握一些类型理论。有几种语言具有更强的类型系统，其中最有趣的如下所示，它们按强度递增的顺序排列。

- 借用类型(Rust)；
- 多态类型推断(OCaml 和 F#)；
- 类型类(Haskell)；
- 联合和交叉类型(TypeScript)；
- 依赖类型(Coq 和 Agda)。

在具有良好类型检查器的语言中，教导程序的属性是我们可以获得的最高安全级别，相当于使用最复杂的静态分析器或手动验证属性，但要困难得多，也更容易出错。学习如何做到这一点不在本书的范围之内，但考虑到这种分析的好处和优点，我希望我已经激起了你们的兴趣来自我探寻。

7.1.6　缺点：取消引用 null 会使应用程序崩溃

null 非常危险，如果我们尝试调用它的方法，会导致失败。有些工具可以检测到其中的一些情况，但几乎不能检测到所有情况，这意味着我们不能盲目依赖工具。

如果关闭 TypeScript 的严格 null 检查，它就会表现得像其他主流语言一样。在许多现代语言中，即使我们可以使用 average(null)调用这样的代码并使程序崩溃，这样的代码也是可以接受的(如代码清单 7.6 所示)。

代码清单 7.6　潜在的 null 取消引用，但没有编译错误

```
function average(arr: number[]) {
  return sum(arr) / arr.length;
}
```

运行时出现错误的风险意味着我们在处理可空变量时应该格外小心。我想说的是，如果你看不到一个变量的 null 检查，那么它可能就是 null。多检查一次总比少检查一次好。

一些 IDE 可能会告诉我们 null 检查是多余的。但是，我建议你，除非绝对确定这些检查代价太大或永远不会发现错误，否则不要删除这些检查。

7.1.7　缺点：算术错误导致溢出或崩溃

编译器通常不会检查除数为 0 的情况(或模运算)，甚至不会检查是否会发生溢出。这些被称为算术错误。将整数除以 0 会导致程序崩溃；更糟糕的是，溢出会悄悄地导致程序行为异常。

重复前面的示例，即使我们知道程序不会用 null 调用 average，但如果用空数组调用 average，几乎没有编译器会发现除数可能为 0(如代码清单 7.7 所示)。

代码清单 7.7 潜在的除数为 0，但没有编译错误

```
function average(arr: number[]) {
  return sum(arr) / arr.length;
}
```

因为编译器的帮助不大，所以我们在进行算术时需要非常小心。要确保除数不能为 0，并且不增加或减去大到足以导致溢出或下溢的数字，或者使用 BigInteger 的一些变体。

7.1.8 缺点：越界错误使应用程序崩溃

另一个会让编译器陷入困境的情况是我们直接访问数据结构。当尝试访问不在数据结构范围内的索引时，会导致越界错误。

假设我们有一个函数来查找数组中第一个质数的索引。可以使用该函数来找到第一个质数，如代码清单 7.8 所示。

代码清单 7.8 潜在的越界访问，但没有编译错误

```
function firstPrime(arr: number[]) {
  return arr[indexOfPrime(arr)];
}
```

但是，如果数组中没有质数，这样的函数将返回-1，从而导致越界错误。

有两种解决方案可以规避此限制。如果可能找不到预期的元素，我们可以遍历整个数据结构，或者可以使用前面讨论的明确赋值的方法来证明该元素确实存在。

7.1.9 缺点：无限循环使应用程序停滞

程序失败的另一种完全不同的方式是什么也没发生，我们只能盯着一个空白的屏幕，让程序安静地循环。编译器通常不会帮助解决此类错误。

在代码清单 7.9 所示的这个示例中，我们想检测是否处于一个字符串中。然而，我们错误地忘记将之前的 quotePosition 传递给第二次对 indexOf 的调用。如果 s 包含引号，那么这是一个无限循环，但编译器看不到它。

代码清单 7.9 潜在的无限循环，但没有编译错误

```
let insideQuote = false;
let quotePosition = s.indexOf("\"");
while(quotePosition >= 0) {
  insideQuote = !insideQuote;
  quotePosition = s.indexOf("\"");
}
```

通过从 while 过渡到 for 再过渡到 foreach，以及最近过渡到更高级别的结构(例如

TypeScript 中的 forEach、Java 中的流操作和 C#中的 LINQ)，这些问题将得到解决。

7.1.10　缺点：死锁和竞争条件导致意外行为

最后一类麻烦来自多线程。多个线程共享可变数据可能会产生大量问题：竞争条件、死锁、饥饿等。

TypeScript 不支持多线程，因此我无法在 TypeScript 中编写这些错误的示例。但是，我可以使用伪代码来演示它们。

竞争条件是我们在线程中遇到的第一个问题。当两个或多个线程竞争读取和写入共享变量时，就会发生这种情况。可能发生的情况是，两个线程在更新之前读取了相同的值(如代码清单 7.10 和代码清单 7.11 所示)。

代码清单 7.10　竞争条件的伪代码

```
class Counter implements Runnable {
  private static number = 0;
  run() {
    for (let i = 0; i < 10; i++)
      console.log(this.number++);
  }
}
let a = new Thread(new Counter());
let b = new Thread(new Counter());
a.start();
b.start();
```

代码清单 7.11　示例输出

```
1
2
3
4
5
5
7
8
...
```

两个重复的数字……

……并跳过数字

为解决这个问题，我们引入了锁。我们给每个线程一个锁并在继续之前检查另一个线程的锁是否处于释放状态(如代码清单 7.12 和代码清单 7.13 所示)。

代码清单 7.12　死锁的伪代码

```
class Counter implements Runnable {
  private static number = 0;
  constructor(
    private mine: Lock, private other: Lock) { }
  run() {
    for (let i = 0; i < 10; i++) {
      mine.lock();
      other.waitFor();
      console.log(this.number++);
      mine.free();
    }
  }
}
let aLock = new Lock();
let bLock = new Lock();
let a = new Thread(new Counter(aLock, bLock));
let b = new Thread(new Counter(bLock, aLock));
a.start();
b.start();
```

代码清单 7.13　示例输出

```
1
2
3
4
```

什么都没发生

我们刚刚偶然发现的问题称为死锁：两个线程都被锁定，在继续之前等待对方解锁。一个常见的比喻是两个人在一扇门处相遇，都坚持让对方先通过。

如果我们将循环设置为无限，并且只打印出正在运行的线程，就可以暴露最后一类多线程错误(如代码清单 7.14 和代码清单 7.15 所示)。

代码清单 7.14 饥饿的伪代码

```
class Printer implements Runnable {
  constructor(private name: string,
    private mine: Lock, private other: Lock) { }
  run() {
    while(true) {
      other.waitFor();
      mine.lock();
      console.log(this.name);
      mine.free();
    }
  }
}
let aLock = new Lock();
let bLock = new Lock();
let a = new Thread(
  new Printer("A", aLock, bLock));
let b = new Thread(
  new Printer("B", bLock, aLock));
a.start();
b.start();
```

代码清单 7.15 示例输出

```
A
A
A
A
```

永远持续

这里的问题是永远不允许 B 运行。这种情况非常罕见，但在技术上是可能的。这种情况被称为饥饿，就像是在单车道的桥上，一侧必须等待，但来自另一侧的车流却永不停歇。

目前已有许多关于如何处理这些问题的书籍。为帮忙缓解这类问题，我可以提供的最佳建议是，尽可能避免多个线程共享可变数据。是避免“多个”、“共享”还是“可变”，需要取决于具体情况。

7.2 使用编译器

现在我们已经熟悉了编译器，是时候去使用它。编译器应该是开发团队的一部分。在知道了编译器可以如何提供帮助后，我们应该设计我们的软件以取其精华去其糟粕，而不应该对抗或欺骗编译器。

人们经常在软件开发和构建之间得出相似之处。但正如 Martin Fowler 在他的博客中所说，这是我们这个领域中最具破坏性的比喻之一。编程不是构建，它是多层次的交流。

- 当我们告诉计算机该做什么时，是与计算机进行交流。
- 当其他开发人员阅读我们的代码时，是与这些开发人员进行交流。
- 当我们要求编译器读取我们的代码时，是与编译器进行交流。

因此，编程与文学有更多的共同点。我们获取这个领域的相关知识，在头脑中形成一个模型，然后将该模型编程为代码。

数据结构是留存在时间中的算法。

——佚名

Dan North 注意到了相似之处，即程序是留存下来的开发团队对该领域的集体知识。一个程序是一个完整的、明确的描述，描述了开发人员认为在这个领域中是正确的一切。在这个比喻中，编译器是确保我们的文本符合一定质量的编者。

7.2.1　使编译器运行

正如我们现在多次看到的那样，有几种方法可以在设计时考虑使用编译器，从而充分利用编译器在团队中的优势。以下列出了我们在本书中使用编译器的一些方法。

1. 通过将编译器用作待办事项列表获得安全性

在本书中，我们利用编译器的最常见方式可能就是，每当我们破坏某些东西时，将其作为待办事项列表。当我们想要进行更改时，只需要重命名源方法并依赖编译器告诉我们需要执行操作的位置。这样一来，我们就放心了，因为编译器不会漏掉任何引用。这很有效，但前提是我们没有其他错误。

假设我们想要找到使用枚举来检查我们是否使用 default 的每个位置。我们可以通过将_handled 之类的内容附加到名称中来找到枚举的所有用法，包括具有 default 的用法(如代码清单 7.16 所示)。现在，任何使用枚举的任何地方都会出现编译器错误。一旦我们处理了一个位置，就可以简单地附加_handled 来消除错误。

代码清单 7.16　查找带有编译器错误的枚举用法

```
enum Color_handled {
  RED, GREEN, BLUE
}
function toString(c: Color) {      ◄─┐ 编译
  switch (c) {                        │ 错误
    case Color.RED: return "Red";  ◄─┘
    default: return "No color";
  }
}
```

完成后，可以轻松地删除所有的_handled。

2. 通过强制序列获得安全性

ENFORCE SEQUENCE 模式专门用于向编译器告知程序中的不变量，从而使不变量成为一个属性。这意味着将来不会再意外破坏不变量，因为编译器可以保证每次编译时该属性仍然有效。

在第 6 章中，我们讨论了使用类强制执行序列的内部和外部变体形式(如代码清单 7.17 和代码清单 7.18 所示)。这些类都保证字符串在之前的某个时间点被大写。

代码清单 7.17 内部版本

```
class CapitalizedString {
  private value: string;
  constructor(str: string) {
    this.value = capitalize(str);
  }
  print() {
    console.log(this.value);
  }
}
```

代码清单 7.18 外部版本

```
class CapitalizedString {
  public readonly value: string;
  constructor(str: string) {
    this.value = capitalize(str);
  }
}
function print(str: CapitalizedString) {
  console.log(str.value);
}
```

私有与公共

方法与具有特定形参类型的函数

3. 通过强制封装获得安全性

通过使用编译器的访问控制来强制执行严格的封装，我们可以局部化不变量。通过封装数据，我们可以更加确信数据保持我们期望的形式。

我们已经学习了如何通过将辅助方法 depositHelper 设置为私有来防止他人意外调用(如代码清单 7.19 所示)。

代码清单 7.19 私有化辅助方法

```
class Transfer {
  constructor(from: string, private amount: number) {
    this.depositHelper(from, -this.amount);
  }
  private depositHelper(to: string, amount: number) {
    let accountId = database.find(to);
    database.updateOne(accountId, { $inc: { balance: amount } });
  }
  deposit(to: string) {
    this.depositHelper(to, this.amount);
  }
}
```

4. 通过使编译器检测未使用的代码获得安全性

我们还使用编译器通过重构模式 TRY DELETE THEN COMPILE 检查代码是否未使用。通过一次删除大量方法，编译器可以快速扫描整个代码库，让我们知道使用了哪些方法。

我们使用这种方法来消除接口中的方法。编译器无法知道它们是否会被使用。但是如果我们知道一个接口只在内部使用，就可以简单地尝试从接口中删除方法，查看编译器是否接受该程序。

如代码清单 7.20 所示，在第 4 章的这段代码中，我们可以安全地删除 m2 方法，甚至是 m3 方法。

代码清单 7.20　带有可删除方法的示例

```
interface A {
  m1(): void;
  m2(): void;
}
class B implements A {
  m1() { console.log("m1"); }
  m2() { m3(); }
  m3() { console.log("m3"); }
}
let a = new B();
a.m1();
```

5. 通过明确值获得安全性

最后，在本章前面，我们展示了一个不能为空的列表数据结构。我们通过使用只读字段来保证这一点(如代码清单 7.21 所示)。这些在编译器的明确赋值分析中，并且在构造函数的终止处必须有一个值。即使在支持多个构造函数的语言中，我们也不会得到带有未初始化只读字段的对象。

代码清单 7.21　由于只读字段导致的非空列表

```
interface NonEmptyList<T> {
  head: T;
}
class Last<T> implements NonEmptyList<T> {
  constructor(public readonly head: T) { }
}
class Cons<T> implements NonEmptyList<T> {
  constructor(
    public readonly head: T,
    public readonly tail: NonEmptyList<T>) { }
}
```

7.2.2　不要对抗编译器

另一方面，每当我看到有人故意对抗他们的编译器并阻止编译器发挥作用时，都会感到难过。做这件事有很多种方法；下面简要介绍最常见的情况。它们主要是由 3 种过错情况导致的，对于每种过错都有专门的部分进行介绍：不了解类型、懒惰和不了解架构。

1. 类型

如前所述，类型检查器是编译器最强大的部分。因此，欺骗或禁用类型检查器是最糟糕的行为。人们以 3 种不同的方式滥用类型检查器。

强制类型转换

第一种是使用强制类型转换。强制类型转换就像告诉编译器你比它知道得更多。强制类型转换会阻止编译器为你提供帮助，并且在实质上为特定变量或表达式禁用编译器。类型不是靠直觉感受的，而是一种必须学习的技能。需要强制类型转换表明，要么我们不了解类型，要么其他人不了解类型。

当类型不是我们需要的类型时，我们使用强制类型转换。使用强制类型转换就像给感觉慢性疼痛的人服用止痛药：暂时会有帮助，但是治标不治本。

强制类型转换的一个常见场合是我们从 Web 服务获取无类型 JSON 时。在代码清单 7.22 所示的示例中，开发人员确信变量中的 JSON 始终是一个数字。

代码清单 7.22 强制类型转换

```
let num = <number> JSON.parse(variable);
```

这里有两种可能的情况：要么从我们可以控制的某个地方(例如我们自己的Web服务)获取输入，要么采取一种更持久的解决方案(在发送端重用与接收端相同的类型)。有几个库可以提供帮助。如果输入来自第三方，最安全的解决方案是使用自定义解析器解析输入。这就是我们在第 I 部分中处理键输入的方式，如代码清单 7.23 所示。

代码清单 7.23 将输入从字符串解析为自定义类

```
window.addEventListener("keydown", e => {
  if (e.key === LEFT_KEY || e.key === "a") inputs.push(new Left());
  else if (e.key === UP_KEY || e.key === "w") inputs.push(new Up());
  else if (e.key === RIGHT_KEY || e.key === "d") inputs.push(new Right());
  else if (e.key === DOWN_KEY || e.key === "s") inputs.push(new Down());
});
```

动态类型

比在本质上禁用类型检查器更糟糕的是在实际上禁用类型检查器。当我们使用动态类型时就会发生这种情况：在 TypeScript 中使用 any 和在 C#中使用 dynamic 时。虽然这看起来很有用，尤其是在通过 HTTP 来回发送 JSON 对象时，但这样做会带来无数潜在的错误，例如引用不存在的字段或与预期类型不同的字段，因此我们最终会尝试将两个字符串相乘。

我最近遇到一个问题：一些 TypeScript 在 ES6 版本中运行，但编译器配置为 ES5，这意味着编译器不知道 ES6 中的所有方法。具体来说，编译器不知道数组上的 findIndex。为解决这个问题，开发人员将变量强制类型转换为 any，以便编译器允许对其进行任何调用(如代码清单 7.24 所示)。

代码清单 7.24 使用 any

```
(<any> arr).findIndex(x => x === 2);
```

在运行时，这个方法不太可能不存在，因此不是太危险。然而，更新配置将是一个更安全、更持久的解决方案。

运行时类型

人们欺骗编译器的第三种方式是将知识从编译时转移到运行时。这与本书中的所有建议完全相反。举一个比较常见的示例。假设我们有一个具有 10 个形参的方法。令人困惑的是，每次我们添加或删除一个形参，都需要在调用方法的地方进行纠正。因此，我们决定只使用 1 个形参：即从字符串到值的 Map。然后，我们可以轻松地向其添加更多值，而无须更改任何代码。这是一个可怕的想法，因为我们丢弃了知识。编译器无法知道 Map 中存在哪些键，因此无法检查我们是否访问过不存在的键。我们已经从类型检查的优点转移到越界错误的缺点。

在代码清单 7.25 所示的示例中，我们没有传递 3 个单独的形参，而是传递一个映射。然后可以使用 get 提取值。

代码清单 7.25 运行时类型

```
function stringConstructor(
    conf: Map<string, string>,
    parts: string[]) {
  return conf.get("prefix")
      + parts.join(conf.get("joiner"))
      + conf.get("postfix");
}
```

更安全的解决方案是创建具有这些特定字段的对象，如代码清单 7.26 所示。

代码清单 7.26 静态类型

```
class Configuration {
  constructor(
    public readonly prefix: string,
    public readonly joiner: string,
    public readonly postfix: string) { }
  }
  function stringConstructor(
    conf: Configuration,
    parts: string[]) {
  return conf.prefix
      + parts.join(conf.joiner)
      + conf.postfix;
}
```

2. 懒惰

第二大过错是懒惰。我不认为程序员应该因为懒惰而受到责备，因为懒惰是大多数人开始编程的原因。我们愉快地花费数小时或数周不知疲倦地工作来自动化我们懒得做的事情。懒惰让我们成为更好的程序员；但保持懒惰会让我们成为更糟糕的程序员。

我宽恕这一过错的另一个原因是，开发人员通常承受着巨大的压力和紧迫的交付期限。在这种心态下，每个人都尽可能多地走捷径。问题是，它们只是短期修复。

默认

我们在第 I 部分讨论了很多默认值。无论我们在哪里使用默认值，最终都会有人添加一个不应该具有默认值的值，并且忘记更正。不要使用默认值，要让开发人员在每次添加或更改某些内容时承担责任。这是通过不提供默认值来实现的，因此编译器将迫使开发人员做出决定。当编译器问我们一个我们不知道答案的问题时，这甚至有助于暴露对要解决的问题的理解中存在的漏洞。

在代码清单 7.27 所示的代码中，开发人员希望利用大多数动物都是哺乳动物这一事实并将其设为默认。然而，我们很容易忘记重写，特别是因为我们没有得到编译器帮助。

代码清单 7.27 由于默认实参导致的错误

```
class Animal {
  constructor(name: string, isMammal = true) { ... }
}
let nemo = new Animal("Clown fish");      ← 小丑鱼现在是哺乳动物
```

继承

通过规则 ONLY INHERIT FROM INTERFACES，我已经非常清楚地表达了关于通过继承共享代码的观点以及我的论点。继承是默认行为的一种形式，前面的章节也有所涉及。此外，继承增加了其实现类之间的耦合。

在前述示例中，如果我们向 Mammal 添加另一个方法，则必须记住手动检查该方法是否在所有子类中都有效。我们很容易错过一些子类或忘记检查。在代码清单 7.28 所示的代码中，我们向 Mammal 超类添加了一个 laysEggs 方法，该方法适用于大多数子类，但Platypus 除外。

代码清单 7.28 继承导致的问题

```
class Mammal {
  laysEggs() { return false; }
}
class Dolphin extends Mammal { }
/// ...
class Platypus extends Mammal {
                          ← 应该重写 laysEggs
}
```

未经检查的异常

异常通常有两种形式：一种是我们被迫处理的，另一种是我们不必处理的。但是如果异常可能发生，我们应该在某个地方处理它，或者至少让调用者知道我们没有处理它。这正是受检查异常的行为。我们应该只对不可能发生的事情使用未经检查的异常，例如当我们知道某些不变量为真，但无法在语言中表达不变量时。拥有一个名为 Impossible 的未经检查的异常似乎就足够了。但与所有不变量一样，这一异常存在会被破坏的风险，我们将有一个无法处理的 Impossible 异常。

在代码清单 7.29 所示的这个示例中，我们可以看到对一些并非不可能的事情使用未经检查的异常的问题。我们检查输入数组是否为空，这样做非常合理，因为它可能会导致算术错误。但是，因为我们使用了未经检查的异常，所以调用者仍然可以使用空数组调用我们的方法，程序仍然会崩溃。

代码清单 7.29　使用未经检查的异常

```
class EmptyArray extends RuntimeException { }
function average(arr: number[]) {
  if (arr.length === 0) throw new EmptyArray();
  return sum(arr) / arr.length;
}
/// ...
console.log(average([]));
```

更好的解决方案是使用受检查异常。如果调用点的局部不变量保证异常不会发生，我们可以很容易地使用前面提到的 Impossible 异常。代码清单 7.30 所示是伪代码，因为遗憾的是 TypeScript 没有受检查异常。

代码清单 7.30　使用未经检查的异常

```
class Impossible extends RuntimeException { }
class EmptyArray extends CheckedException { }
function average(arr: number[]) throws EmptyArray {
  if (arr.length === 0) throw new EmptyArray();
  return sum(arr) / arr.length;
}
/// ...
try {
  console.log(average(arr));
} catch (EmptyArray e) {
  throw new Impossible();
}
```

3. 架构

人们阻止编译器提供帮助的第三种方式是由于缺乏对架构的理解，特别是微架构。微架构是只影响这个团队但不影响其他团队的架构。

我们在第 I 部分讨论了实现这一目标的主要方式：使用 getter 和 setter 打破封装。这样做会在接收者和字段之间产生耦合并阻止编译器控制访问。

在代码清单 7.31 所示的堆栈实现中，我们通过暴露内部数组来打破封装，这意味着外部代码可以依赖它。更糟糕的是，外部代码可以通过更改数组来更改堆栈。

代码清单 7.31　带有 getter 的坏微架构

```
class Stack<T> {
  private data: T[];
  getArray() { return this.data; }
}
stack.getArray()[0] = newBottomElement;    <-- 此行更改堆栈
```

另一种可能发生的方式是，如果我们将私有字段作为实参传递，就会具有相同的效果。在代码清单 7.32 所示的示例中，获取数组的方法可以对其进行任何操作，包括改变堆栈。另外，不要介意该函数的名称具有误导性。

代码清单 7.32 带有形参的坏微架构

```
class Stack<T> {
  private data: T[];
  printLast() { printFirst(this.data); }
}
function printFirst<T>(arr: T[]) {
  arr[0] = newBottomElement;        ← 此行更改堆栈
}
```

实际上，我们应该传递 this，以便可以使不变量保持局部化。

7.3 信任编译器

我们现在积极使用编译器并在脑海中依靠编译器构建软件。凭借对其优点和缺点的了解，我们很少与编译器发生不如人意的争论。我们可以开始信任它。

我们可以摆脱那种自己比编译器了解得更多的感觉并密切关注它所说的内容。我们付出什么，就会得到什么；我们现在可以依赖编译器。

让我们来查看人们往往不信任编译器的最后两个领域：不变量和警告。

7.3.1 教编译器不变量

全书已经详细讨论了全局不变量的危害，因此现在应该控制住了全局不变量。但是局部不变量呢？

局部不变量更容易维护，因为它们的作用域是有限且明确的。但是，它们与编译器存在相同的冲突。我们知道一些编译器不知道的程序。

我们来看一个更大的相关示例(如代码清单 7.33 所示)。这里，我们正在创建一个数据结构来计数元素。因此，当添加元素时，数据结构会记录我们添加的每种类型元素的数量。为方便起见，我们还记录添加的元素总数。

代码清单 7.33 计数集

```
class CountingSet {
  private data: StringMap<number> = { };
  private total = 0;                       ←
  add(element: string) {
    let c = this.data.get(element);
    if (c === undefined)                      记录元素总数
      c = 0;
    this.data.put(element, c + 1);
    this.total++;                          ←
  }
}
```

我们想添加一个方法，以从这个数据结构中挑选一个随机元素(如代码清单 7.34 所示)。如果这是一个数组，我们可以选择一个小于总数的随机数并返回应该在该位置的元素。因为我们没有存储数组，所以需要遍历键并向前跳转索引中的许多位置。

代码清单 7.34　选择一个随机元素(错误)

```
class CountingSet {
  // ...
  randomElement(): string {        ← 可达性导致的错误
    let index = randomInt(this.total);
    for (let key in this.data.keys()) {
      index -= this.data[key];
      if (index <= 0)
        return key;
    }
  }
}
```

此方法无法编译，因为我们无法进行前面描述的可达性分析。编译器不知道我们总是会选择一个元素，因为它不知道不变量就是 total 是数据结构中的元素数量。这是一个局部不变量，在此类中的每个方法终止时都保持为不变量。

这种情况下，我们可以通过添加一个 Impossible 异常来解决错误(如代码清单 7.35 所示)。

代码清单 7.35　选择一个随机元素(修改后的)

```
class Impossible { }
class CountingSet {
  // ...
  randomElement(): string {
    let index = randomInt(this.total);
    for (let key in this.data.keys()) {
      index -= this.data[key];
      if (index <= 0)
        return key;
    }
    throw new Impossible();        ← 避免错误的异常
  }
}
```

然而，这只能解决编译器抱怨的直接问题；我们没有添加任何安全性以保证此不变量以后不会遭到破坏。假设我们实现了一个 remove 函数并忘记减少 total。编译器不喜欢我们的 randomElement 方法，因为它很危险。

每当我们在程序中有不变量时，都会经历一个“打不过就加入”的改编版本。

(1) 消除不变量。

(2) 如果不能，就向编译器传授不变量。

(3) 如果不能，就通过自动化测试向运行时传授不变量。

(4) 如果不能，就通过广泛文档记录向团队传授不变量。

(5) 如果不能，就向测试员传授不变量并手动测试。

(6) 如果还是不能，就只能听天由命了。

这种情况下，“不能”意味着不可行，而不是不可能。这些解决方案中的每一个都有相应的时间。但请注意，在列表中的位置越靠前，我们维护解决方案的时间就越长。与测试相比，文档维护需要更多的思考时间，因为测试会告诉你它们何时与软件不同步；

而文档不会。每个选项在列表中的位置越靠后，从长远来看成本就越低。这应该可消除我们“没有时间编写测试”这一常见借口，因为从长远来看，不编写测试肯定会更耗时。

注意，如果你的软件生命周期较短，那么可以允许自己选择列表中较靠前的选项：例如，如果你正在构建一个原型，而该原型在手动测试后将被丢弃。

7.3.2 注意警告

另一种人们经常不信任编译器的情况是在编译器发出警告时。在医院里，有一个术语叫做警报疲劳：医护人员对噪声变得不敏感，因为警报是常态而不是异常。同样的影响也会发生在软件中：每次忽略警告、运行时错误或 bug 时，我们以后对它们的关注就会更少一些。警告疲劳的另一个观点是破窗理论，它指出如果某物处于原始状态，人们会努力保持原状，但是一旦某物变坏，我们就不太愿意将坏的东西放在旁边。

即使有些警告并不合理，但危险在于，重要的警告被淹没在无关紧要的警告中而容易被错过。这是我们最需要了解的危险之一。无关紧要的错误或警告可能会掩盖更严重的错误。

事实是，警告的存在是有原因的，即帮助我们减少错误。因此，只有一种警告数量是健康的：0。在某些代码库中，这似乎是不可能的，因为警告已经太多了；这种情况下，我们对代码库中允许的警告数量设置了上限，然后每个月一点点地减少这个数量。这是一项艰巨的任务，特别是因为在数字较低之前，我们不会从一开始就获得任何显著的收益。一旦警告数量为 0，我们应该启用禁止警告的语言配置，以确保警告不会再次出现。

7.4 完全信任编译器

这会奏效吗?

——每位程序员

这个旅程的最后阶段是，我们拥有一个原始的代码库，我们倾听并信任编译器，而且依赖编译器进行设计。在这个阶段，我们非常熟悉编译器的优缺点，因此不必相信我们自己的判断，编译器的判断足够令人满意。与其让自己紧张并疑惑某些东西是否会奏效，我们可以直接询问编译器。

如果我们已经教会编译器自己领域的结构，对不变量进行了编码，并且习惯了我们可以信任的无警告输出，那么成功的编译应该比仅阅读代码带给我们更多信心。当然，编译器无法知道我们的代码是否解决了我们期望解决的问题，但它可以告诉我们程序是否会崩溃，而程序崩溃绝不是我们所期望的。

相比于自己阅读代码，从编译器那里获得更多的信心不是一夜之间发生的。这一过程中需要大量的练习和自律，还需要适当的技术(即编程语言)。下面这段引用也涵盖了编译器。

如果你是房间里最聪明的人，那你就进错了房间。

——来源不明

7.5 本章小结

- 了解现代编译器的共同优缺点。我们可以调整代码以扬长避短。
  - 使用可达性确保 switch 涵盖所有情况。
  - 使用明确赋值来确保变量具有值。
  - 使用访问控制来保护具有敏感不变量的方法。
  - 在取消引用之前检查变量，确保其不为 null。
  - 在进行除法之前检查除数不为 0。
  - 检查操作不会溢出或下溢或者使用 BigInteger。
  - 通过遍历整个数据结构来避免越界错误，或者使用明确赋值。
  - 通过使用更高级别的结构来避免无限循环。
  - 通过不让多个线程共享可变数据来避免线程问题。
- 学习使用编译器而不是与其对抗，以达到更高的安全级别。
  - 重构时使用编译器错误作为待办事项列表。
  - 使用编译器强制执行序列不变量。
  - 使用编译器检测未使用的代码。
  - 不要使用强制类型转换、动态类型或运行时类型。
  - 不要使用默认值、从类继承或未经检查的异常。
  - 传递 this 而非私有字段，以避免破坏封装。
- 信任编译器，重视其输出，并且通过保持原始代码库避免警告疲劳。
- 依靠编译器来预测代码是否可以运行。

第8章 远离注释

本章内容

- 了解注释的危险性
- 识别能增值的注释
- 处理不同类型的注释

注释可能是本书中最具争议的话题之一，因此我们首先要清楚讨论的是哪些注释。如代码清单 8.1 所示，本章考虑的是在方法内部并且不被外部工具(例如 Javadoc)使用的注释。

代码清单 8.1　方法内部的注释

```
interface Color {
  /**
   * Method for converting a color to a hex string.
   * @returns a 6 digit hex number prefixed with hashtag
   */
  toHex(): string;
}
```

尽管有些人对此有争议，但我的观点几乎与许多杰出程序员表达的观点完全一致。注释是一种艺术形式，但遗憾的是，很少有程序员研究如何编写好的注释。因此，他们最终只会写出糟糕的注释，从而降低代码的价值。作为一般规则，我建议避免使用注释。早在 1989 年，Rob Pike 在他的系列文章“Notes on Programming in C”中就提出了类似的论点。

(注释)是一件微妙的事情，需要品味和判断力。出于数个原因，我倾向于删除注释。首先，如果代码清晰，并且使用了合适的类型名称和变量名称，那么它应该自我解释。其次，编译器不会检查注释，因此不能保证注释是正确的，尤其是在修改代码之后更是如此。误导性注释可能会非常令人困惑。第三，存在排版问题：注释会让代码杂乱无章。

——Rob Pike

Martin Fowler 通过将注释列为异味来扩展这一观点。他的论点之一是，注释经常像除臭剂一样被用在有异味的代码上。我们应该使代码整洁，而不是添加注释。

许多教育工作者要求学生通过注释来解释他们的代码，这样学生从一开始就学习写注释。这就像在作业中加入中间计算一样：这对教育有利，但在现实世界中不太有用。将这个想法带到现实世界会遇到问题。正如 Kevlin Henney 在以下推文中所表达的那样，让同一位开发人员添加注释可能无法解决难以理解的代码问题。

> 一个常见的谬误是，写出难以理解的代码的作者有能力以某种方式在注释中清晰明了地表达自己。
>
> ——Kevlin Henney

编译器不会检查注释，这使注释比代码更容易编写，因为编译器对注释没有约束。然而，正是因为编译器不知道注释，所以在生命周期较长的系统中，注释往往会过时，变得无关紧要。更糟糕的情况下，注释会变成彻头彻尾的误导。

注释有很多用途，包括规划工作、指示 hack、记录代码和删除代码。在 Robert C. Martin 的 *Clean Code* 一书中，作者列举了大约 20 种类型的注释。我们可能难以记录如此多类别的注释，因此这里将注释分为五类，每一类都有一个具体的处理建议。

大多数情况下，我们应该避免在交付的代码中添加注释。中间注释很棒。因此，我们应该在工作流程的重构阶段处理注释。在交付任何注释之前，一定要考虑是否有更好的方式来表达注释的含义。我很想制订一条规则“永远不要使用注释”；但在某些情况下，注释可以避免我们犯代价高昂的错误，这种情况下，添加注释通常是值得的。有的属性很难通过代码强制执行，有的属性成本高昂，但这些属性可以在几秒钟内用注释表达。这种对注释的看法类似于 Kevlin Henney 的方法(https://medium.com/@kevlinhenney/comment-only-what-the-code-cannot-say-dfdb7b8595ac)。

> 只对代码无法表达的内容进行注释。
>
> ——Kevlin Henney

这 5 个类别按照解决方案从易到难的顺序排序。下面逐一进行介绍。

8.1 删除过时的注释

这里，我们的措辞很宽容，因为这一类注释还包括完全错误或误导性的注释。我们这样做是因为人们编写注释时可能是出于好意，但后来注释变得与代码库不同步。

在代码清单 8.2 所示的示例中，注意注释和条件在表达 or 和 and 上的不同之处。这可能很危险。

代码清单 8.2 过时的注释

```
if (element.hasSelection() || element.isMultiSelect()) {
  // Is has a selection and allows multi selection
  // ...
}
```

最容易处理的注释类型是已经过时的注释。这意味着注释现在要么与代码不相关，要么不正确。这些注释不会为我们节省任何时间，反而需要时间来阅读，因此应该将其删除。

一个更糟糕的影响是，这种注释会误导我们。我们不仅浪费时间阅读它们，而且如果我们依赖不真实的东西设计代码，可能不得不做大量的返工。最糟糕的是，这样的注释会导致我们在代码中引入错误。

8.2 删除注释掉的代码

有时我们会尝试删除一些代码——将代码注释掉并查看其影响耗时不多且非常容易。这是一个很好的实验方法。但是在实验之后，我们应该删除任何注释掉的代码。由于我们的代码在版本控制中，因此即使删除代码也很容易恢复。

在代码清单 8.3 所示的示例中，很容易看出为什么会有注释：代码的初稿可以运行，但不是最优。一位开发人员认为他们可以改进代码，但对成功没有信心——这可以理解，因为代码的算法并不简单——并且由于缺乏经验或分支成本过高，他们没有得到在版本控制方面的能力的支持。因此，开发人员没有删除旧算法，而是简单地将其注释掉，以便在新算法不起作用时快速恢复。为测试新算法是否工作，开发人员可能不得不将它与主分支合并；当测试成功时，新代码已经运行，没有时间或理由去干预正在运行的东西。

代码清单 8.3 注释掉的代码

```
const PHI = (1 + Math.sqrt(5)) / 2;
const PHI_ = (1 - Math.sqrt(5)) / 2;
const C = 1 / Math.sqrt(5);
function fib(n: number) {
  // if(n <= 1) return n;
  // else return fib(n-1) + fib(n-2);
  return C * (Math.pow(PHI, n) - Math.pow(PHI_, n));
}
```

这种情况应该按如下方式进行。开发人员在 Git 中创建一个分支，删除旧代码，然后开始处理新代码。如果发现代码无法运行，开发人员会检查主分支并删除为实验创建的分支。如果代码可以运行，开发人员就将其与主分支合并，一切都很干净。即使有合并到主分支来进行测试的需求，我们仍然遵循这一流程；然后，如果代码无法运行，我们就从历史版本中恢复原始代码。

8.3 删除不重要的注释

另一类是不添加任何内容的注释，如代码清单 8.4 所示。当代码和注释一样容易阅读时，我们认为注释是不重要的。

代码清单 8.4 不重要的注释

```
/// Log error
Logger.error(errorMessage, e);
```

这个类别还包括我们在扫描代码时忽略的注释。如果没有人阅读注释，那么注释只是占用空间，我们可以将其删除。

8.4 将注释转换为方法名称

有些注释记录代码而不是功能。这最容易用一个示例(如代码清单 8.5 所示)来解释。

代码清单 8.5 记录代码的注释

```
/// Build request url
if (queryString)
  fullUrl += "?" + queryString;
```

这些情况下，我们可以简单地将代码块提取到与注释同名的方法中。正如此处所示，在这个操作后，注释已经不再重要，我们对其作相应处理：删除(如代码清单 8.6 和代码清单 8.7 所示)。在第 3 章中，我们已经看到这个解决方案被使用了两次。

代码清单 8.6 重构之前

```
/// Build request url
if (queryString)
  fullUrl += "?" + queryString;
```

代码清单 8.7 重构之后

```
/// Build request url
fullUrl = buildRequestUrl(
  fullUrl, queryString);
/// ...
function buildRequestUrl(
  fullUrl: string, queryString: string)
{
  if (queryString)
    fullUrl += "?" + queryString;
  return fullUrl;
}
```

这个注释现在不重要

人们往往不喜欢这么长的方法名称。然而，这只是我们经常调用的方法的问题。语言有一个属性：我们使用频率最高的词往往是最短的。代码库也应该如此。这也很明显，因为对于一直在使用的东西，我们需要的解释会更少。

使用注释进行规划

当我们使用注释来规划工作并分解庞大任务时，这样的注释最常出现。这是创建路线图的好方法。我个人总是用如代码清单 8.8 所示的注释来规划我的代码。

代码清单 8.8 规划注释

```
/// Fetch data
/// Check something
///   Transform
/// Else
///   Submit
```

一旦代码被实现，其中一些注释可能变得不再重要(例如 Else)；其他的将变成方法。我们是否决定预先将这些注释转换为方法是一个偏好问题；重要的是，一旦编写了代码，我们就会严格评估它们是否增值。

8.5 保留记录不变量的注释

最后一种注释是记录非局部不变量的注释。正如我们多次讨论的那样，这些是错误容易发生的地方。进行检测的一种方法是问“这个注释是否会阻止某人引入错误”。

当我们遇到这些注释时，仍然想检查是否可以将它们变成代码。某些情况下，我们可以用编译器消除注释，如第 7 章所述。然而，这种情况很少见，因此我们接下来的想法应该是，是否可以进行自动化测试来验证这个不变量。如果这两个方法都不可行，就保留注释。

在代码清单 8.9 所示的示例中，我们看到一个可疑的语句 session.logout 以及解释语句原因的注释。身份验证(或类似的复杂交互)可能非常难以测试或模拟，因此这条注释完全合理。

代码清单 8.9 记录不变量的注释

```
/// Log off used to force re-authentication on next request
session.logout();
```

过程中的不变量

未完成的或(可能)错误的事物以及第三方软件的变通方法是不变量：不是代码中的不变量，而是过程的不变量。有些人看不起这些不变量并公开表示它们不应该出现在代码中，而应该出现在我们的工单系统中。我同意这个论点，尽管我更喜欢直接在代码中添加注释。但是，如果注释出现在代码中，就应该有一些视觉指示来表明有多少，并且这个数字最好是呈下降趋势。我们应该努力真正进行修复或做注释中提到的事情，以便删除注释，而不是进一步推迟行动。

往者不可谏，来者犹可追。

——中国谚语

8.6 本章小结

- 在开发过程中注释很有用，但我们应该在交付之前尝试将其删除。
- 有 5 种类型的注释。
    - 应该删除过时的注释，因为它们可能会导致错误。
    - 应该删除注释掉的代码，因为代码已经在版本控制中。
    - 应该删除不重要的注释，因为它们不会增加可读性。
    - 可以是方法名称的注释应该改为方法名称。
    - 记录非局部不变量的注释应转换为代码或自动测试，否则保留注释。

第 9 章

喜欢删除代码

本章内容

- 理解代码如何减缓开发速度
- 设置限制以防止意外浪费
- 用绞杀者模式处理过渡
- 用“探针并稳定”模式最大限度减少浪费
- 删除任何不能发挥其作用的内容

我们的系统很有用，因为它们提供了功能。功能来自代码，因此很容易认为代码具有隐含的价值——但事实并非如此。代码是一种任务。为获得所需的功能，我们必须承担这份任务。

我们倾向于认为代码有价值的另一个原因是，代码的生产成本很高。编写代码需要熟练的工作人员花费大量时间(并消耗大量咖啡因)。因为我们在某件事上花费了时间或精力而认为这件事有价值，这被称为沉没成本谬论。价值不只来自投资，还来自投资的结果。在处理代码时，理解这一点至关重要，因为无论代码是否有价值，我们都必须不断努力维护它。

每个程序员都对手动任务感到厌烦并认为“我可以将其自动化”。很多情况下，这就是我们成为程序员的原因。然而，自动化代码很容易分散我们的注意力，从而使我们的关注点偏离原始问题。我们最终花费了比手动解决问题更多的时间来解决自动化问题。

编写代码很有趣，可以锻炼我们的创造力和解决问题的能力。但只要我们保留代码，代码本身就是一种费用。为了两全其美，我们可以在整个职业生涯中进行 Kata 和探针实验作为训练，试验代码，然后立即删除。

1998 年，Christopher Hsee 做了一项名为 Less Is Better：When Low-Value Options Are Valued More Highly than Hight-Value Options 的研究(*Journal of Behavioral Decision Making*, vol. 11, pp. 107-121，1998 年 12 月，http://mng.bz/l2Do)。在研究中，他确定了一套 24 件

餐具的价值。然后，他在原来的套装里加了几个碎块，发现整体价值下降了。尽管他只是将碎片添加到套装中，但这样做也会降低其价值。我们的系统需要一些持久的代码；需要的数量会有所不同，这取决于域的底层复杂性。但是，如果你只从本章中学习一件事，那就应该是：越少越好。

在本章中，我们首先了解我们是如何因为技术无知、浪费、债务或拖累而陷入问题代码这一麻烦的。接下来，将深入研究几种对开发造成拖累的特定类型的代码，例如版本控制分支、文档和特性。然后讨论如何克服或消除拖累。

9.1 删除代码可能是下一个前沿

编程经历了许多阶段。为预测未来方向，我们必须了解历史。然而，回顾所有将我们带到当前编程状态的发明和人员任务量巨大。因此，我构建了一个自认为是主流编程取得的最大飞跃的简短年表。

- 1944 年——计算机被用来执行没有任何抽象的计算。
- 1952 年——Grace Hopper 发明了第一个链接器，允许计算机处理符号而不是纯计算。
- 1957 年——上一次飞跃导致了编译器的发明，特别是 Fortran。我们现在可以使用高级控制运算符(如循环)进行编程。
- 1972 年——下一个要解决的大问题是数据抽象。新一代语言出现：编程语言(如 C 以及后来的 C++和 Java)通过指针和引用间接处理数据。
- 1994 年——Gang of Four(即 Erich Gamma、Richard Helm、Ralph Johnson、John Vlissides)创建了一套可重复使用的设计模式，带来了另一个重大飞跃。当我们设计要构建的软件时，设计模式充当高级构建块。
- 1999 年——接下来，Martin Fowler 编制了标准重构模式目录。与设计模式不同，它们不需要预先设计，而是让我们改进现有代码的设计。
- 2011 年——在我看来，编程领域最近的一次重大飞跃是 Sam Newman 推广的微服务架构。微服务架构基于旧的松耦合原则，但解决了现代扩展问题。微服务架构还允许通过间接通信建立新兴架构；我们可以改进运行系统的设计。

我们现在精通编写代码和构建系统。我们所能构建的系统是如此庞大和复杂，以至于没有人能够合理地完全理解它们。这使得删除内容变得具有挑战性，因为如果想要找出可以删除的内容，我们需要花费时间确定正在运行哪些代码、运行频率和版本。我们还并不擅长删除代码。我相信这可能是下一个需要解决的大问题。

9.2 删除代码以消除偶然复杂性

随着我们添加功能、进行实验和处理更多极端情况，系统自然会随着时间的推移而增长。当我们实现某些东西时，需要建立一个系统行为的心理模型，然后进行更改以对其产生影响。由于耦合，代码库更大意味着模型更复杂，并且需要跟踪更大的实用程序库。

这种复杂性有两种类型：域复杂性和偶然复杂性。域复杂性是底层域的结果。也就是说，我们正在解决的问题本质上是复杂的；例如，无论我们做什么，计算税收的系统都会很复杂，因为税法很复杂。偶然复杂性是指域不需要但却偶然添加的任何复杂性。

偶然复杂性通常被用作技术债务的同义词。但是，我认为使用更细化的术语是有益的。根据我的经验，偶然复杂性有 4 种类型，每种都有不同的起源和不同的解决方案：技术无知、技术浪费、技术债务和技术拖累。下面依次进行讨论。

9.2.1 缺乏经验导致的技术无知

最简单的偶然复杂性是技术无知。它来自不知不觉中在代码中做出错误的决定，从而导致糟糕的架构。当我们缺乏足够的技能来解决问题而没有增加不必要的耦合时，就会发生这种情况，要么是因为我们不知道自己不了解的事物，要么是因为我们没有时间学习。希望这本书能帮助你缓解这种情况。应对这一挑战的唯一可持续解决方案可见于敏捷软件开发宣言中的一项原则的前半部分。

> 对卓越技术和良好设计的持续关注可提高敏捷性。
>
> ——敏捷软件开发宣言

我们必须不断努力提升技能，可以阅读书籍和博客文章，观看会议和教程，通过公共编程分享知识，以及最重要的是，进行有意识的练习——没有什么可以替代练习。

公共编程

某些情况下，我们需要提高自身的认知能力，因为需要解决一个具有挑战性的任务、需要修复一个紧急错误或者正在学习。我们可以通过公共编程更紧密地合作来提高认知能力。

正如 Llewellyn Falco 所说的那样，公共编程的基本原则是，任何想法在进入代码之前都必须经过别人的大脑。在实践中，这意味着键盘前的人不应该做除了别人的指示外的任何其他事情。这方面的示例有两个。一个是结对编程，需要两个人一起完成。另一个是集成编程，需要有更多的人进行指导或协助。集成编程有时也被称为暴徒编程，但这种叫法并没有很吸引人的内涵。

公共编程迫使我们直接分享知识。它暴露了各种微小的浪费并向没有得到指导的人释放出认知能力，使其能够用于学习。公共编程通常也会带来更高的质量，因为代码正在被实时或同步审查。这意味着它也消除了对异步代码审查的需要，使我们的交付过程更精简。

9.2.2 时间压力造成的技术浪费

最简单的偶然复杂性还包括技术浪费。这是因为在代码中做出了错误的决定，从而导致糟糕的架构。

更常见的是，技术浪费是由某种形式的时间压力导致的。我们对问题或模型的理解不够好，而且太过匆忙，无法将其弄清楚；或者我们因为没有时间而跳过测试或重构；又或者我们绕过一个过程以达到最后期限。

这些糟糕的决定是故意做出的。在所有情况下，尽管是外部压力导致，但开发人员都选择与更好的知识背道而驰。因此，这是破坏。

亲身经历

我曾经是一个项目的技术主管，在这个项目中，我们慢慢地引入了一套惯例，以确保不会重复过去的错误。对于下一次交付，我们当时面临着很大的时间压力，因此我问一个开发人员，X 函数是否可以在明天前完成。他回答说："如果我可以不进行测试，那就可以。"我咬了咬牙告诉他，"完成"意味着遵循我们所有的惯例。

解决方案是告诉开发人员绝对不可以略过最佳实践，告诉项目经理、客户和其他利益相关者正确构建软件是至关重要的。为此，我问了他们一些问题，例如他们是否愿意提前三周收到一辆新车，但代价是不测试刹车或安全气囊。有些行业有规定；开发人员需要实践，即使有压力，我们也必须坚持。

9.2.3 环境造成的技术债务

技术无知和浪费都可以而且应该被消除，而技术债务则更为微妙。技术债务是指我们暂时选择次优解决方案以获得某些收益。这也是一个深思熟虑的决定，但关键词是"暂时"。如果我们选择的解决方案不是暂时的，那就不是债务，而是浪费。

例如，当我们在不考虑正确架构的情况下实施修补程序并推动它修复关键问题时，这种情况经常发生——然后我们必须重新开始实施正确的修复。我想强调的是，承担技术债务是一项战略决策，只要它有一个截止日期，就没有本质上的错误。

9.2.4 增长带来的技术拖累

最后一种类型的偶然复杂性是最模糊的。技术拖累是任何使开发变慢的东西，包括所有其他类别以及文档、测试，甚至所有代码。

自动化测试(有意地)使更改代码变得更困难，因为我们还需要更改测试。这不一定是坏事，例如在关键系统中，我们通常更喜欢缓慢和稳定而不是快速。但在从高水平实验中受益的情况下则正好相反，例如在探针实验期间。

文档减慢了我们的速度，因为我们需要在更改某些内容时对其进行更新。甚至代码本身也是技术拖累，因为我们必须考虑更改将会对应用程序的其余部分产生怎样的影响，而且我们必须花时间维护它。

技术拖累是构建某些东西的副作用。它本身并不坏，但在我们维护很少使用的文档、功能或代码的情况下就很糟糕。这种情况下，删除特征以消除拖累可能在经济上是有益的。

亲身经历

我曾经是一个项目的开发者，需要建立一个特定的子系统。完成后，客户却并不准备采用它。技术主管让我把子系统放在那里，等顾客来使用。从那天开始，在我们构建的每个事物中，都必须考虑如果客户突然开始使用这个新的子系统，新代码将如何修改。当然，客户从来没有使用过。

最常见的论点是“把它放在那里不会产生任何伤害”，但这是错误的。解决办法是尽可能多地删除，但不要过多。任何不值得的东西都应该被删除，即使它已经被使用了一些。我们需要删除所有未使用或不必要的功能、代码片段、文档、wiki 页面、测试、配置标志、接口、版本控制分支等。

要么使用，要么丢弃。

——谚语

了解了一切都会导致拖累(即开发速度变慢)后，本章的剩余部分将详细介绍最常见的情况。其中，我们可以在不损失价值的情况下删除事物。

9.3 根据亲密程度对代码进行分类

在我们开始删除特定的内容之前，需要先解决其他问题。在 GOTO 2016 大会上，Dan North 发表了一篇名为“Software，faster”的演讲。在演讲中，他根据 3 个亲密程度对代码进行了分类。我们非常熟悉最近开发的代码，也熟悉我们经常使用的库和应用程序。两者之间的一切都是未知的，我们需要重新学习，因此维护的代价很高。

如果把这个想法和技术拖累联系起来，那么我们熟悉的代码会因为经常被使用而被保留下来。这也强调了经常使用事物是防止它们退化为未知的唯一方法。但这也添加了一个时间成分。删除我们非常熟悉的代码比删除我们必须首先理解的代码代价更小、更安全。

Dan North 曾经说过，大约六周后，随着代码迅速进入未知类别，新代码的亲密程度开始下降。具体时间对我来说并不重要。作为某些代码的作者，我们自然会在理解代码方面具有优势；但重要的是，这种优势会减弱，并且在某些时候，代码的作者在理解代码方面不再有任何有意义的领先优势。根据我的经验，我同意 Dan North 的观点，即这个截止时间应该是几周而不是几个月；因此当在本章后面提到这个时，我假设截止时间是六周。

9.4 删除遗留系统中的代码

遗留代码的一个常见定义是“我们害怕修改的代码”。这种情况通常是马戏团因素的结果。马戏团因素(有时也称为公共汽车或彩票因素)表示需要多少人逃跑并加入马戏团，以免失去大量知识以致某些部分的发展停止。如果我们听到诸如“只有约翰知道如何部署此系统”之类的陈述，则会说该系统中具有马戏团因素。

我们从不想停止开发，因此需要通过保持马戏团因素占比高来最小化风险。然而，即使团队中的每个人都知道所有代码，有时整个团队也会被顾问解雇或接管。当我们失去马戏团因素时，就会继承我们可能不愿意接触的未知代码：遗留代码。

代码可能正在运行，但我们对编辑代码感到不舒服，这件事足以迫使我们应该解决这种情况。我们需要对代码感到满意，对其负责，以提高生产力。如果代码脆弱或未知，就不会发生这种情况。代码的某些部分是未知的也意味着我们不知道它何时或如何崩溃。更糟糕的是，如果代码在星期六的凌晨 3 点中断，谁来进行修复？

9.4.1 使用绞杀者模式进行了解

解决方案的第一步是找出使用了多少遗留代码。如果几乎未使用遗留代码，也许就算不进一步调查，我们也能将其删除。如果只有一小部分遗留代码被大量使用，我们可能只需要修复该部分并删除其余部分。如果所有遗留代码都被大量使用，我们需要熟悉代码并尽可能使其稳定。

当我们深入了解遗留代码时，需要知道每个部分被调用了多少。但这还不够；我们还需要知道这些调用中有多少是成功的。一些代码被调用但失败了，因此结果从未被使用；这在遗留代码中尤其常见。最后，我们需要知道遗留代码与软件其余部分的耦合程度。我建议从后者开始。

我们可以使用 Martin Fowler 的绞杀者模式来帮助完成这个过程。该模式以绞杀榕命名，这种树在现有的一棵树上播种，在生长时包裹并最终扼杀宿主。在这个隐喻中，宿主是遗留系统。该模式按代码清单 9.1 所示进行。

代码清单 9.1 遗留代码

```
class LegacyA {
  static a() { ... }
}
class LegacyB {
  b() { ... }
}

LegacyA.a();
let b = new LegacyB();
b.b();
```

为找出一段代码的耦合程度，我们可以将其隔离，使所有访问都通过一个虚拟门。我们通过将类封装在一个新的包/命名空间中来做到这一点，然后在新包中创建一个新的

gate 类。我们将新包中的所有公共修饰符变为私有的，通过在 gate 类中添加一个公共函数来修复错误(如代码清单 9.2 和代码清单 9.3 所示)。

代码清单 9.2　重构之前

```
class LegacyA {
  static a() { ... }
}
class LegacyB {
  b() { ... }
}

LegacyA.a();
let b = new LegacyB();
b.b();
```

代码清单 9.3　重构之后

```
namespace Legacy {
  class LegacyA {
    static a() { ... }
  }
  class LegacyB {
    b() { ... }
  }
  export class Gate {
    a() { return LegacyA.a(); }
    bClass() { return new LegacyB(); }
  }
}

let gate = new Legacy.Gate();
gate.a();
let b = gate.bClass();
b.b();
```

此时，我们确切地知道遗留代码有多少个接触点，因为它们都是 gate 类中的函数。我们还有一个简单的方法来添加监控，即把方法放在 gate 类中：记录每个调用以及是否成功(如代码清单 9.4 和代码清单 9.5 所示)。这只是最基本的，可以根据需要变成相应的复杂模式。

代码清单 9.4　重构之前

```
namespace Legacy {
  // ...
  export class Gate {
    a() { return LegacyA.a(); }
    bClass() { return new LegacyB(); }
  }
}
```

代码清单 9.5　添加监控之后

```
namespace Legacy {
  // ...
  export class Gate {
    a() {
      try {
        let result = LegacyA.a();
        Logger.log("a success");
        return result;
      } catch (e) {
        Logger.log("a fail");
        throw e;
      }
    }
    bClass() {
      try {
        let result = new LegacyB();
        Logger.log("bClass success");
        return result;
      } catch (e) {
        Logger.log("bClass fail");
        throw e;
      }
    }
  }
}
```

我们将此代码投入生产并等待。团队必须决定等待的时间，但一个团队不会维护每月至少一次都未用的功能(某些事物有预定用途，例如季度、半年度或年度财务报告；但我认为它们不能免于此要求)。在遗留代码投入生产一段时间后，我们知道每个部分的使用量以及某些调用是否总是失败。

9.4.2 使用绞杀者模式改进代码

某事物被调用的频率通常是一个很好的指标，表明其失败后的重要性。我喜欢从简单的决定开始：调用最多的部分几乎肯定应该迁移，而调用最少的部分几乎肯定可以删除，因此我首先处理这些极端，然后移向中间(中间部分的处理很难做决定)。我们应该严格评估被调用最少或总是失败的代码，以确定它是关键的还是有战略性的功能。

如果某些遗留代码是关键的或具有战略意义，我们应该首先确保调用次数反映这一事实。我们可以通过改进 UI、培训或营销来增加对该功能的调用次数。一旦代码的使用反映了其重要性，我们就需要熟悉代码。我们有两个选择：重构那部分遗留代码，从而消除耦合和脆弱性，将代码移到“最近”类别中；或者重新构建该部分，在重新构建的代码准备好后通过更改 gate 类切换到新版本。

如果某些遗留代码并不关键且不具有战略意义，就从 gate 中删除该方法。这样做有时会使大部分遗留代码无法使用，我们可以通过 IDE 对方法的支持和对接口方法的 TRY DELETE THEN COMPILE 发现。这也简化了调用代码，因为我们删除了耦合，有时代码也可以删除。图 9.1 总结了处理遗留代码的方式。

图 9.1 如何处理遗留代码

9.5 从冻结项目中删除代码

有时，产品利益相关者需要一个主要特性。我们开始着手处理它，但是当完成时，就会遇到一个障碍：获得必要的访问权限、培训用户等。与其浪费时间等待，不如继续进行下一步工作。但现在我们有一个冻结的项目。

冻结项目不只限于代码；它们可以包括数据库表、集成、服务和许多代码外部的事物。一旦原作者忘记了该项目，就几乎不可能发现它的存在——特别是当唯一缺少的就是用户培训时。在系统中的任何地方都找不到任何痕迹，因此通过调查也无法发现冻结项目。

我们可能在主分支上有未被使用的代码。代码中没有说明它没有被使用，因此我们每次修改时都要考虑这一代码，必须维护它。这增加了内存开销；此外代码有成为遗留代码的风险。冻结项目的另一个问题是，无法保证在去除障碍后功能仍然相关。

9.5.1 将期望的结果设为默认

当项目完全存在于代码中时和项目对数据库、服务、集成等会产生影响时，解决方案略有不同。我们依次进行学习。

如果项目在代码库之外没有任何影响，我们可以将其从主分支恢复并放在一个单独的分支中。然后需要给它打上标签并在未来六周内做个笔记以删除标签。这意味着如果我们在六周内不开始使用该项目，它将被删除。

如果项目包含代码外部的更改，我们就不能将其放在分支中。相反，应该在我们的项目管理工具中制作一个标签，记下要删除的所有组件并将标签安排在六周后。如果这种情况经常发生，那么编写脚本来设置和拆除最常用的组件类型可能会有所帮助。

在这两种情况下，你会注意到，除非采取刻意的行动，否则代码将消失。因此，在这些场景中，你不能意外添加技术拖累——只能故意添加。

9.5.2 通过“探针并稳定”模式最大限度减少浪费

当我们必须实施重大更改时，另一种节省精力的方法是使用 Dan North 的“探针并稳定”模式(六周规则的最初来源)。在这种模式中，我们将项目视为一个探针实验，这意味着我们尽可能将其与常规应用程序分开实现，并且不追求高质量(即没有自动化测试和重构)。但是，至关重要的是，我们包括监控，以便知道使用了多少代码。

六周后，我们返回代码并查看它是否已被使用。如果已被使用，则重新实现代码，但要用正确的方式，包括重构等。如果未被使用，我们就可以轻松地将其删除，因为探针与主系统的结合已经很低。因此，我们节省了删除它的时间，但也节省了在不知道它是否会被使用的情况下重构或测试代码的时间。图 9.2 总结了处理冻结项目的方法。

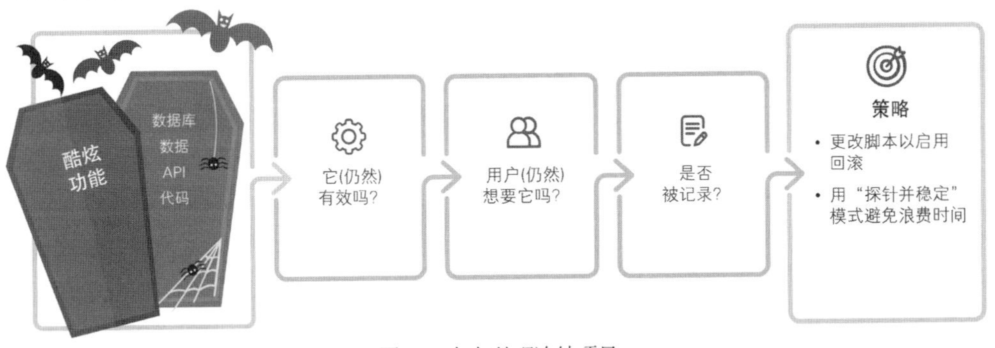

图 9.2　如何处理冻结项目

9.6 在版本控制中删除分支

分支在不同的版本控制系统中表现不同。在像 Subversion 这样的集中式版本控制系统中，分支复制整个代码库，因此成本非常大。另一方面，Git 分支只需要几个字节，与代码库的大小无关。在本节中，我们只考虑 Git 分支，因为如果分支的成本太大，问题往往会自行解决。

当分支成本不大时，我们往往不执着于将其删除；因此，分支会随着时间的推移而积累。我们创建分支的原因有很多，主要原因分为以下几类。

- 执行修补程序；
- 标记我们可能需要稍后返回的提交，例如发布；
- 在不干扰同事工作的情况下工作。

一旦我们合并到主分支中，上述第一个和第三个类别应该被删除。在第二类中，我们应该使用 Git 的内置方法进行标记。知道了这一点，那么分支为什么会堆积呢？有时这只是一个疏忽，例如我们忘记在合并拉取请求时勾选“删除分支”选项，或者在完成后忘记删除实验分支。有时，分支会托管冻结的项目、探针或原型，因为我们认为有一天可能需要这些代码。

这些情况相对容易处理。一种更困难的分支是挂起但阻塞的分支，因为这样的分支无法通过门进入主分支。如果我们的门包含一个人工组件(如集成团队或异步人工代码审查)，就会发生这种情况。这两者都阻止了持续集成，并且容易成为瓶颈，减缓开发。但是如果分支只花费几个字节，那么保留它们又有什么害处呢？

与代码一样，Git 中的分支在技术上几乎是免费的，但在内存开销方面却很昂贵。我们应该只有一个主分支，可能还有一个发布分支；任何其他分支最好只会存在几天。如果分支长期存在，我们就会陷入成本高昂的、令人崩溃的、容易出错的合并冲突中。

通过强制分支限制减少浪费

为解决这个问题，我们可以从看板开发方法中调整一个元素。看板使用了“在制品(WIP)限制”的概念，这意味着我们对团队可以拥有的正在进行的标签数量设定了上限。这样做有助于暴露开发中的瓶颈，因为瓶颈最终会达到 WIP 限制，阻止上游人员开始新工作。当上游的人无法启动新标签时，就会研究瓶颈以及如何解决堵塞。这将促进团队合作和流程的持续改进。

分支过多的问题正好反映了瓶颈问题，因此我们可以使用相同的解决方案：对分支数量进行硬性限制。在设置 WIP 或分支限制时，我们需要记住一些事项。限制应该至少等于工作站的数量，以便每个人都可以并行工作；这里，工作站是一个可以独立工作的单元。例如，当我们进行集成编程时，工作站就是一个集成；当我们使用结对编程时，工作站就是一对，否则为一个开发人员。将限制设置得更高会产生缓冲区的效果，从而在系统中造成延迟，但如果某些工作在大小上变化明显，则可能会很有用。我们希望系统中的延迟尽可能少。最重要的是，一旦设定了限制，除了改变团队规模，不应以任何理由打破或更改限制。图 9.3 总结了在版本控制中处理分支的方法。

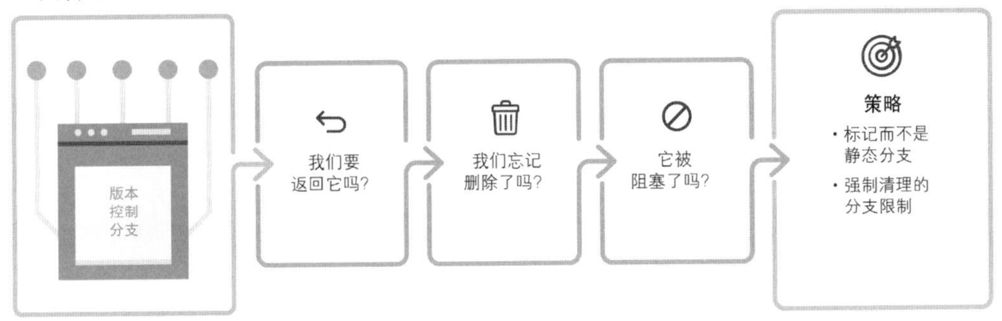

图 9.3 如何处理分支

9.7 删除代码文档

代码文档有多种形式：wiki 页面、Javadoc、设计文档、教程等。因为我们在上一章中处理了方法内注释，所以这里不考虑这些形式。

如果满足以下 3 个条件，则文档非常宝贵。

- 相关——回答正确的问题。
- 准确——答案必须正确。
- 可发现——我们需要能够找到答案。

如果缺少这些属性中的任何一个，文档的价值就会大大降低。编写出好的文档很困难，需要努力确保文档保持相关性和准确性。这是因为文档的使用频率至少要随着主题的变化而变化。否则，维护文档可能不会带来成本效益。通过频繁的调整或将其一般化，将频繁变化的部分抽象出来，可以使文档保持最新。

保留过时文档的危险取决于它违反了 3 个属性中的哪一个。最不重要的属性是文档是否不可发现；那种情况下，只是浪费了研究时间和编写时间。更糟糕的是保留不相关的文档：浪费了编写时间，但也必须在每次寻找答案时跳过不相关的部分——最后，我们仍然需要做研究。最糟糕的是不准确的文档：在最好的情况下，这种文档会引起混乱和怀疑；在最坏的情况下，可能会导致错误。

确定如何编程知识的算法

文档可能会失去其相关性或准确性，而且并非所有内容都需要被记录。文档似乎可以使你免于重复以前的研究，但只有在文档没有过时的情况下才会如此。当我需要确定记录某些内容是否有意义时，需要执行以下过程。

(1) 如果主题经常变化，那么记录这些内容就没有任何好处。
(2) 如果我们很少使用这些内容，就将其记录下来。
(3) 如果我们可以实现自动化，就自动化。
(4) 否则，将其记在脑海里。

注意，解决方案可以增加文档的使用，从而导致前面提到的频繁调整，可以通过让新的团队成员检查并纠正任何不准确的内容来实现这一点。这样做需要一定的信心来确定文档是否有误或是否操作人员操作失误；如有疑问，操作人员应简单地标记差异。

图9.4总结了处理文档的方法。另一种保持文档准确的方法是使用自动化测试用例作为文档。接下来，我们将进行研究。

图9.4 如何处理文档

9.8 删除测试代码

自动化测试(在本节中简称为测试)有多种形式，并且具有比文档更多的属性。Kent Beck在他的“Test Desiderata”(http://mng.bz/BKW2)一文中描述了测试的12个属性。不同类型的测试对这些属性赋予不同的权重。此处不会介绍所有测试，只关注会影响开发的测试。

9.8.1 删除乐观测试

有时我们编写一些像hash函数这样的代码，并且想测试它，因此想出了一个测试“给定a = b，那么hash(a) = hash(b)”。我们希望这为真。但是我们无意中发现了一种同义反复：有些东西总是正确的。

测试的一个必要特性是激发信心。绿色测试应该让我们对代码运行更加有信心。因此，测试应该测试一些东西；一个不会失败的测试是没有价值的。

测试优先社区的一个很好的概念是“永远不要相信你没有见过其失败的测试”。当我们发现代码中有错误时，这很有用；通过在修复问题之前进行测试，我们可以检查它是否正确失败，而如果在之后进行测试，则只会看到它通过。

9.8.2 删除悲观测试

同样，红色测试应该意味着某些东西坏了，我们需要进行修复。这就是对失败测试的容忍度应该为零的原因。如果我们的测试总是红色，即使测试发现了它，我们也会面临警报和遗漏严重错误的风险。

9.8.3　修复或删除不稳定测试

乐观和悲观的测试都是极端的，总是通过或总是失败。但同样的问题也适用于不可预测的红色或绿色测试，这有时称为不稳定测试。与前面讨论的两种类型一样，这些测试也不会引发任何动作，除了需要我们再运行几次测试。当且仅当测试为红色时，我们才会采取行动；任何不符合这一点的测试在我们的代码库中都不会存在。

9.8.4　重构代码以消除复杂的测试

一个完全不同的类别由需要精细设置或表现出大量重复的测试组成，因此我们决定将其重构或构建复杂的测试设置。这些测试很危险，因为我们觉得自己在做有价值的工作，在做正确的事情。遗憾的是，在错误的地方做正确的事情仍然是错误的。如果测试比代码更复杂，我们如何知道是代码错误还是测试错误？即使情况并非如此，重构测试的需要也表明被测试的代码没有适当的架构；任何重构工作都应该在代码中，而不是在测试中。

9.8.5　专门化测试以加快速度

在某些地方，我们使用端到端测试来检查某些功能是否有效。这种技术有其用处，但可能会很慢，而且有很多测试会影响我们运行它们的频率。如果某些测试导致我们不那么频繁地运行其他测试，它们就会影响开发，我们需要解决这种情况。有两种方法可以解决这个问题：将慢速测试与快速测试分开并尽可能频繁地运行快速测试；或者观察导致慢速测试失败的原因，如果答案是什么也没有，则将其删除(这是一个乐观测试)。系统中可能只有一些更深层次的东西容易出错，这种情况下，我们可以对这些地方进行测试。这些测试将更快、更具体，因此我们可以更快地纠正错误。图 9.5 总结了处理自动化测试的方法。

图 9.5　如何处理自动化测试

9.9 删除配置代码

大多数程序员都知道硬编码不好。我们学会处理这个问题的第一个解决方案是将硬编码值提取为常量。然后，随着开发技术的成熟，我们了解到以下格言。

如果你不能让它变完美，至少让它可配置。

——格言

当我们可以在不显著增加代码库的情况下增加用户数量时，可配置性可以增加软件的实用性。当可配置性以功能标志的形式出现时，它让我们可以将部署和发布分开，提高部署频率，并且将发布作为业务决策而不是技术决策。

然而，可配置性也确实会带来代价：我们添加可配置性时，也增加了代码的复杂性。更糟糕的是，大多数情况下，我们将测试空间加倍了，因为需要针对所有其他标志对每个选项进行测试。测试空间呈指数增长。有些标志可能是独立的，并且可以同时进行测试。并行测试多个标志可以使测试成为可能；然而，我们可能会遇到涉及这些标志之间复杂交互的潜在错误。

及时确定配置范围

对于由于配置而增加的复杂性，我的解决方案是尽可能多地考虑临时配置。为此，我根据其预期寿命对配置进行分类。我建议将其分类为实验配置、过渡配置和永久配置。

1. 实验配置

我们已讨论过一个实验配置的示例：功能标志。这些将在功能发布后删除；为确保这是一项轻松的任务，如前所述，它应在六周内完成。另一种类型的实验配置来自测试更改是否优越，有时称为Beta测试或A/B测试。在代码中，它们非常相似，但用途不同。这种情况下，配置允许一些用户体验更改，而其他用户则不能。通过这种方式，我们可以判断更改是否会产生预期效果；最终，我们要确定代码是之前更好还是之后更好。这种技术允许我们根据反馈进行调整或在不影响所有用户的情况下选择退出更改。

根据我的经验，测试配置往往会从实验阶段漏出并成为永久性的，将用户群分为启用和禁用标志的两类，因此只会增加复杂性而不是使用率。这是不好的，我们应该积极主动以避免这类情况出现：从一开始就确定某些东西是否是实验性的，并且在完成时创建一个提醒，在测试完成后立即将其删除(保持在六周内)。

2. 过渡配置

当业务或代码库经历重大变化时，过渡配置非常有用。从遗留系统转移到新系统就是一个示例。我们不能期望或强制在六周内进行如此大规模的更改，因此必须应对更长期的复杂性增加和更高的清理成本。然而，较长的过渡通常会产生两个我们可以利用的属性。

首先，许多类型的过渡对用户是不可见的。因此，我们可以满足于将发布和部署链接起来。这意味着可以将配置作为代码的一部分而不是外部的东西。使配置成为代码的一部分意味着我们可以在一个中心点收集与过渡相关的所有配置，与其他配置分开，这使得不变量明确表示这些比其他配置标志更密切相关，应该被视为一个集合。

其次，通常有一个过渡完成的点，旧的部分可以被删除。利用这一点，我们可以避免花费时间来削减代码和删除小的部分，而只需要等待整个过程一次性完成。为确保这种方法安全，我们应该再次使用绞杀者模式来控制对遗留组件的所有访问。这不仅可以作为一个优秀的待办事项列表，而且当我们可以在代码中不出错的情况下删除门时，也知道可以删除整个遗留组件。我们可以使用 TRY DELETE THEN COMPILE 或在门中逐渐删除不再使用的方法来发现这一点；一旦它为空，我们就可以将其删除。

3. 永久配置

最后一类是永久配置。这一类很特殊，因为它应该会导致使用量增加或易于维护。使用量增加的一个示例是，通过将差异放在代码内配置标志之后，为两个不同的客户重用大部分相同的软件；或者是为启用不同的使用层而进行的配置，使我们能够满足不同的业务规模。这两者都可能使我们的用户数量翻倍，使配置非常值得增加可维护性。

易于维护的一个示例是为用户提供明暗模式标志。它只影响代码的最外层部分(样式)，因此不会影响可维护性，但可以增强某些用户的体验。

我们应该对永久类别中的内容非常挑剔。如果它不会导致使用量增加并且不易维护，那么它可能不值得付出代价并且应该被删除。图 9.6 总结了处理配置代码的方法。

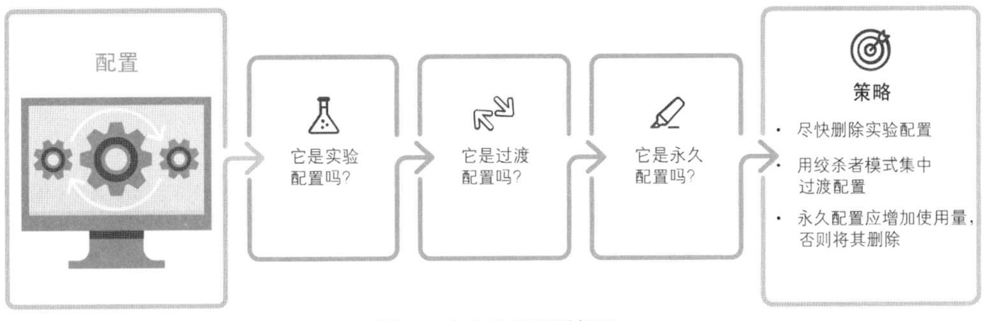

图 9.6　如何处理配置代码

9.10　删除代码以消除库

使用第三方库是一种以低成本获得大量功能的快速方法。一些库使你无须编写数千行代码，并且还提供比你在内部获得的更高的质量或更好的安全性。我一直建议将安全留给专攻安全领域的人，因为作为外行，我们确实没有足够的经验来对抗同样专攻于其技术的攻击者。

支持使用第三方库的另一个安全属性是，我们的安全质量很容易对软件的可行性产生直接影响。如果软件发生重大安全事件，可能会破坏用户的信任，从而破坏软件。

使用第三方库的另一个原因是它可以执行对其他方式不可行的操作，例如使用 Swing (Java)、React(TypeScript)或 WPF(C#)等前端框架。这些都提供了大量需要专业技能才能构建的代码——我们的团队可能不具备这样的图形编程技能。

遗憾的是，使用库是一把双刃剑，因为虽然我们不需要维护它们的代码，但必须将其更新，这有时意味着我们需要调整代码。这样做既耗时又容易出错。使用库给团队增加了认知负担，因为团队成员至少需要掌握一些实用知识。

当我们使用库时，会失去一些可预测性，因为我们无法预测更新何时到来，也无法预测需要花多少时间来调整代码库。有时我们依赖的功能被弃用或删除，因此必须构建一些东西来替换它们。有时会引入错误，我们需要实施临时的解决方法或 hack 来使软件正常运行。最后，当库中的错误被修复时，我们必须撤销解决方法，这样它们就不会在代码中恶化。我们还被迫要在阅读理解库源代码和接受降低的安全性之间做出权衡，因为库是另一种可能的攻击媒介，我们只能通过像处理自己的代码一样对待它来确保安全。

外部库的危险性被放大了，因为大多数现代语言都带有包管理器，这使得添加依赖项比以往任何时候都容易。正如前面的场景所示，我们不仅要担心我们的依赖项，还要担心依赖项的所有依赖项，以此类推。

一个著名的思想实验

在一篇博文中，David Gilbertson 提出了一个发人深省的虚构场景。他发布了一个小的 JavaScript 库，为控制台中的日志信息添加颜色。他写道，“人们喜欢漂亮的颜色”“我们生活在一个人们安装 npm 包就像服用止痛药一样的时代”。通过最小的社会工程(一些拉取请求)，他将库注入其他库中。该库开始每月获得数十万的下载量。然而，用户不知道的是，这个库含有恶意代码，会从使用它的网站上窃取数据。

限制我们对外部库的依赖

解决上述问题的一种方法是从高质量供应商处挑选库，以便我们信任其内部质量和安全要求。这些供应商努力避免破坏性更改。我们只需要在有更新时重新审核安全性或调整代码，因此如果库很少更改，我们就可以最大限度地减少这些成本。

减少这些问题的另一种方法是经常更新。在 DevOps 中有如下这样一句话。

> 如果有什么伤害，那就多做一些。
>
> ——DevOps 谚语

如果我们经常做某事，就会更有动力去精简它并减少它带来的问题。持续集成和交付之类的过程背后就隐藏着这样的论点。更频繁地做某事的另一个好处是，工作量往往会变得更小，从而分散成本，并且降低风险和整体成本。

但是，这无助于减轻上一节中提到的安全风险。我建议的最后一个也是最简单的解决方案是：使你的依赖项可见，然后对每个库是增强型还是关键型进行分类。使用这种方法可以降低你的依赖性并最终减少你对库的依赖。

如果增强型库损坏，只需要将其删除，使应用程序正常运行，然后再寻找替代。将代码库从增强型提升为关键型时要谨慎。如果代码库中潜伏着未使用的库，请将其删除。如果它们相对容易在内部实施，那么这样做通常是值得的，可以消除不确定性。

如果我们已经安装了 jQuery 库和其数百个函数，但只使用一个来进行 Ajax 调用，那么更好的做法是找到一个更简单的库来更精确地满足我们的需求，或者实现一个内部函数来完成同样的事情。在安全性方面，即使我们并不直接使用，仍需要审计库中的所有代码。图 9.7 总结了处理第三方库的方法。

图 9.7 如何处理第三方库

9.11 从工作功能中删除代码

代码是一种任务；需要花费时间来维护，并且具有很多不可预测性，因此伴随着风险。使用就是为代码付出的价值体现。一个常见的误解是：功能与使用相关，因此添加更多功能会增加更多价值。遗憾的是，事情并非如此简单。

正如我在本章中试图阐明的那样，在平衡代码成本与功能优势时，有许多因素在起作用：我们接受复杂性增加的时间长短、我们如何重视可预测性、我们如何测试新功能、我们如何支持他人等。有两种方法可以在任何成本/收益关系中增加价值，鉴于功能的收益如此复杂，因此通过重构或删除代码来降低成本通常更容易。即使删除的工作功能的成本高于它们带来的使用量增加，情况也是如此。

同样，任何未使用的东西，无论其潜力如何，都只是一种开支。这就是你应该喜欢删除代码的原因：这样做会立即使代码库价值更高。图 9.8 总结了处理工作功能的方法。

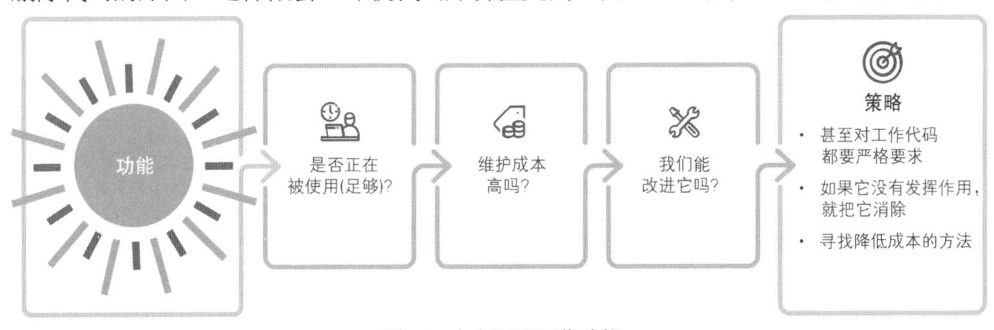

图 9.8 如何处理工作功能

9.12 本章小结

- 技术无知、技术浪费、技术债务和技术拖累是使开发变得更慢和更困难的原因。技术无知通常源于缺乏经验，只能通过持续关注技术优势来解决。技术浪费往往来自时间压力，但时间压力没有任何好处，只能造成破坏。技术债务源于环境，只要是暂时的，就完全可以接受。技术拖累是代码库增多的副作用；这是必然的，因为我们的软件模拟了一个复杂的世界。
- 我们可以使用绞杀者模式来深入了解并删除遗留系统中的代码，或者在过渡期间集中配置。
- 使用“探针并稳定”模式可以减少一些冻结项目导致的浪费。此外，通过使默认操作删除项目而不是保留项目，可以防止项目成为拖累。
- 通过删除不好的自动化测试，我们增加了对测试的信心，从而使测试套件更有用。糟糕的测试可能是乐观的、悲观的或不稳定的。我们还可以通过重构代码来消除复杂的测试，通过专门化缓慢的测试以加快速度，从而改进测试套件。
- 通过强制执行分支限制，我们可以减少在版本控制中跟踪陈旧分支所需的认知负担。
- 通过对配置设置并保持严格的时间限制，我们将复杂性保持在最低限度。
- 通过限制我们对外部库的依赖，可以节省更新和审计的时间，同时提高可预测性。
- 要使代码文档有用，它必须是相关的、准确的和可发现的。我们可以使用算法来确定如何编写知识。

第 10 章 永远不要害怕添加代码

本章内容

- 识别害怕添加代码的标志
- 克服对添加代码的恐惧
- 理解代码重复的权衡
- 致力于向后兼容
- 通过使用功能切换来降低风险

在上一章中讨论了代码的弊端后，我们很容易变得害怕编写代码。毕竟，第 9 章的结论是代码会增加成本。在谈论代码时，恐惧的另一个来源是无法编写完美的代码。考虑到导致代码缺陷的很多可能，完美是一个完全不切实际的目标。许多因素会影响“完美”：性能、结构、抽象级别、易用性、易维护性、新颖性、创造性、正确性、安全性等。解决一个重要问题的同时将所有这些都铭记在心是不可能的。

我在接受计算机科学的正规教育之前就开始编程了。那时，我的生产率很高并且有创造力，因为我唯一的考虑就是让代码运行。然后我上了大学，了解了代码可能失败或变坏的所有方式，我的生产力直线下降。我接到一个任务，然后开始在编写第一行代码之前思考几个小时或几天。从意识到这种编程怯场对我的影响之大时，我就开始与它作斗争。

在本章中，我将分享我用来检测此类情况的标志并提供进行克服的建议。认识到添加代码比修改代码更安全后，我们通过代码重复或可扩展性等方式来利用这一事实。

10.1 接受不确定性：进入危险

如果我们害怕，就无法有效地工作。软件开发就是要学习某一领域并将这些知识编写成编程语言。积累知识的最有效方法是实验，但这需要勇气：我们需要明确最不确定的部分并予以关注。这就是为什么在流行的 Scrum 框架中，勇气是五大价值之一。谷歌的一项重要研究发现，团队生产力的最大预测因素是心理安全感，即团队成员是否相互信任并愿意承担风险。

更糟糕的是，我们往往最害怕不确定性最大的领域，但这正是我们最需要学习的地方。在即兴表演中，有一个概念叫做“进入危险”。这个概念指出，所有人都会倾向于避免不舒服的情况，但最好的戏剧来自面对这些情况并在此基础上进一步发展。Patrick Lencioni 曾谈到“进入危险”是有效咨询最重要的经验之一。我认为它同样适用于软件开发。

如果没有得出结果，则我们再优秀也没用。我从大学刚毕业就进入了这个行业。当时的我年轻气盛，认为自己是最好的——当我不得不将我的第一个代码投入运行时，这种感觉立即消失了。可能出错的事情的规模超出了我的想象。作为一名顾问，我四处奔波，在新地方的第一次部署总是令人恐惧。这就是为什么我采用了许多大公司也使用的策略，这一策略也与“进入危险”一致：我必须在第一天将某物部署到生产中。这立即消除了恐惧和焦虑并教会了我如何为该团队创造价值。

恐惧是一种心理痛苦。正如我在上一章中所说，如果有什么事情会造成伤害，那就多做一些。如果某件事很可怕，那就多做一些——直到它不再可怕为止。

10.2 使用探针实验克服对构建错误事物的恐惧

在我作为顾问工作时，经常看到对失败的恐惧阻碍了生产力。恐惧使人们想要在尝试之前讨论、设计或考虑如何构建某些东西。当对构建错误事物的恐惧压倒了对不完美构建的恐惧时，就会发生这种情况。这是一种危险信号。

我推荐的编程工作流程通过从探针实验开始帮助克服这个问题。在图 10.1 中，我们从探索开始，这通常以探针实验形式出现。在探针实验期间生成的代码可能不会进入主程序，因此它是否有缺陷并不重要；这样恐惧就消散了。

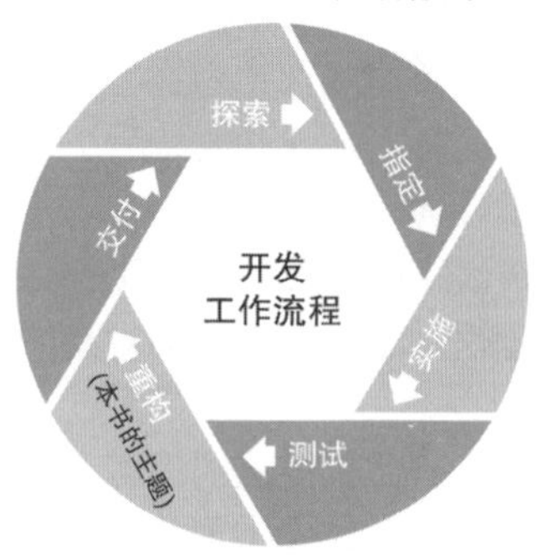

图 10.1 推荐的开发工作流程

探针实验为我们提供经验，让我们能够使用它去创造更好的第一个实际版本并获取信心。探针实验非常强大，但由于需要严格要求，因此很难引入。其文化需要支持并鼓励编写将被抛弃的代码。利益相关者必须意识到产品是知识，而不是代码或功能。

对于利益相关者，有时甚至对于开发人员来说，诱惑是使用探针代码。这发出了一个信号，表示产品是代码而不是知识。这个信号具有灾难性的副作用，使得我们开始尝试在探针实验期间改进代码。很快我们就会面临与为生产编写代码一样的恐惧——因为我们确实如此。为保持优势，探针实验我们必须严格禁止探针代码投入生产，必须推广“知识就是产品”的理念。我们可以使用峰值来测试假设、实验和用户友好性。

以通常与知识产品相关联的格式(如幻灯片或白皮书)编码结果可能会帮助适应这种知识的推广。探针实验结果由一张幻灯片组成，其显示 3 个最重要的点，屏幕截图或模型使得更易于向利益相关者展示时间没有被浪费。这些幻灯片可以重复用于每周一次的简单的团队知识共享会议，这可以减少马戏团因素，加强团队精神，进一步促进对知识的关注。

10.3 以固定比例克服对浪费或风险的恐惧

害怕代码的另一个标志是，周围的工具和流程明显比实际的生产代码更复杂。在开始编写业务逻辑之前，一些团队花费大量时间设置测试环境、创新的分支策略和仓库结构、功能切换系统、前端框架以及自动化构建和部署。所有这些东西在软件生产中有各自的时间和地点；然而，这些工具应该用于减少风险或浪费。在这些方面花费太多时间表明对浪费或风险的恐惧大于对交付的渴望。当没有代码时，我们既没有风险也没有浪费，因此花时间在这些工具上只是拖延。设置这些支持系统可能既有趣又具有挑战性，并且会让人感觉很重要；但是，如果我们不通过这些支持系统推送任何生产代码，就无法降低成本，这些支持系统也就没有任何价值。最糟糕的情况是，维护或开发这些工具需要付出太多努力，以至于我们无法交付真正重要的东西。

亲身经历

我曾经加入了一个正在努力尝试交付的团队。我照例得到了关于公司和项目的介绍。按照惯例，我问他们部署代码的程序是什么。就像一根火柴点燃了汽油一样，首席开发人员兴奋了起来，开始解释一个非常复杂的构建和部署流程。这个流程除了煮咖啡以外什么都能做。我很困惑为什么他们在交付方面有困难，于是列出了我的可能性清单。我假设问题出在一个过于紧密耦合的架构上，于是要求查看他们的代码库。得到的答复是，“我们还没有任何代码。我们一直在忙着建立这个流程”。

我推荐的避免这种情况的解决方案来自 Gene Kim 等人编写的 *The DevOps Handbook* 一书。作者建议将 20%的开发人员时间用于非功能性需求，例如维护和开发支持工具。设置这样的限制有两种作用：它能够确保重要的维护任务不会被功能工作淹没，反而能够降低复杂性的比率。只用 20%的时间来开发某些东西意味着它永远不会变得比生产代码更复杂。我认为 80∶20 是生产代码和支持工具之间复杂性的合理比例。

有多种方法可以实现此解决方案。你可以为每张标签的预估时间增加 20%或每天增加几个小时。遗憾的是，根据我的经验，由于上下文切换和其他开销，大多数小的时间间隙要么会被忽略，要么会被浪费。与之相反的是每隔 5 个冲刺就进行一次重构和维护工作。这种方法也不是很好。工作太紧张，没有乐趣；开发人员和利益相关者通常都渴望有进步的感觉，这在此类冲刺中很难实现。不以这种方式推迟重构的另一个原因是，在前面的4个冲刺中，代码的耦合程度和复杂度都会增加，处理速度越来越慢。

我见过的最成功的实施方案是将星期五预留给非代码工作日，即任何不是由利益相关者请求所推动的工作。在这些星期五，开发人员进行试验、进行重大重构或自动化开发任务，以减少浪费并提高质量。一整天足以执行重要任务，而且时间足够长，不至于浪费太多时间。在日常的代码工作日，这也是一个很受欢迎的节奏变化，可以恢复精力。

10.4 通过逐步改进克服对不完美的恐惧

“冒名顶替综合征”是指一个人觉得自己不适合自己的工作并担心有人会揭露他们是冒名顶替者。尽管它是不合理的，而且几乎总是不正当的，但在我们的行业中很普遍。“冒名顶替综合征”会对生产力产生真正影响，因为为了保护自己，我们试图让代码完美，这样就不会暴露任何问题。为一个重要问题编写完美的代码是非常困难的，因此我们最终要么会拖延，要么只做不重要的任务。

开发人员有时会一味地批评他人的代码。我们经常可以听到开发人员抱怨某些代码的可用性、性能、稳定性、架构等。听到这些抱怨会让我们担忧自己的代码，例如“有人对我的代码如此评价吗”或者“如果那个人看到我的代码怎么办他在看我的代码吗”。这些抱怨甚至可能加剧我们的冒名顶替综合征。

我已经失去了追求完美代码的信念。提高代码效率需要技能和分析；使代码易于使用需要测试和实验；使代码易于扩展需要重构和远见；使代码稳定需要测试或输入。所有这些都需要时间。然而，另一个属性通常同样重要：生产成本。这意味着我们必须选择关注点并在必要时接受它的不完美。

在编写代码时需要考虑的指标太多，而且我们无法同时对所有指标进行优化，那么哪个最重要？我发现有一个比其他的更有用：优化开发人员的生活。也就是说，尽量在最短的时间内从获得任务过渡到开始工作。这样，我们就可以把更多的时间花在我们喜欢做的事情上，例如编写更多的代码。

优化开发人员的生活具有额外的好处，即在我们从测试、测试人员、利益相关者和用户那里获得反馈之前，最大限度地提高实践并缩短时间。众所周知，短反馈循环可以提高质量，因为我们可以使用反馈来指导我们的改进工作。无论从哪里开始，如果我们比竞争对手进步得更快，最终就会超过他们。

这也是在第9章中讨论的Dan North的“探针并稳定”模式背后的哲学理念。在这种模式中，我们将任务视为探针实验并生成不考虑指标的代码。但是，我们对代码添加了监控，六周后，我们会查看代码是否正在被使用。如果未被使用，我们将其删除；如果在使用中会根据从监控中获得的反馈来重写代码。这里，我们针对开发人员的生活进行了优化，因为我们只在正在使用的代码上花费时间。我们也有反馈来指导我们的工作，因此也不会在错误的指标上浪费时间。

10.5　复制和粘贴效果如何改变速度

在本书中，我们多次讨论了添加代码的最基本方法之一：复制代码。最值得注意的是我们在4.3节中将draw代码复制到所有Tile类中并在5.4节中将update代码复制到Stone和Box中。在这两个示例中，我们最终决定采取不同的后续行动。在draw案例中，我们得出的结论是，相似性是巧合，代码应该发散，因此保留复制代码。在update中，我们得出的结论是，代码是相连接的，应该被链接，因此统一代码。代码重复是一种鼓励或阻止代码发散的方法，但它还有另外两个重要的属性需要考虑。我们逐一介绍。

首先，当我们共享代码时，很容易影响到所有使用该代码的位置。这意味着我们可以快速对行为进行全局更改。然而，仅在其中一个调用点中更改行为并不简单。另一方面，如果我们通过复制代码来共享行为，则每个调用点都是解耦的，这意味着只修改一个调用点很容易；但是相应地，全局影响这种行为很难，因为我们需要在所有位置将其更新。共享代码会增加全局行为改变的速度，而复制代码会增加局部行为改变的速度。

其次，全局行为改变速度快意味着我们可以同时影响代码中的许多不同地方。在第2章中，我们将脆弱性定义为“系统更改导致代码中看似不相关的位置损坏的趋势”。很容易想象，共享函数的每个调用点都有不同的局部不变量。每当我们更改共享代码时，就有可能破坏任意数量的不变量，因为它们不局部于共享代码。因此，共享增加了系统的脆弱性。

提高全局行为改变速度可能很棒，因为我们的代码可以在需要时快速适应。增加系统脆弱性是相应需要付出的代价，同时也会在共享代码中引入不良更改并造成全局损害。这两个缺点都增加了测试、证明或监控的必要性。

由于复制的代码是完全解耦的，因此更容易进行试验，并且更改起来也更安全，因为你不会冒险为其他任何人破坏任何东西。在探针实验期，我鼓励尽可能多的重复；这是检验假设的快速方法，即使在“探针并稳定”模式的六周探针实验期间也是如此。一旦代码稳定下来，在忘记它之前，我们使用第 5 章中描述的重构模式检查将代码与复制源统一是否有意义。也就是说，我们主要考虑的问题是“这应该和复制源相统一吗？当它发生变化时，复制源应该改变吗？我的团队拥有统一代码吗”。如果这些问题中的任何一个的答案是否定的，那么代码可能应该保持独立。

10.6　通过可扩展性进行添加修改

添加代码的另一种方法是使用可扩展性。如果我们知道某些代码可以接受更改，就可以使其具有可扩展性。这意味着我们将变化推到单独的类中。这种情况下，添加一个新的变化可能就像添加另一个类一样简单。如果我们的域是相当规则的，那么通常会发生变化的地方应该会随着时间的推移越来越适应进一步的变化。

变化点使我们的代码更复杂；理解代码是如何运行的就更加困难了，因此以后进行修改可能更具挑战性。使一切都可扩展是一种浪费，因为这样做会不必要地导致代码变得更复杂。不能代表底层域的复杂性称为偶然复杂性。由于代码代表现实世界，因此一些复杂性从底层域继承；这称为基本复杂性。

为限制偶然复杂性，我们应该推迟引入这些变化点，直到需要时再引入。在整本书中，无论我们在哪里发生变化，都遵循相同的三步过程。

(1) 复制代码。

(2) 利用代码并进行调整。

(3) 如果这样做有意义，则将代码与源代码统一。

这种方法在我们处理代码时提供了很大的自由，因为它与任何其他代码分离。一旦我们完成对代码的处理，就可以轻松地统一代码以展示结构。

这个工作流程让人想起另一种常见的重构模式：Expand-Contract 模式。这一模式通常用于安全地将破坏性更改引入数据库。讽刺的是，这一模式仅以其两个最短的阶段命名。该模式分为 3 个阶段，类似于刚刚描述的过程。

(1) 在扩展阶段，我们添加新功能。这样做是安全的，因为只是添加，但我们现在有两个相同行为的副本需要维护。

(2) 进行迁移，慢慢地将调用者转移到新功能。这是最长的阶段。

(3) 移动所有调用者后，我们执行收缩阶段。在这一阶段中，我们删除行为的原始版本。

在本书中，我们看到了两种提升代码可扩展性的重要方法：REPLACE TYPE CODE WITH CLASSES 和 INTRODUCE STRATEGY PATTERN。这两种模式都将静态结构转换为动态结构。REPLACE TYPE CODE WITH CLASSES 采用 if 和 switch 形式的静态控制流并将它们转换为接口上的方法调用。通过接口的控制流是动态的，因为可以随时轻松扩展它，这意味着我们可以通过添加另一个实现类来简单地修改行为。INTRODUCE STRATEGY PATTERN 统一了一些代码的两个副本，允许我们通过添加新策略动态地添加新副本。

10.7 通过添加修改可实现向后兼容

通常，我们通过公共接口或 API 向外部暴露功能。如果人们依赖我们的代码，则我们有责任在更新代码时保护他们免受无意的副作用的危害。解决这一问题的标准方案是版本控制。当我们对代码进行版本控制时，会为调用者提供继续使用熟悉版本的选项，使其不必担心我们可能会更改它。

微软对向后兼容的贡献

众所周知，微软对向后兼容性有着巨大的贡献，这很可能是该公司的成功因素之一。在系列视频 *One Dev Question with Raymond Chen* 中，Chen 描述了 Windows 95 的代码是如何在 Windows 10 中仍然运行的。发现 20 多年前的代码仍在运行可能是一个有趣又令人敬畏的朝圣之旅。在 YouTube 的视频 *Why You Can't Name a File CON in Windows* 中，Tom Scott 展示了我最喜欢的示例——在今天的 Windows 10 系统上找到 Windows 3.1 的文件选择提示。

(1) 按 Start 键，输入 ODBC，然后单击 ODBC Data Source Administrator(32-bit)。

(2) 单击 Add 按钮。

(3) 选择 Driver Do Microsoft Access(*.mdb)，然后单击 Finish 按钮。

(4) 单击 Select 按钮。

我想提醒人们，在代码中最安全的做法是不要更改任何内容。虽然这在一定程度上是一个笑话，但其中也隐藏着深刻的观察。如果我们真的致力于为调用者提供最大可能的安全性，那么我们的代码应该在其整个生命周期内保持向后兼容。这意味着每次进行更改时，我们都会在公共接口中引入新方法、在 API 中引入新端点或者在基于事件的系统中引入新事件。原始方法的功能保持不变。

这种开发方式非常简单，只需要按照与前面描述的相同过程进行操作。我们首先复制希望更改的现有端点，然后实施任何更改，要知道它不会影响任何人。接下来，与原始端点的代码保持统一。这确实增加了一些偶然复杂性，源于 1.0 版的“偶然”并不完美。为消除这种复杂性，我们应该弃用旧版本，改编教程材料以使用新版本，并且努力宣传这一更改，推动人们转向新版本。与在前一章中处理遗留代码的方式类似，我们应该通过监控来最优化地增强原始版本。一旦此监控显示未使用原始版本，我们就可以安全地将其删除。

还有一个问题是如何指定使用哪个版本。因为要选择最简单的解决方案，所以我建议将版本控制直接放在入口点名称中。注意，我们只对最外层(用户和我们之间的接口)进行了版本控制，而不需要对我们可以控制的方法进行版本控制，因为我们可以测试这些方法并验证它们没有任何问题。由于不能对用户的代码这样做，因此我们对其进行了版本控制。我还建议使用一致的命名方案，以便轻松判断哪个版本是最新的。在查找如何清理 SQL 输入时，可以在 PHP 中找到一个不命名函数的示例(如代码清单 10.1 所示)。

代码清单 10.1 PHP 中转义字符串的 3 个版本

```
mysql_escape_string
mysql_real_escape_string
mysqli_real_escape_string
```

10.8 通过功能切换进行添加修改

将我们的代码与同事的代码合并称为集成。我们知道，经常并小批量地集成代码可以减少错误并节省时间，更重要的是，可以避免合并冲突的恐惧。我们更愿意每天多次或通过集成编程等实践连续执行此操作。但这引发了一些问题，例如如果代码没有准备好怎么办？如果用户还没有准备好接受新功能怎么办？

当我们将部署代码视为发布代码时，这种思路很常见。代码库有可能包含代码而不运行。我们甚至可以在不为人知的情况下部署代码。忽略代码的最简单方法是将其放入 if (false)中。我们可以无所畏惧地包含我们想要的任何东西，只要代码编译，我们也可以安全地将它集成到主分支甚至进行部署。但是请注意，这样做有一个最低要求：代码必须编译。

这就是功能切换背后的原理。有非常复杂的系统可以处理这个问题，但作为起点，我总是建议在学习时使用最简单的版本。像这样的新概念需要练习，使用现成的工具可能会让人不知所措和分心。为开始使用功能切换，我推荐以下过程。

(1) 创建一个名为 FeatureToggle 的类(如果它不存在)，如代码清单 10.2 所示。

代码清单 10.2 新类

```
class FeatureToggle {
}
```

(2) 为你即将解决的任务添加一个静态方法，返回 false。这被称为功能标志。示例中是 featureA(如代码清单 10.3 和代码清单 10.4 所示)。

代码清单 10.3 重构之前

```
class FeatureToggle {
}
```

代码清单 10.4 重构之后(1/4)

```
class FeatureToggle {
  static featureA() { return false; }    // 新功能标志
}
```

(3) 找到应该实施变更的地方。放一个空的 if(FeatureToggle.featureA()) { }并将现有代码包含在 else 中(如代码清单 10.5 和代码清单 10.6 所示)。

代码清单 10.5 重构之前

```
class Context {
  foo() {
    code();    // 原始代码，未更改
  }
}
```

代码清单 10.6 重构之后(2/4)

```
class Context {
  foo() {
    if (FeatureToggle.featureA()) {    // 新建 if(false)
    } else {
      code();    // 原始代码，未更改
    }
  }
}
```

(4) 将 else 中的代码复制到 if 中(如代码清单 10.7 和代码清单 10.8 所示)。

代码清单 10.7 重构之前

```
class Context {
  foo() {
    if (FeatureToggle.featureA()) {
    } else {
      code();
    }
  }
}
```

代码清单 10.8 重构之后(3/4)

```
class Context {
  foo() {
    if (FeatureToggle.featureA()) {
      code();    // 同样的代码
    } else {
      code();    // 同样的代码
    }
  }
}
```

(5) 对 if 内的代码进行所需的更改。当我们准备好测试新代码时，修改

FeatureToggle.featureA 以返回环境变量的值：如果变量不存在，则返回 false(如代码清单 10.9 和代码清单 10.10 所示)。

代码清单 10.9 重构之前

```
class FeatureToggle {
  static featureA() {
    return false;
  }
}
```

代码清单 10.10 重构之后(4/4)

```
class FeatureToggle {
  static featureA() {
    return Env.isSet("featureA");    // 功能标志使用该环境
  }
}
```

现在我们可以在本地机器上设置变量以进行测试，但它仍然不会显示给其他人。我们可以安全地部署代码。当客户准备好后，我们可以轻松地在生产环境中设置环境变量来运行代码。通过这种方式工作，我们可以随心所欲地进行集成和部署。但是，这样做有一些注意事项。

需要注意的是，如果我们忘记了这个过程或操作不当，就有可能无意中将某些东西投入生产。作为一名对自己的工作感到非常自豪的开发人员，我最害怕的事情就是无法控制投入生产的内容。这是我推荐使用这种原始版本的功能切换的原因之一；过程更简单就可以降低犯错的风险。一开始，我们可以简单地在常规工作流程之上添加功能切换，并添加到我们可立即设置所有环境变量的部署过程中。这样做应该与我们的常规部署具有相同的效果。通过这种方式，我们可以在用户察觉不到任何变化的情况下实践并变得更好，而不是在不重新部署的情况下回滚正确切换的功能——这是功能切换的另一个价值主张。

另一点需要注意的是，我们现在有两个运行相同代码的副本。更糟糕的是，我们还有一个 if。正如我们前面所说，if 增加了实际的复杂性。如果我们开始有依赖的功能，则必须在两个分支中放置一个 if。这种方法很快就会爆发并变得难以管理。但这些 if 是特殊的，它们是暂时的，因此属于技术债务。每当我们关闭产生功能切换的任务时，应该创建一个计划任务来删除切换。我再次建议将这项任务最多安排在未来六周内完成。此时，如果在生产中开启了该功能，我们将删除 else 部分；否则，删除 if 部分。这可能意味着代码从未被使用过，但这种情况下，我们将其视为冻结项目并将其从主分支中删除。不能让功能标志恶化，因为它们会污染代码库并可能导致灾难性的失败。

Knight 公司的切换问题

Doug Seven 在博文“Knightmare: A DevOps Cautionary Tale”(http://mng.bz/dm0w)中说，在 2012 年，高速交易公司 Knight 发布了其软件的新版本。几个原因共同导致其成为该公司历史上最糟糕的一天。因为部署是由单个工程师手工完成的过程，所以该软件并没有推广到所有服务器，因此两个版本会同时运行。系统中没有内置杀掉开关，也没有处理出错情况的程序。唯一激活的安全功能是一封警告邮件，但这封邮件被忽略了。

所有这些都是有风险的决定，但它们本身并没有造成麻烦。雪崩的开始是因为两个运行版本不兼容。新的代码重新使用了一个 7 年来一直未使用的配置标志。遗憾的是，与该标志绑定的代码仍然处于一些服务器上运行的代码库中。这导致该程序开始不受控制地进行交易。Knight 公司在尝试停止该程序的 45 分钟内损失了超过 4 亿美元。

一旦解决了这两个问题，我们就会确信所有切换都已顺利完成，并且会定期删除切换。然后，很快我们可以开始进一步利用这项绝佳的技术。第一步可能是将切换移到数据库并为它们创建一个小的 UI，以便业务可以在启动和关闭间切换。我们也可以进行一个缓慢的推出：最初只有 10%的用户看到新功能，以确保它有效，然后用户数量逐渐增加。我们可以进一步考虑这个想法并将切换与一些指标结合起来，如“用户是否买了东西”：如果有更多的用户在买东西，我们会更快地推出它。这称为 A/B 测试，可以带来巨大的利润。

对奥巴马的竞选网站进行 A/B 测试

在 2008 年的美国总统选举中，奥巴马的竞选网站需要一张照片和一个注册按钮。由于不知道哪张照片或按钮文本效果最好，因此他的团队设立了一个实验。利用 A/B 测试，他们向一些访问者展示了一种组合，向其他用户展示了其他组合。他们观察到，奥巴马与家人的照片和一个写着“了解更多”字样的按钮效果最好。总的来说，这个组合比 A/B 测试前的效果好 40%。据估计，这使捐款增加了 6000 万美元(http://mng.bz/rmxy)。

注意，这也解决了第 9 章的讨论，因为算法会自动淘汰利润较低或有错误的代码。我们人类只需要在查看标志是打开还是关闭后执行实际删除，而这非常容易。

10.9 通过抽象分支进行添加修改

此时，你可能想知道“功能切换是不是打破了 NEVER USE IF WITH ELSE 规则”。确实如此，但有两种方法可以解决这个问题。最简单的方法是，if 是暂时的，很容易删除。这是我们的目的，不应该扩展它们，这是 if 的主要问题。如果功能标志仅在一个位置使用，我会使用这种解释。

某些功能需要在代码中的多个位置进行更改。这意味着如果我们使用多个 if，与此更改相关的不变量将分布在它们之间。这些情况下，在交付代码之前，我在功能标志内的布尔值上使用 REPLACE TYPE CODE WITH CLASSES。我没有返回 true 或 false，而是返回 NewA 或 OldA。这通常被称为抽象分支：类就是抽象，拥有两个类就是拥有分支。将分支作为类可使我们通过将分支推入类来消除 if(正如我们在本书的第 I 部分中反复做的那样)。

在代码清单 10.11 和代码清单 10.12 所示的示例中，我们看到同一个程序的两个版本：一个使用常规功能切换，另一个使用抽象分支。

代码清单 10.11 功能切换

```
class FeatureToggle {
  static featureA() {
    return Env.isSet("featureA");


  }
}
```

代码清单 10.12 抽象分支

```
class FeatureToggle {
  static featureA() {
    return Env.isSet("featureA")
        ? new Version2()
        : new Version1();
  }
}
```

```
class ContextA {
  foo() {
    if (FeatureToggle.featureA()) {
      aCodeV2();
    } else {
      aCodeV1();
    }
  }
}
class ContextB {
  bar() {
    if (FeatureToggle.featureA()) {
      bCodeV2();
    } else {
      bCodeV1();
    }
  }
}
```

```
class ContextA {
  foo() {
    FeatureToggle.featureA().aCode();
  }
}
class ContextB {
  bar() {
    FeatureToggle.featureA().bCode();
  }
}
interface FeatureA {
  aCode(): void;
  bCode(): void;
}
class Version1 implements FeatureA {
  aCode() { aCodeV1(); }
  bCode() { bCodeV1(); }
}
class Version2 implements FeatureA {
  aCode() { aCodeV2(); }
  bCode() { bCodeV2(); }
}
```

这种方法将这些类中的功能更改的不变量局部化。然后，一旦需要删除功能切换，就将执行以下操作。

(1) 删除其中一个类，如代码清单 10.13 和代码清单 10.14 所示。

代码清单 10.13 重构之前

代码清单 10.14 重构之后(1/4)

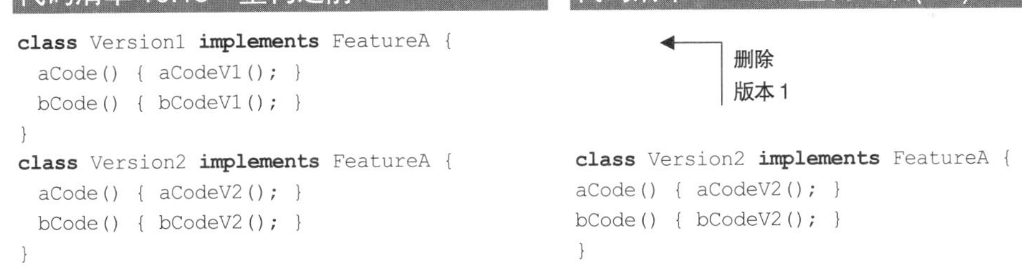


```
class Version1 implements FeatureA {
  aCode() { aCodeV1(); }
  bCode() { bCodeV1(); }
}
class Version2 implements FeatureA {
  aCode() { aCodeV2(); }
  bCode() { bCodeV2(); }
}
```

```
class Version2 implements FeatureA {
aCode() { aCodeV2(); }
bCode() { bCodeV2(); }
}
```

(2) 然后，根据 NO INTERFACE WITH ONLY ONE IMPLEMENTATION，也要删除该接口(如代码清单 10.15 和代码清单 10.16 所示)。

代码清单 10.15 重构之前

代码清单 10.16 重构之后(2/4)

```
interface FeatureA {
aCode(): void;
bCode(): void;
}
```

(3) 最后，在剩下的类和功能标志中内联方法(如代码清单 10.17 和代码清单 10.18 所示)。

代码清单 10.17 重构之前

```
class ContextA {
  foo() {
    FeatureToggle.featureA().aCode();
  }
}
class ContextB {
  bar() {
    FeatureToggle.featureA().bCode();
  }
}
class Version2 implements FeatureA {
  aCode() { aCodeV2(); }
  bCode() { bCodeV2(); }
}
```

代码清单 10.18 重构之后(3/4)

```
class ContextA {
  foo() {
    aCodeV2();
  }
}
class ContextB {
  bar() {
    bCodeV2();
  }
}
class Version2 implements FeatureA {
  aCode() { aCodeV2(); }
  bCode() { bCodeV2(); }
}
```

内联方法

(4) 然后也删除该类(如代码清单 10.19 和代码清单 10.20 所示)。

代码清单 10.19 重构之前

```
class Version2 implements FeatureA {
  aCode() { aCodeV2(); }
  bCode() { bCodeV2(); }
}
```

代码清单 10.20 重构之后(4/4)

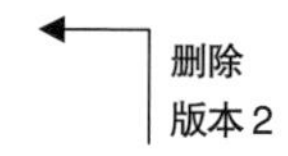

最后剩下如代码清单 10.21 所示的这段代码，其中没有任何关于功能切换的痕迹。

代码清单 10.21 重构之后

```
class FeatureToggle {
}
class ContextA {
  foo() {
    aCodeV2();
  }
}
class ContextB {
  bar() {
    bCodeV2();
  }
}
```

10.10 本章小结

- 将探针实验纳入我们的工作流程可以帮助我们克服对构建错误事物的恐惧。
- 接受一些浪费是必要的，这样我们就可以将大部分时间花在为利益相关者提供价值上。
- 将优化开发人员的生活作为我们的目标可以最大限度地提高实践和生产力。
- 复制代码鼓励实验，而共享会增加脆弱性。

- 拥有更大的代码体会暴露更多的底层结构并为我们的重构提供更清晰的方向。
- 重构旨在减少偶然复杂性。基本复杂性对于有意义地建模底层域是必要的。
- 通过添加进行修改支持向后兼容，从而降低风险。
- 功能切换支持集成代码，从而降低风险。
- 抽象分支有助于管理复杂的功能切换。

第 11 章 遵循代码中的结构

本章内容

- 在控制流中对行为进行编码
- 将行为移入数据结构
- 使用数据对行为进行编码
- 识别代码中未利用的结构

软件是关于现实世界某一方面的模型。随着我们的学习和成长，现实世界会发生变化，我们需要调整我们的软件以适应这些变化。这样一来，只要软件还在使用，就永远不会结束。这也意味着现实世界中的连接必须在代码中表示：代码是来自现实世界的编程结构。

本章首先讨论不同类型的代码结构的来源。然后，研究将行为嵌入代码的 3 种不同方式，以及如何在这些方法之间移动行为。在确定了正在处理的结构类型后，我们将讨论重构：什么时候重构有用或有害。最后，将了解不同类型的未被利用的结构，以及如何将它们与我们学到的重构模式一起使用。

11.1 根据范围和来源分类结构

在软件开发中，我们需要处理几种类型的结构(即可识别的模式)。这样的结构可能是两种相似的方法或人们每天都在做的事情。域中有结构，程序行为中有结构，沟通中有结构，代码中也有结构。

我喜欢将结构空间分为 4 个不同的类别：一个维度是结构会影响一个团队或一个人(团队内)还是会影响多个团队或多个人(团队间)；另一个维度是结构是在代码中还是在人中(见表 11.1)。

表 11.1 结构空间类别

	团队间	团队内
在代码中	外部 API	数据和函数、大部分重构
在人中	组织结构图、流程	行为、领域专家

宏架构是关于团队间的结构：我们的产品是什么以及其他代码如何与之交互。这将指导我们的外部 API 的外观以及每个团队拥有的数据。它定义了我们的软件平台。

微架构是关于团队内的结构：团队可以做什么来交付价值、我们使用哪些服务、如何组织我们的数据以及我们的代码看起来如何。本书中的重构模式属于这一类。

我们还在组织定义的流程和层次结构中工作：我们的团队以及团队间的沟通方式。这里，流程是指 Scrum、看板、项目模型等；层次结构是指定义谁应该与谁交谈的组织结构图或类似结构。

最后是领域专家定义的结构。领域专家熟悉域中的模式，因为这些模式会重复他们的行为。这些专家定义了软件应该如何运行，这意味着系统会反映专家的行为。

令人兴奋的是，结构倾向于沿水平维度反映。组织结构倾向于限制外部 API 的外观；这被称为康威定律。同样，领域专家行为的结构往往会渗透到代码中。这既有趣又有用，因为如果我们发现代码中的低效率之处，通常可以通过专家的工作方式、我们的流程或其他地方找到这些低效之处的真实来源。了解这一点可以成为一个强大的改进工具。

我提到这一点是因为用户行为也会限制代码结构。更改某些代码结构也需要更改用户行为。我们可以将用户视为代码的另一部分。如果我们不能与用户交互，则用户就是外部的；因此，从重构的角度看，用户限制了我们。如果我们可以对用户进行再培训，他们就在我们重构的范围内。记住，虽然改变人们的行为听起来比改变代码更简单，但在大型组织或用户群中，这样做通常更困难，而且很慢。因此，通常来说，有用的做法是首先对用户行为(包括所有的低效行为)进行建模，然后通过培训和教育逐渐提供更有效的功能，从而重构用户的行为。

11.2 代码反映行为的 3 种方式

不管行为来自哪里，我们可以通过 3 种方式将行为嵌入代码中。

- 控制流；
- 数据结构；
- 数据本身。

我们将在以下各节中介绍每种方法。为表明差异，我使用不同的方法展示了著名的 FizzBuzz 程序。此外，我还展示了如何编写无限循环，因为无限循环是一个有趣的特例。记住，因为重构不会改变行为，所以我们要么管理重复，要么将结构从一种方法转移到另一种方法。

FizzBuzz 简介

FizzBuzz 是一个教乘法表的儿童游戏。首先选择两个数字，然后玩家轮流按照顺序说出数字。如果序列中的下一个数字能被你的第一个数字整除，孩子就说 Fizz；如果能被你的第二个数字整除，就说 Buzz；如果能被你的两个数字整除，就说 FizzBuzz。游戏会一直进行下去，直到有人犯错。

用代码实现这个游戏通常会采用以下形式：编写一个程序，把一个数字 N 作为输入，然后输出从 0 到 N 的所有数字。但是如果一个数字能被 3 整除，就输出 Fizz；如果能被 5 整除，就输出 Buzz；如果能被两者整除，则输出 FizzBuzz。

11.2.1　在控制流中表达行为

控制流通过控制操作符、方法调用或简单的代码行在代码文本中进行表达。例如，代码清单 11.1～代码清单 11.3 是使用 3 种最常见的控制流类型的相同循环。

代码清单 11.1　控制操作符

```
let i = 0;
while (i < 5) {
  foo(i);
  i++;
}
```

代码清单 11.2　方法调用

```
function loop(i: number) {
  if (i < 5) {
    foo(i);
    loop(i + 1)
  }
}
```

代码清单 11.3　代码行

```
foo(0);
foo(1);
foo(2);
foo(3);
foo(4);
```

每当我们讨论代码重复时，几乎总是在谈论在这 3 个行为子类别之间移动，最常见的是远离最右边的类型：代码行。这 3 个子类别略有不同。如代码清单 11.4 和代码清单 11.5 所示，方法调用和代码行可以表达非局部结构，而循环只能在局部起作用。

代码清单 11.4　方法调用

```
function insert(data: object) {
  let db = new Database();
  let normalized = normalize(data);
  db.insert(normalized);
}
function a() {
  // ...
  insert(obj1);   <--+
  // ...             |  相同的
}                    |  方法调用
function b() {       |
  // ...             |
  insert(obj2);   <--+
  // ...
}
```

代码清单 11.5　代码行

```
function a() {
  // ...
  let db = new Database();              |
  let normalized = normalize(obj1);     |--+
  db.insert(normalized);                |  |
  // ...                                   |
}                                          |  相同
function b() {                             |  的行
  // ...                                   |
  let db = new Database();              |  |
  let normalized = normalize(obj2);     |--+
  db.insert(normalized);                |
  // ...
}
```

另一方面，控制操作符和方法调用可以做一些代码行不能做的事情——创建无限循环(如代码清单 11.6 和代码清单 11.7 所示)。

代码清单 11.6 控制操作符

```
for (;;) { }
```

代码清单 11.7 方法调用

```
function loop() {
  loop();
}
```

处理控制流中的行为时很容易做出大的改变，因为我们可以简单地通过移动语句来改变流。通常而言，我们更喜欢稳定性和小的改变，因此通常远离控制流进行重构。但在某些情况下，我们需要进行较大的调整，更有益处的做法是将行为重构为控制流，然后进行更改，最后再次将行为重构回来。

本书中的许多重构模式都适用于这个级别，例如 EXTRACT METHOD 和 COMBINE IFS。

大多数人通过在控制流中进行编码来实现 FizzBuzz，如代码清单 11.8 所示。

代码清单 11.8 使用控制流的 FizzBuzz

```
function fizzBuzz(n: number) {
  for (let i = 0; i < n; i++) {
    if (i % 3 === 0 && i % 5 === 0) {
      console.log("FizzBuzz");
    } else if (i % 5 === 0) {
      console.log("Buzz");
    } else if (i % 3 === 0) {
      console.log("Fizz");
    } else {
      console.log(i);
    }
  }
}
```

11.2.2 在数据结构中表达行为

另一种对行为进行编码的方法是在数据结构中。我们已经提到过一个比喻，即数据结构是留存在时间中的算法。我最喜欢的示例是二分搜索函数和二分搜索树(BST)数据结构之间的连接。

无须赘述，二分搜索是一种在排序列表中查找元素的算法。它的操作方法是重复地将搜索空间减半——因为列表是排序的，如果我们将搜索键与中间元素进行比较，就可以丢弃一半的列表。BST 是由节点组成的树结构；每个节点都有一个值，最多可以有两个子节点。这个数据结构中嵌入的不变量(或行为)是，左边的所有子节点都小于该值，而右边的所有子节点都大于该值。在 BST 中查找元素时，我们将元素与根节点的值进行比较，然后递归下降到相应的子树。二分查找的行为用 BST 的结构表示，如图 11.1 所示。

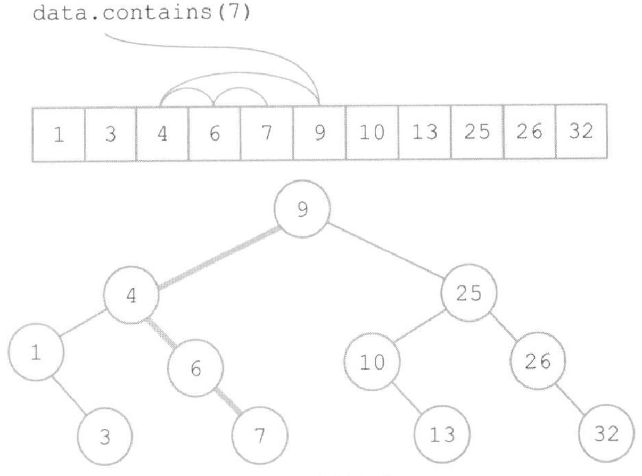

图 11.1　二分搜索和 BST

下面查看如何使用类型代替 for、while 并用递归函数来定义无限循环。在代码清单 11.9 所示的这个示例中，我们使用递归数据结构。Rec 有一个字段 f，其类型包含 Rec；因此，它是一种递归数据结构。由于字段 f 是一个函数，因此可以定义一个 helper 函数，该函数接受一个 Rec 对象获取封装在其中的函数，然后使用相同的 Rec 对象调用它。我们现在可以使用 helper 函数实例化一个 Rec 对象并将其传递给 helper 函数。注意在这个示例中没有函数直接调用自己：helper 函数通过 Rec 数据结构调用自己。

代码清单 11.9　递归数据结构

```
class Rec {
  constructor(public readonly f: (_: Rec) => void) { }
}

function loop() {
  let helper = (r: Rec) => r.f(r);
  helper(new Rec(helper));
}
```

与控制流中的行为相比，用这种方法更难以做出重大改变，除非它们与我们现有的变化点保持一致。然而，进行小的更改更容易、更安全。这是因为我们获得了更多的类型安全性和局部性。某些情况下，当数据结构允许我们缓存和重用信息时，也可以获得性能，如二分搜索与 BST 的示例。重构模式 REPLACE TYPE CODE WITH CLASSES 和 INTRODUCE STRATEGY PATTERN 都将结构从控制流移动到数据结构。

在数据结构中编码 FizzBuzz 有点麻烦，因为我们需要对%的循环行为进行编码(如代码清单 11.10 所示)。我们也可以将自然数作为数据结构来实现，以消除控制操作符 for，但我将其留给你作为练习。幸运的是，代码很容易阅读。

代码清单 11.10 使用数据结构的 FizzBuzz

```
interface FizzAction {
  num(n: number): void;
  buzz(): void;
}
class SayFizz implements FizzAction {
  num(n: number) { console.log("Fizz"); }
  buzz() { console.log("FizzBuzz"); }
}
class FizzNumber implements FizzAction {
  num(n: number) { console.log(n); }
  buzz() { console.log("Buzz"); }
}
```

编码 fizz 行为

```
interface BuzzAction {
  num(n: number, act: FizzAction): void;
}
class SayBuzz implements BuzzAction {
  num(n: number, act: FizzAction) {
    act.buzz();
  }
}
class BuzzNumber implements BuzzAction {
  num(n: number, act: FizzAction) {
    act.num(n);
  }
}
```

编码 buzz 行为

```
interface FizzNum {
  next(): FizzNum;
  action(): FizzAction;
}
class FizzNum1 implements FizzNum {
  next() { return new FizzNum2(); }
  action() { return new FizzNumber(); }
}
class FizzNum2 implements FizzNum {
  next() { return new Fizz(); }
  action() { return new FizzNumber(); }
}
class Fizz implements FizzNum {
  next() { return new FizzNum1(); }
  action() { return new SayFizz(); }
}
```

编码%3

```
interface BuzzNum {
  next(): BuzzNum;
  action(): BuzzAction;
}
class BuzzNum1 implements BuzzNum {
  next() { return new BuzzNum2(); }
  action() { return new BuzzNumber(); }
}
class BuzzNum2 implements BuzzNum {
```

编码%5

```
  next() { return new BuzzNum3(); }
  action() { return new BuzzNumber(); }
}
class BuzzNum3 implements BuzzNum {
  next() { return new BuzzNum4(); }
  action() { return new BuzzNumber(); }
}
class BuzzNum4 implements BuzzNum {
  next() { return new Buzz(); }
  action() { return new BuzzNumber(); }
}
class Buzz implements BuzzNum {
  next() { return new BuzzNum1(); }
  action() { return new SayBuzz(); }
}

function fizzBuzz(n: number) {
  let f = new Fizz();
  let b = new Buzz();
  for (let i = 0; i < n; i++) {
    b.action().num(i, f.action());
    f = f.next();
    b = b.next();
  }
}
```

编码%5

11.2.3　在数据中表达行为

最后一种方法是在数据中对行为进行编码。这是最困难的，因为我们很快就会遇到工具和编译器的停机问题盲点(在 7.1 节中讨论过)，这意味着我们得不到工具和编译器的支持。

在业内，最常见的是通过重复数据看到数据的结构。这可能会带来一致性挑战，尤其是在数据可变的情况下。性能提升可以证明这些挑战是合理的；然而，这些挑战也可能是错误和浪费的来源。

为了在数据中进行无限循环，我们必须在 TypeScript、Java 和 C#数组中使用引用并将对象作为引用处理(如代码清单 11.11 所示)。原理是将一个函数放入内存中，该函数查找并调用引用(其本身)。注意，该函数再次通过堆栈间接调用自己，而不是直接调用。

代码清单 11.11　递归数据

```
function loop() {
  let a = [() => { }];
  a[0] = () => a[0]();
  a[0]();
}
```

与其他两种方法不同，这里我们没有得到编译器的支持，因此很难安全地使用这种方法。一种补救措施是使用工具来检索数据并从数据中生成数据结构。因此，我们复制了行为，并且必须要么自己维护工具，要么添加第三方依赖项。

由于这种结构很难处理，我通常建议主动将其转换为其他结构之一。尽管如此，我们已经在 6.5.2 节中看到了一个将结构从控制流移动到数据中的重构示例。

在数据中编码 FizzBuzz 可能看起来比在数据结构中编码要简单得多，部分原因是我们回到了在%操作符中使用循环行为(如代码清单 11.12 所示)。这意味着循环行为被编码在控制流中；然而，如果我们愿意，可以使用指针或引用来实现它。我把它留给你们中的佼佼者作为练习。

代码清单 11.12 使用数据的 FizzBuzz

```
interface FizzAction {
  num(n: number): void;
  buzz(): void;
}
class SayFizz implements FizzAction {
  num(n: number) { console.log("Fizz"); }
  buzz() { console.log("FizzBuzz"); }
}
class FizzNumber implements FizzAction {
  num(n: number) { console.log(n); }
  buzz() { console.log("Buzz"); }
}
interface BuzzAction {
  num(n: number, act: FizzAction): void;
}
class SayBuzz implements BuzzAction {
  num(n: number, act: FizzAction) {
    act.buzz();
  }
}
class BuzzNumber implements BuzzAction {
  num(n: number, act: FizzAction) {
    act.num(n);
  }
}

const FIZZ = [
  new SayFizz(),
  new FizzNumber(),          编码 3
  new FizzNumber()
];
const BUZZ = [
  new SayBuzz(),
  new BuzzNumber(),
  new BuzzNumber(),          编码 5
  new BuzzNumber(),
  new BuzzNumber(),
];

function fizzBuzz(n: number) {
  for (let i = 0; i < n; i++) {
    BUZZ[i % BUZZ.length].num(i, FIZZ[i % FIZZ.length]);
  }
}
```

11.3　添加代码以暴露结构

当进行重构时，我们使一些更改更容易，而使其他更改更难。我们重构以支持特定的变化向量，即我们相信软件所采取的方向。我们拥有的代码越多，拥有的数据就越多，就越有可能知道这个变化向量以及代码的变化方式。如第 1 章所述，如果代码不应该更改，那么就没有理由进行重构。

重构巩固了当前的结构，使其更容易接受类似的变化。它将变化点放在我们已经看到或预期变异的位置。在稳定的(子)系统中，这是非常宝贵的，因为它可以加快开发速度并提高质量。另一方面，在具有很多不确定性的(子)系统中，我们需要的是实验而不是可靠性。

当我们不确定底层结构时，应该停止重构工作并首先关注正确性。当然，我们永远不应该牺牲团队的生产力，因此不能增加脆弱性。我们仍然需要像往常一样避免非局部不变量。当我们推迟重构时，应该封装未重构的代码，以免无意中影响其余的代码。但是不应该添加变化点，因为使变化点容易变异会增加复杂性——复杂性使得实验变得更困难，更重要的是可能会隐藏其他结构。

在实现新功能或子系统时，必然存在不确定性。这些情况下，使用枚举和循环比使用类更有意义，因为它们可以快速更改；而且新代码通常要经过大量测试，因此引入错误而没有捕捉到错误的风险很低。当代码成熟并且结构变得更稳定时，代码也应该如此；通过使用重构，我们应该塑造适合的结构。代码的稳定性应该代表我们对代码方向的信心。

11.4　观察而不是预测且使用经验技术

与上一节一样，如果我们尝试预测变化向量，可能会损害代码库，对代码库毫无益处。与业内大多数事情一样，我们不应该预测代码，而应该使用经验技术。我们的领域正朝着更科学的方法迈进，通过结构化实验不断改进方法，例如 Toyota Kata、循证管理和 Popcorn Flow 等。

人们很容易陷入试图变得聪明的陷阱。当我们发现机会可以使某些事物具有可扩展性或通用性、解决更具挑战性的问题或实现出色的成就时，都希望利用这种洞察力。如果编写更酷的代码花费的时间可以忽略不计，那么很多人都会想要抓住这个机会。但如果我们不确定是否会使用这种通用性，就会添加不必要的代码和意外的复杂性。

亲身经历

我曾经和一个开发者讨论过如何实现象棋。我问他将如何实现这些棋子。他非常精通面向对象编程，回答说："使用接口和类。"我将"马"走到河界，问："把它们进行硬编码不是更容易吗?"他说："当然，但维护就没那么容易了。"然后咯咯地笑起来，好像我在开玩笑——直到我回答："我不必这么做；国际象棋 500 年来都没有改变过。"他瞪大了双眼。

这个故事说明了即使我们拥有强大的工具，也不应该总是使用它们。我们应该观察代码是如何变化的。

- 如果代码没有发生变化，就什么都不做。
- 如果代码发生了不可预测的变化，重构只是为了避免脆弱性。
- 否则，进行重构以适应过去发生的变化。

11.5 在不理解代码的情况下获得安全性

你可能还记得，在第 3 章中，我主张在不理解代码的情况下进行重构。正如我们所说，重构在控制流、数据结构和数据之间移动行为。无论底层域或结构如何，这都是正确的，因为结构在代码中。只要我们遵循代码中已经存在的结构并使用合理的重构模式而不出错，就可以在不理解代码的情况下使用它。

这句话的最后一部分可能有些棘手，因为人类会犯错。幸运的是，我们不需要重新开始，因为早已有几个步骤可用来保护自己。注意，这些都不是安全的，通常我们只取部分。与现实世界中的大多数事物一样，在某处我们必须接受剩余的风险。

11.5.1 通过测试获得安全性

获得安全性的最常见方法是测试我们的代码。我相信我们应该始终这样做，不仅要检查正确性，还要站在用户的角度考虑问题。我们开发软件是为了让人们的世界变得更美好。如果不知道他们的世界是什么样子，我们如何能做到这一点？正确测试代码的问题在于，这样做很快就会变得难以管理、非常耗时且容易出错，因为这是由人类完成的任务。与软件开发中的许多其他单调任务一样，这一问题的解决方法是自动化：具体来说，正确性测试也称为功能测试。风险在于，我们的测试可能无法涵盖错误发生的位置或者无法测试我们期望测试的内容。

11.5.2 通过掌握获得安全性

另一种方法是通过专注于人工进行重构来减少出错的可能性。首先，我们需要将重构分解为小步骤——小到失败的风险可以忽略不计。当步骤足够小时，问题就会转移到忽略某些步骤的风险。我们可以通过实践来降低这种风险。频繁地在一个安全的环境中执行重构，以使其变得机械化。这种情况下，风险降低而不是转移，因此风险仍然是人为的重构。

11.5.3 通过工具辅助获得安全性

说到机械，我们也可以通过去除人为因素来减少人为错误。许多现代 IDE 都带有内置的工具辅助重构，因此我们无须执行提取方法的步骤，可以要求编辑器为我们完成这一任务，只需要指定要提取的代码。风险在于包含错误的工具。幸运的是，如果该工具被广泛使用，通常会快速修补错误，从而降低这种风险。

11.5.4　通过正式验证获得安全性

如果我们正在构建的软件的失败代价非常高，例如飞机或下一个火星探测器，可能会走向极端，正式地验证代码不会出错。我们甚至可以使用证明助手来机械地检查证明是否正确，这是当前最先进的质量水平。由于这只是另一种工具辅助方法，因此风险与之前方法中的相同：证明助手中可能存在与我们的证明中一样的错误。

11.5.5　通过容错获得安全性

最后，我们可以构建自己的代码，使得即使发生错误，代码也会自我纠正。功能切换就是一个示例：如上一章所述，我们可以添加失败时的自动回滚。这样，即使我们在重构时出错，代码失败，功能切换系统也会自动恢复到旧代码。

如果功能切换系统无法区分正确响应和错误，那么此方法就可能会失败。让函数在失败时返回-1 而不是抛出异常就是一个示例。系统可能需要一个整数，而-1 就是一个完美的整数。

11.6　识别未利用的结构

我们所做的一切都有结构。它来自域，来自我们的沟通方式，也来自我们的思考方式。这种结构的大部分内容都渗透到我们的代码库中。正如我们所说，可以通过重构利用这种结构，使代码更稳定，即使是在高速变化的情况下也是如此。

正如我们在本章前面所讨论的，利用巧合或转瞬即逝的结构通常会导致速度降低。我们需要时常思考基础是否稳固以及这种结构是否可能持续存在。一般来说，底层域往往比软件更老，因此更成熟，更不容易发生剧烈变化。因而，通常可以安全地利用来自域的结构。

遗憾的是，我们的流程和团队的生命周期明显短于软件。它们也更不稳定，这意味着如果我们将它们放入系统中，可能不得不再次展开流程代码，只为放入新流程，如此反复。

在我们决定一个结构是否值得利用之前，需要找到这个结构。因此，下面介绍代码中可利用结构的常见位置以及使用方式。

11.6.1　通过提取和封装来利用空白

开发人员经常使用空行来表达感知结构，因为我们对语句、字段等进行了心理分组。当我们必须实现一些复杂的东西时，往往会把宏大的物体分为数个小部分。我们在片段之间放置一个空行，有时放置一个注释，然后作为分组名称的初稿。

如第 1 章所述，每当我们看到语句之间有空白时，应该考虑使用 EXTRACT

METHOD。当然，开发者在编写新代码时，应该自己提取方法；但这需要付出努力，除非通过实践使它变得简单，否则许多人倾向于跳过这种重构。添加空行既低成本又低风险，这意味着几乎每个人都这样做。因此，这是一个可靠的洞察作者如何解决任务的心理模型。幸运的是，你现在已经掌握了如何提取方法，并且可以轻松地巩固这种结构。在代码清单 11.13 和代码清单 11.14 所示的示例中，函数从数组中的每个元素中减去数组的最小值。由一个空行分隔两个部分。

代码清单 11.13 重构之前

```
function subMin(arr: number[]) {
  let min = Number.POSITIVE_INFINITY;
  for (let x = 0; x < arr.length; x++) {
      min = Math.min(min, arr[x]);
  }
  for (let x = 0; x < arr.length; x++) {
      arr[x] -= min;
  }
}
```

代码清单 11.14 重构之后

```
function subMin(arr: number[]) {
  let min = findMin(arr);
  subtractFromEach(min, arr);
}
function findMin(arr: number[]) {
  let min = Number.POSITIVE_INFINITY;
  for (let x = 0; x < arr.length; x++) {
    min = Math.min(min, arr[x]);
  }
  return min;
}
function subtractFromEach(min: number,
  arr: number[])
{
  for (let x = 0; x < arr.length; x++) {
    arr[x] -= min;
  }
}
```

提取的方法

找到未利用空白的第二个最常见的地方是用于对字段进行分组时。这种情况下，空白表明哪些数据元素更相关(即一起更改)。我们通过重构模式 ENCAPSULATE DATA 也可以利用这种结构。在代码清单 11.15 和代码清单 11.16 所示的示例中，我们有一个粒子类，包含 x、y 和 color 字段。从空白中，我们可以推断 x 和 y 的联系比 color 更紧密，因此可以利用这一点。

代码清单 11.15 重构之前

```
class Particle {
  private x: number;
  private y: number;

  private color: number;
  // ...
}
```

封装的字段

代码清单 11.16 重构之后

```
class Vector2D {
  private x: number;
  private y: number;
  // ...
}
class Particle {
  private position: Vector2D;
  private color: number;
  // ...
}
```

封装类

11.6.2　通过统一来利用重复

我们已经广泛讨论了重复。我们能够在语句、方法、类等中看到它，因为重复就像空行一样，只需要很少的努力并且风险很低。像空行一样，我们已经知道如何处理每种类型的重复。我们遵循本书第 I 部分的基本结构：将语句转换为方法，将方法转换为类。

我们可以让重复的语句彼此靠近或者分布在不同类的多个方法中。在任何一种情况下，都首先使用基本的重构模式 EXTRACT METHOD。在代码清单 11.17 和代码清单 11.18 所示的示例中，我们有两个格式化器。整体流程不同，因此我们决定处理两者中出现的 result +=语句。我们首先提取它。

代码清单 11.17　重构之前

```
class XMLFormatter {
  format(vals: string[]) {
    let result = "";
    for (let i = 0; i < vals.length; i++) {
      result +=
`<Value>${vals[i]}</Value>`;
    }
    return result;}
}
class JSONFormatter {
  format(vals: string[]) {
    let result = "";
    for (let i = 0; i < vals.length; i++) {
      if (i > 0) result += ",";
      result += `{ value: "${vals[i]}" }`;
    }
    return result;
  }
}
```

代码清单 11.18　重构之后

```
class XMLFormatter {
  format(vals: string[]) {
    let result = "";
    for (let i = 0; i < vals.length; i++) {
      result += this.formatSingle(vals[i]);
    }
    return result;
  }
  formatSingle(val: string) {
    return `<Value>${val}</Value>`;
  }
}
class JSONFormatter {
  format(vals: string[]) {
    let result = "";
    for (let i = 0; i < vals.length; i++) {
      if (i > 0) result += ",";
      result += this.formatSingle(vals[i]);
    }
    return result;
  }
  formatSingle(val: string) {
    return `{ value: "${val}" }`;
  }
}
```

提取的方法

如果提取的方法分布在各个类中，我们可以在方法上使用 ENCAPSULATE DATA 将它们集中起来(如代码清单 11.19 和代码清单 11.20 所示)。

代码清单 11.19　重构之前

```
class XMLFormatter {
  formatSingle(val: string) {
    return `<Value>${val}</Value>`;
```

代码清单 11.20　重构之后

```
class XMLFormatter {
  formatSingle(val: string) {
    return new XMLFormatSingle()
```

```
  }
  // ...
}
class JSONFormatter {
  formatSingle(val: string) {
    return `{ value: "${val}" }`;

  }
  // ...
}
```

```
      .format(val);
  }
  // ...
}
class JSONFormatter {
  formatSingle(val: string) {
    return new JSONFormatSingle()
      .format(val);
  }
  // ...
}
class XMLFormatSingle {
  format(val: string) {
    return `<Value>${val}</Value>`;
  }
}
class JSONFormatSingle {
  format(val: string) {
    return `{ value: "${val}" }`;
  }
}
```

封装的方法

如果方法相同，那么这些类也会相同，因此我们可以简单地删除所有类，只保留一个。如果这些封装类仅是相似，则每当有重复的类时，可以使用 UNIFY SIMILAR CLASSES(如代码清单 11.21 和代码清单 11.22 所示)。

代码清单 11.21 重构之前

```
class XMLFormatSingle {
  format(val: string) {
    return `<Value>${val}</Value>`;




  }
}
class JSONFormatSingle {
  format(val: string) {
    return `{ value: "${val}" }`;



  }
}
```

代码清单 11.22 重构之后

```
class XMLFormatter {
  formatSingle(val: string) {
    return new
FormatSingle("<Value>","</Value>")
      .format(val);
  }
  // ...
}
class JSONFormatter {
  formatSingle(val: string) {
    return new FormatSingle("{ value: '","' }")
      .format(val);
  }
  // ...
}
class FormatSingle {
  constructor(
    private before: string,
    private after: string) { }
  format(val: string) {
    return `${before}${val}${after}`;
  }
}
```

统一类

如果语句仅在流程中相似，而在语句中不相似，我们可以使用 INTRODUCE STRATEGY PATTERN 使它们相同(如代码清单 11.23 和代码清单 11.24 所示)。这就是这种重构模式如此强大的原因：它甚至可以在隐藏结构的地方暴露结构。

代码清单 11.23　重构之前

```
class XMLFormatter {
  format(vals: string[]) {
    let result = "";
    for (let i = 0; i < vals.length; i++) {
      result +=
        new
FormatSingle("<Value>","</Value>")
        .format(vals[i]);
    }
    return result;
  }
}
class JSONFormatter {
  format(vals: string[]) {
    let result = "";
    for (let i = 0; i < vals.length; i++) {
      if (i > 0) result += ",";
      result +=
        new FormatSingle("{ value: '","' }")
        .format(vals[i]);
    }
    return result;
  }
}
```

代码清单 11.24　重构之后

```
class XMLFormatter {
  format(vals: string[]) {
    return new Formatter(
      new
FormatSingle("<Value>","</Value>"),
      new None()).format(vals);
  }
}
class JSONFormatter {
  format(vals: string[]) {
    return new Formatter(
      new FormatSingle("{ value: '","' }"),
      new Comma()).format(vals);
  }
}
class Formatter {
  constructor(
    private single: FormatSingle,
    private sep: Separator) { }
  format(vals: string[]) {
    let result = "";
    for (let i = 0; i < vals.length; i++) {
      result = this.sep.put(i, result);
      result += this.single.format(vals[i]);
    }
    return result;
  }
}
interface Separator {
  put(i: number, str: string): string;
}
class Comma implements Separator {
  put(i: number, result: string) {
    if (i > 0) result += ",";
    return result;
  }
}
class None implements Separator {
  put(i: number, result: string) {
    return result;
  }
}
```

策略模式

此时，两个原始格式化器仅在常量值上有所不同，因此我们可以轻松地将它们统一起来。

11.6.3　通过封装来利用共同词缀

我们在数据、方法和类中看到结构的另一种方式非常明显和可靠，以至于我们为此制定了一个规则：NEVER HAVE COMMON AFFIXES。类似于带有注释的空行，我们有一个分组和一个建议的名称。这种方法遵循的模式并不麻烦且风险很低。同样，我们知道如何巩固它，因为无论是通过空白、重复还是命名来发现分组，解决方案都保持不变：ENCAPSULATE DATA。

到目前为止，我们只了解了如何将规则应用于字段和方法。但是，它也可用于对具有相似命名的类进行分组。我们之所以没有讨论这个，是因为不同语言的机制不同。在Java中，可以将类封装在其他类或包中；在C#中，有命名空间；在TypeScript中，有命名空间或模块。我鼓励你进行试验并找出适合你的团队的机制。

在代码清单11.25所示的示例中，我们有几个用于编程和解码数据的协议，这些协议可能是通过引入策略模式获得的。它们的内部结构并不重要。

代码清单 11.25　重构之前

```
interface Protocol { ... }
class StringProtocol implements Protocol { ... }
class JSONProtocol implements Protocol { ... }
class ProtobufProtocol implements Protocol { ... }
/// ...
  let p = new StringProtocol();
/// ...
```

所有的类都有共同后缀Protocol，这打破了NEVER HAVE COMMON AFFIXES规则。这种情况下，我们不能直接删除Protocol，因为String会与内置类冲突——但如果我们首先将3个类和接口封装在命名空间中，就不会发生冲突(如代码清单11.26所示)。

代码清单 11.26　重构之后

```
namespace protocol {
  export interface Protocol { ... }
  export class String implements Protocol { ... }
  export class JSON implements Protocol { ... }
  export class Protobuf implements Protocol { ... }
}
/// ...
  let p = new protocol.String();
/// ...
```

在TypeScript语言中

TypeScript有不同的关键字来控制不同层次的访问。在类内部，字段和方法默认是公共的，我们可以使用private来限制它们的访问。在类之外的任何东西默认都是私有的，因此可以使用export来扩大对这些事物(函数、类等)的访问。

11.6.4　通过动态调度来利用运行时类型

之前我提到了我想要关注的最后一种结构类型，这是未利用结构的一个非常常见的标志。我指的是使用typeof、instanceof、反射或强制类型转换来检查运行时类型。

在面向对象编程中，没有任何设施来检查运行时类型，因为它内置了更强大的机制：通过接口动态调度。通过使用接口，我们可以将不同类型的类放在一个变量中；然后，当我们对变量调用方法时，可调用相应类中的方法。这也是避免使用运行时类型检查的方法，是 NEVER USE IF WITH ELSE 的特例。

现在假设我们有一个变量，其类型可以是 A 或 B。我们直接检查类型以确定是哪种情况。如果我们可以控制 A 和 B，那么解决方案很简单：创建一个新接口，将变量更改为具有这种类型并使两个类都实现接口。我们可以使用 PUSH CODE INTO CLASSES——就像以前很多次一样，if 消失了(如代码清单 11.27 和代码清单 11.28 所示)。

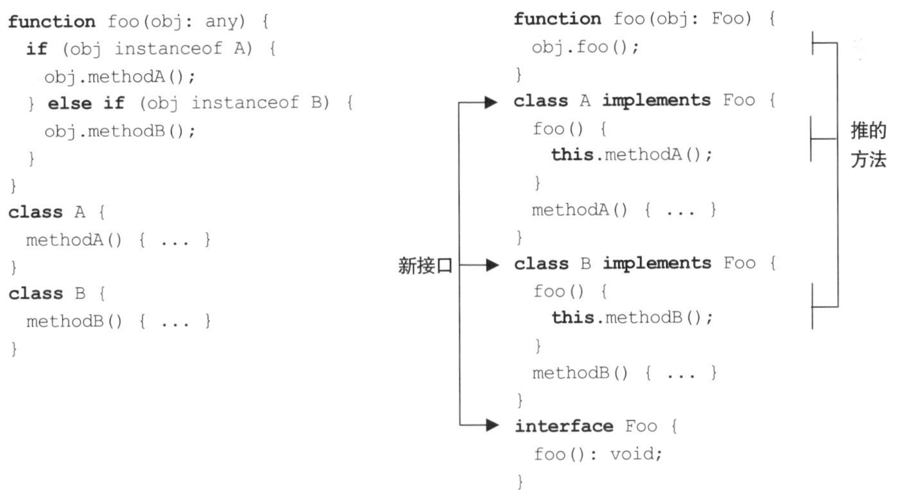

代码清单 11.27　重构之前

```
function foo(obj: any) {
  if (obj instanceof A) {
    obj.methodA();
  } else if (obj instanceof B) {
    obj.methodB();
  }
}
class A {
  methodA() { ... }
}
class B {
  methodB() { ... }
}
```

代码清单 11.28　重构之后

```
function foo(obj: Foo) {
  obj.foo();
}
class A implements Foo {
  foo() {
    this.methodA();
  }
  methodA() { ... }
}
class B implements Foo {
  foo() {
    this.methodB();
  }
  methodB() { ... }
}
interface Foo {
  foo(): void;
}
```

如果我们不控制 A 和 B 的来源，则需要将类型检查推到代码的边缘，以确保代码库的核心是原始的。规则 NEVER USE IF WITH ELSE 中描述了相同的建议。

11.7　本章小结

- 代码反映了参与其开发的人员的行为、流程和底层域。
- 用控制流编码的行为有利于轻松进行大更改。
- 用数据结构编码的行为提供了诸如类型安全、局部性、性能和易于进行小的更改等优点。
- 用数据编码的行为可以作为最后的手段，并且应该受到限制，因为它缺乏编译器支持，所以很难安全地进行维护。
- 重构要么管理其中一种方法中的重复，要么将结构从一种方法转移到另一种方法。
- 使用代码来暴露结构，使其通过重构变得可塑，从而添加更多结构。

- 使用经验技术来指导重构工作，避免将其建立在不断变化的基础上。
- 寻找未利用的结构，它们通常是风险规避的结果。一般可通过空白、重复、共同词缀或运行时类型检查找到这样的结构。

第12章 避免优化和通用性

本章内容

- 尽量减少通用性以降低耦合度
- 从不变量的角度思考优化问题
- 管理来自优化的脆弱性

性能优化和通用性是程序员关注的两个方面，但往往弊大于利。当我们在本章中谈及优化时，指的是性能优化，包括增加代码的吞吐量或减少其持续时间。通用性是指代码包含更多功能，通常是通过更通用的形参。为了说明我们所说的通用性的含义及其危害，请思考以下示例。

假设有人问你要一把刀，如果接受者处于生死关头的状态，给他一把瑞士军刀可能是天赐之物。然而，如果接受者是专业厨房的厨师，削皮刀可能更受欢迎。在代码中也如此，适应通用性的设计所带来的麻烦可能超出了其收益。当谈到通用性时，上下文就是一切。

在本章中，我们首先探讨这些做法的危害。然后，深入研究通用性和优化，讨论什么时候应该做这些和不应该做这些。

在 12.2 节中，讨论如何激发通用性之后，我们重点讨论如何避免添加不必要的通用性。当我们向软件添加不需要的功能时，通用性就会蔓延。这也可能是在新代码准备好之前就将其与旧代码统一的结果。这两种通用性都很难消除，因此我们首先讨论如何将其排除在外。几乎所有代码库都会涉及通用性，因此我们通过解释如何寻找和消除不必要的通用性来结束该节。

在 12.3 节中，我们再次讨论什么时候应该避免优化和不应该避免优化。然后查看在实施任何优化之前要执行的准备步骤。首先，我们确保代码得到良好重构。然后确保线程调度没有浪费并找出系统中的瓶颈。一旦找到瓶颈，就使用分析来确定潜在的候选优化方法。接下来，我们将研究优化它们的最安全方法，例如选择合适的数据结构和算法或利用缓存。最后，将讨论隔离任何所需的性能优化的重要性。

12.1 力求简单

本章所有内容甚至整本书的基本主题都是“应该力求简单”。聚焦这一主题非常重要，以至于它在 Gene Kim 的 *The Unicorn Project* 一书中成为软件开发的理想之一。简单是必不可少的，因为人类的认知能力有限；我们一次只能在脑海中保存有限的信息。在处理代码时，有两件事会迅速填补我们的认知能力：一是耦合组件，因为我们需要同时将它们保留在我们的脑海中；二是不变量，我们需要对其进行记录以了解它们的功能。这些罪魁祸首通常与两种不同的常见编程练习有关。当我们把一些东西变得更通用时，就增加了它的可能用途；因此，更多的东西可以与之耦合。在处理通用代码时，我们必须考虑更多可能的调用方式。

在第 4 章中，我们亲身体验了通用性的问题。在查看代码清单 12.1 所示的函数时，我们无法确定是使用 Tile 的所有可能值还是仅使用其中一些值来调用它。如果不知道这一点，就不可能简化函数。

代码清单 12.1 不必要的通用函数

```
function remove(tile: Tile) {
  for (let y = 0; y < map.length; y++) {
    for (let x = 0; x < map[y].length; x++) {
      if (map[y][x] === tile) {
        map[y][x] = new Air();
      }
    }
  }
}
```

另一个罪魁祸首是优化，优化依赖于利用不变量；每当我们使用此代码时，都必须牢记这些。当我们使用算法或数据结构时，寻找不变量是一个有趣的游戏也是有益的练习。例如，我们很容易看出二分搜索的一个不变量是数据结构是有序的，但更容易忽略另一个不变量，即可以有效地无序访问元素。

在第 7 章简要讨论计数集的实现时，我们看到了优化引入不变量的示例(如代码清单 12.2 和代码清单 12.3 所示)。这个集合跟踪每个元素的计数。为了从这个数据结构中均匀地选择一个随机元素，我们生成一个小于元素总数的随机整数。

代码清单 12.2　未优化的计数集

```
class CountingSet {
  private data: StringMap<number> = { };

  randomElement(): string {
    let index = randomInt(this.size());
    for (let key in this.data.keys()) {
      index -= this.data[key];
      if (index <= 0)
        return key;
    }
    throw new Impossible();
  }
  add(element: string) {
    let c = this.data.get(element);
    if (c === undefined)
      c = 0;
    this.data.put(element, c + 1);

  }
  size() {
    let total = 0;
    for (let key in this.data.keys()) {
      total += this.data[key];
    }
    return total;
  }
}
```

代码清单 12.3　优化的计数集

```
class CountingSet {
  private data: StringMap<number> = { };
  private total = 0;
  randomElement(): string {
    let index = randomInt(this.size());
    for (let key in this.data.keys()) {
      index -= this.data[key];
      if (index <= 0)
        return key;
    }
    throw new Impossible();
  }
  add(element: string) {
    let c = this.data.get(element);
    if (c === undefined)
      c = 0;
    this.data.put(element, c + 1);
    this.total++;
  }
  size() {
    return this.total;
  }
}
```

避免重新计算的字段

计算元素的总数很简单，但必须一遍又一遍地重做让人觉得浪费。我们可以通过引入一个字段 total 来记录元素总数以避免这种浪费。这个字段包含一个不变量，即我们在添加或删除元素时总是更新它。否则，我们可能会破坏 randomElement 方法。另一方面，在未优化的版本中，不可能通过添加新方法来打破现有方法。

我们追求简单性并不意味着永远不能优化或通用我们的代码。正如数学家所证明的那样，有时我们需要一个更一般的引理来证明我们的定理。但这确实意味着我们应该始终有确凿的证据来说明为什么需要这种通用性或优化。当我们确实放弃了简单性时，应该采取预防措施以尽量减少不利影响。我们将在本章的剩余部分进一步探讨。

12.2　何时以及如何通用

在为方法或类添加通用性之前，我们应该了解这样做的动机。幸运的是，如果我们使用本书中推荐的“复制、转换并统一”的过程，某些情况下，最直接的通用性动机是免费的。统一步骤会自动为我们提供当前功能所需的准确通用级别。这样做听起来很简单，但一些陷阱可能会导致这种方法失败。在本章的其余部分，我们将讨论如何减少通用性并使其最小化。

12.2.1 最小化构建以避免通用性

“复制、转换并统一”的三步方法仅在功能最少的情况下才能保证最少的通用性。如果我们构建了更多不必要的功能或通用功能，就没有任何方法可以拯救我们。解决这个问题的唯一方法是不断致力于最小化构建。

最大化未完成的工作量。

——Kent Beck

“最小化构建”并不是新建议；这句话已经被以数千种方式说过无数遍。我最喜欢的是 Kent Beck 的这个版本。这可能是本章中最难遵循的建议，但它至关重要，因此值得重复。

最小化构建需要首先了解上下文——我们想要实现的行为的作用范围。只要我们的理解存在漏洞，我们的大脑就会认为我们需要涵盖所有内容。我们倾向于认为为用户或客户提供能解决更多问题的函数是一种礼物。

正如“给厨师一把瑞士军刀”的示例所说明的那样，设计代码以适应通用性所带来的麻烦可能超出了通用性的益处。专门构建要求的内容的另一个原因是，需求往往会随着软件的发展而变化，因此任何花费在实现和维护不必要的通用性上的努力都很容易失效。因而，我们应该只解决我们所面临的问题，而不是我们可以想象的问题。

亲身经历

我最近在做一个系统，计算和跟踪乒乓球运动员的评级，类似于国际象棋的评级。在完成最初的设计和功能后，我意识到可以利用这些数据来生成可能进行最精彩比赛的队伍。我确信这是一个用户会一直使用的功能，于是实现了它。但正如你所预料的那样，他们已经有了确定对阵的方法，因此不需要这个新功能——新功能只被使用过几次，而且只是出于好奇。

12.2.2 统一稳定性相似的事物

在刚刚描述的情况下，我可以通过运用我对删除代码的热爱来弥补大部分错误。然而，为适应额外的功能，我必须通用化一些支持函数和后端代码。这种通用性很难消除，但由于它抬高了认知成本，因此我不得不解决这个问题。

为避免这个问题，我们在统一事物时应该小心。经验告诉我们，最好不要立即将新事物与旧事物统一起来。相反，我们要等到受试者达到类似的稳定性再进行统一。它们不需要等量的时间。通常，第二次稳定的速度要快得多，第三次则更快。

12.2.3 消除不必要的通用性

我们对不必要的通用性的最后防御是定期监控并在发现它时将其删除。我们已经了解了两种专门用于消除不必要的通用性的重构模式：SPECIALIZE METHOD 和 TRY

DELETE THEN COMPILE。当这些模式被引入时，我们在大量重构之后发现了它们的必要性。在实践中，TRY DELETE THEN COMPILE 可能找不到我们可以删除的所有通用性。

寻找不必要的通用性的更有效方法是监控传递给函数的运行时实参。只要我们的对象可以合理地序列化，添加一些代码来记录形参就很容易。然后，可以检查每个方法的最新 N 次调用并查看某些形参是否总是以相同的值被调用，这种情况下可以根据该形参进行 SPECIALIZE METHOD。即使调用时有几个不同的值，为每个值制作一个专门的函数副本仍然是值得的。

12.3　何时以及如何优化

高认知负荷的另一个常见来源是优化。与通用性一样，在我们做任何事情之前，应该激发它的必要性。与通用性不同，没有简单的过程可以自动激发优化。幸运的是，还有另一个工具可供使用：为激励优化，我总是建议设置自动性能测试，并且只在测试失败时寻找优化。此类测试最常见的类型如下。

- “此方法应在 14 毫秒内终止”。这种类型称为基准测试；它在嵌入式或实时系统中很常见，我们必须在特定的截止日期或时间间隔内提供答案。尽管编写简单，但此类测试与环境紧密耦合；如果我们有垃圾收集器或病毒扫描程序，它可能会影响绝对性能并给我们一个误报。因此，我们只能在类似生产的环境中可靠地运行基准测试。
- “这项服务应该能够每秒处理 1000 个请求”。在负载测试中，我们验证吞吐量；这些在 Web 系统或云系统中很常见。与基准测试相比，负载测试对外部因素更具弹性，但我们可能仍然需要类似生产的硬件。
- “运行此测试的速度可能不会超过上次运行速度的 10%”。最后，性能验收测试确保我们的性能不会突然下降。这些测试完全与外部因素脱钩，只要它们在运行之间保持一致即可。然而，它们仍然可以检测是否有人向主循环添加了一些太慢的东西，或者是否意外地将一种数据结构切换到另一种数据结构，从而导致缓存失败的增加。

用法律界术语来说，代码是有效的，除非另有证明。一旦测试证明我们需要进行优化，就必须知道如何将未来维护的认知压力降到最低。

12.3.1　优化前重构

第一步是确保代码被充分重构。重构的目标之一是局部化不变量，使其更清晰。由于优化依赖不变量，因此这意味着更容易优化构造良好的代码。

在第 3 章中，当介绍规则 EITHER CALL OR PASS 时我们将 length 提取到一个单独的函数中以避免违反规则，从而了解到这种重构(如代码清单 12.4 和代码清单 12.5 所示)。

代码清单 12.4　重构之前

```
function average(arr: number[]) {
  return sum(arr) / arr.length;
}
```

代码清单 12.5　重构之后

```
function average(arr: number[]) {
  return sum(arr) / size(arr);
}
```

这种重构在当时可能看起来有点极端或包含太多人为因素。然而，正如我们现在所知，下一步是将方法封装在一个类中，我们看到这些方法为新数据结构定义了一个非常好的、最小的公共接口(如代码清单 12.6 所示)。这个接口使得可以很容易地实现后面描述的优化。添加内部缓存就像在新类中添加一个字段一样简单(如代码清单 12.7 所示)。或者，如果我们想更改数据结构，可以使用 EXTRACT INTERFACE FROM IMPLEMENTATION，然后创建一个实现这个接口的新类，该类使用所需的数据结构。

代码清单 12.6　封装后

```
class NumberSequence {
  constructor(private arr: number[]) { }
  sum() {
    let result = 0;
    for(let i = 0; i < this.arr.length; i++)
      result += this.arr[i];
    return result;
  }
  size() { return this.arr.length; }
  average() {
    return this.sum() / this.size();
  }
}
```

代码清单 12.7　缓存 total

```
class NumberSequence {
  private total = 0;
  constructor(private arr: number[]) {
    for(let i = 0; i < this.arr.length; i++)
      this.total += this.arr[i];
  }
  sum() { return this.total; }
  size() { return this.arr.length; }
  average() {
    return this.sum() / this.size();
  }
}
```

让编译器进行处理

使代码变得更好的另一个原因是编译器不断工作以生成更好的代码。编译器开发人员通常通过研究常见的习语和用法并关注最常见的情况来决定要优化的内容。因此，在试图变得聪明的过程中，我们无意中使代码运行得更慢，仅仅是因为编译器无法再识别我们正在尝试做的事情。这也呼应了第 7 章的信息：与编译器协作，而不是对抗编译器。

在第 1 章的示例中，我们了解到，一个好的编译器可以在确定没有副作用后自动消除重复的子表达式 pow(base, exp / 2)。因此，代码清单 12.8 和代码清单 12.9 所示的两个程序应该具有相同的性能。

代码清单 12.8　未优化

```
return pow(base, exp / 2) * pow(base, exp / 2);
```

代码清单 12.9　已优化

```
let result = pow(base, exp / 2);
return result * result;
```

编译器的改进应该意味着，如果我们编写了良好的惯用代码，则它会随着时间的推移自动变得更快。这是尽可能推迟优化的一个很好的论据。对我们不利的是，人类希望通过展示如何管理复杂的代码或通过不寻常的模式和解决方案展示创造力来使自己看起来很聪明。当我在智力上缺乏信心时，也会这样做，但在共享代码库中从不如此。我最喜欢的炫耀方式是用不寻常的、看起来更快的低级操作替换两个常见的操作，如代码清单 12.10～代码清单 12.13 所示。

代码清单 12.10　惯用代码

```
function isEven(n: number) {
  return n % 2 === 0;
}
```

代码清单 12.11　“炫耀”代码

```
function isEven(n: number) {
  return (n & 1) === 0;
}
```

代码清单 12.12　惯用代码

```
function half(n: number) {
  return n / 2;
}
```

代码清单 12.13　“炫耀”代码

```
function half(n: number) {
  return n >> 1;
}
```

代码清单 12.11 和代码清单 12.13 中的代码看起来更酷，但代码清单 12.10 和代码清单 12.12 中的表达式非常常见，以至于所有主流编译器都会自动优化它们。因此，“炫耀”代码的唯一效果是导致代码更难以阅读。

12.3.2　根据约束理论进行优化

在我们重构代码之后，如果测试仍然不满足，就需要进行优化。如果我们在并发系统中工作，无论是通过协作线程、进程还是服务，都会受到约束理论的限制。Eliyahu Goldratt 在其巨著 *The Goal*(North River Press，1984)中说明了努力减少局部低效率对全局效率带来的影响很少。

为说明约束理论，我喜欢使用图 12.1 所示的现实世界中的一个比喻。该系统模拟了交通，任务是需要从左边行驶到右边的车辆。在从左到右的过程中，任务通过工作站(这就像红绿灯十字路口一样)。每个路口使车辆以不同的速度通过。十字路口之间是一段道路，车辆在此排队等候：在约束理论中，这段路被称为缓冲区。如果一个路口的右缓冲区几乎是空的，而它的左缓冲区几乎是满的，则我们称之为瓶颈。

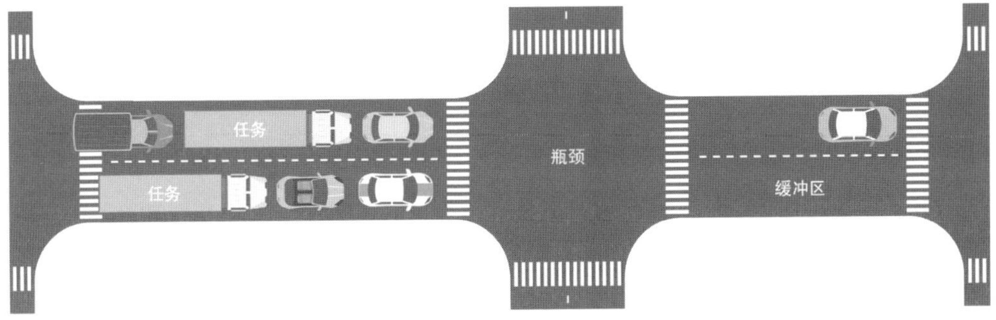

图 12.1　系统图示

无论我们查看车辆、一块未成型的金属还是一段数据，约束理论适用于任何由顺序连接的工作站组成的系统。对于开发人员来说，系统就是应用，工作站就是并发工作者；每个工作者做一些工作并通过缓冲区将其结果传递给另一个工作者。

在从输入到输出的流程中，在任何给定时间都恰好有一个瓶颈工作者。优化瓶颈上游的工作者只会导致在瓶颈入口处建立缓冲区。优化瓶颈下游的工作者不会影响整体性能，因为下游工作者无法足够快地获得输入。只有瓶颈工作者中的优化会对系统性能产生影响。

优化瓶颈会产生新的瓶颈。可能下游的工作者无法跟上前一个瓶颈增加的吞吐量，或者上游的工作者无法足够快地生产输出以满足前一个瓶颈。

幸运的是，在软件中，我们有一个针对这种情况的完美解决方案，称为资源池。资源池意味着我们将所有可用的处理资源放在一个公共池中，任何需要的人都可以使用。这样就赋予了瓶颈最大可能的容量。我们可以在外部通过负载均衡器在服务级别实现这种方法，或者在内部通过线程池在应用程序中实现这种方法。

不管资源池是内部的还是外部的，性能效果都是一样的，因此我们来简单地研究一个内部的示例。记住，TypeScript 没有线程，因此这是倾向于 Java 的伪代码。在代码清单 12.14 和代码清单 12.15 所示的示例中，我们有一个两阶段系统，其中阶段 B 的时间是 A 的两倍；正如我们所知，顺序无关紧要。为了在线程之间进行通信，我们使用阻塞队列，而工作者是永不终止的线程。在朴素实现中，每个阶段有一个工作者；注意有两个无限循环。当我们引入资源池时，会将无限循环移出阶段，从而使它们成为任务。

代码清单 12.14 朴素线程

```
interface Runnable { run(): void; }
class A implements Runnable {
  // ...
  run() {
    while (true) {
      let result = this.input.dequeue();
      Thread.sleep(1000);
      this.output.enqueue(result);
    }
  }
}
class B implements Runnable {
  // ...
  run() {
    while (true) {
      let result = this.input.dequeue();
      Thread.sleep(2000);
      this.output.enqueue(result);
    }
  }
}
let enter = new Queue();
let between = new Queue();
let exit = new Queue();
let a = new A(enter, between);
let b = new B(between, exit);
let aThread = new Thread(a);
let bThread = new Thread(b);
```

代码清单 12.15 资源池

```
interface Runnable { run(): void; }
interface Task { execute(): void; }
class A implements Task {
  // ...
  execute() {
    let result = this.input.dequeue();
    Thread.sleep(1000);
    this.output.enqueue(result);
  }
}
class B implements Task {
  // ...
  execute() {
    let result = this.input.dequeue();
    Thread.sleep(2000);
    this.output.enqueue(result);
  }
}
class Worker implements Runnable {
  run() {
    while (true) {
      let task = this.tasks.dequeue();
      task.run();
    }
  }
}
let enter = new Queue();
let between = new Queue();
```

新任务抽象

可运行的工作者

```
aThread.start();
bThread.start();
```

```
let exit = new Queue();
let tasks = new Queue();
enter.onEnqueue(element => tasks.enqueue(
  new A(enter, between)));
between.onEnqueue(element =>
tasks.enqueue(
  new B(between, exit)));
let pool = [
  new Thread(new Worker()),
  new Thread(new Worker())];
pool.forEach(t => t.start());
```

任务调度

线程池

正如我们所见，代码结构几乎相同。设置变得稍复杂些，因为我们必须在每次准备好工作时创建一个任务。但是使用资源池的解决方案明显具有更高的吞吐量。使用代码清单 12.14 中的程序处理 100 个请求大约需要 201 秒，而使用代码清单 12.15 可以在 150 秒内完成。

最重要的是，即使是简单的资源池实现，我们也不必考虑线程编排；系统会自动处理。我们甚至可以稍后在不影响阶段的情况下更改线程行为。只需要将 tasks 更改为优先级队列，我们就可以得到想要的任何顺序。这样很容易看出最优情况下每个 A 有两个 B 线程，但实际上，我们有数十或数百个小阶段和波动的运行时间。代价是我们必须维护资源池代码或软件；这增加了系统的认知成本。但是，值得注意的是，我们并没有在各个阶段增加域代码的认知成本。

12.3.3 使用指标指导优化

通过资源池优化系统后，如果仍然不能满足性能要求，就必须在瓶颈内部进行优化。我们处于单线程状态；必须让一个线程更快地完成它的任务。然而，我们不能指望优化一切；除了这是一项艰巨的任务，我们还会使代码库无法使用。相反，我们需要将精力集中在影响最大的代码部分。

为此，我们需要识别代码中的热点。热点是线程对其花费大部分时间的方法。有两个因素会导致方法成为热点：需要时间来完成的方法以及在循环中的方法。发现热点的唯一可靠方法是分析。分析意味着跟踪在方法中累计花费了多少时间。有无数的工具可以协助分析。或者，也可以轻松地从顶层开始手动添加计时代码，然后迭代地深入到 20%的代码，而这 20%的代码花费了 80%的时间。

著名的 80∶20 关系也适用于代码，这也支持了我的观点，即优化不应该成为开发人员日常工作的一部分，因为优化的代价是一个更有价值的资源：团队生产力。唯一的例外是其日常工作处于热点的开发人员，例如性能专家或者使用嵌入式或实时系统的人员。

每当我们考虑性能时要使用分析器还有另一个原因。许多程序员熟悉基本算法，包括渐近分析(通常表示为大 O 符号)。虽然熟悉这些概念会非常有帮助，但我们必须认识到渐近增长率已被简化。因此，在实践中，切换到具有更好渐进增长率的算法或数据结构可能会降低性能，原因与分析设计用来抽象掉的因素相同，例如缓存失败。我们只能通过测量来揭示这些影响。证明这一点的证据是，大多数库排序函数对小数据使用 $O(n^2)$ 插入排序，从而支持以 $O(n \cdot \lg(n))$运行的渐近优越的快速排序。

12.3.4 选择好的算法和数据结构

确定瓶颈组件中的热点后，我们可以开始考虑优化方法。最安全的优化方法是将一种数据结构交换为另一种具有等效接口的数据结构。这种优化是安全的，因为不必更改域代码以适应新的数据结构。这种情况下，我们引入的不变量是投入使用的，这意味着如果不变量被破坏，性能可能会降低。

我们的性能测试会立即发现性能下降的情况，这种情况下切换数据结构或算法很容易。因此，我通常不介意使用这样的不变量。我建议开发人员在现有数据结构或算法之间进行选择时考虑行为。如果我们自己实现它们，除非处于热点，否则仍然应该更喜欢容易实现。

我们有时可以因局部切换数据结构受益。如果我们使用热点内部的数据，但在热点外部也有可用的数据，那么这是一种常见做法。例如，假设我们有一些数据，需要按顺序提取热点中的元素。我们可以通过重复提取最小元素来做到这一点，最小元素是一个线性时间操作 $O(n)$。但是如果我们有热点之外的数据，则可以把它放入一个像最小堆栈这样的数据结构中，在对数时间 $O(\lg(n))$内提取它。或者更好的是，如果我们可以在进入热点之前对数据进行排序，就可以在恒定时间 $O(1)$内提取最小元素。

如前所述，这样做很常见，并且确实是数据结构优于算法的动机。但是，我们可以进一步考虑这个想法。我们可能会在代码中的不同位置以不同的方式使用数据：例如，我们的行为不变量在整个代码中是不一致的。这里可以在局部切换数据结构以适应具体的使用。这个想法听起来很合理，但根据我的经验，这是一种未充分利用的技术。

现在，假设我们已经实现了一个链表数据结构。我们希望它有一个 sort 方法。可以通过直接操作链表来实现排序(如代码清单 12.16 所示)。由于缓存的行为，更有效的做法是将列表转换为数组，对其进行排序，然后将其转换回链表。

代码清单 12.16 对链表进行排序

```
interface Node<T> { element: T, next: Node<T> }
class LinkedList<T> {
  private root: Node<T> | null;
  // ...
  sort() {
    let arr = this.toArray();
    Array.sort(arr);
    let list = new LinkedList<T>(arr);
    this.root = list.root;
  }
}
```

> **提示：**
> 我们可以访问另一个对象的 list.root，因为 private 意味着类私有而不是对象私有。

这种方法非常有效，我们只需要编写用于与数组相互转换的代码(无论如何我们可能都需要这些代码)。此外，如果我们希望链表数据结构不可变，可以将最后一行更改为return而不是赋值。

12.3.5　使用缓存

我们通常可以安全进行的另一个优化是缓存。缓存的原理很简单：不是进行多次计算，而是进行一次计算，存储结果，然后重用。第 5 章包含一个缓存类示例，该类可以封装任何函数以将副作用与返回值分开(如代码清单 12.17 所示)。所有缓存的一个共同不变量是我们多次用相同实参调用一个函数。

代码清单 12.17　通过缓存从返回值中分离副作用

```
class Cacher<T> {
 private data: T;
 constructor(private mutator: () => T) {
   this.data = this.mutator();
 }
 get() {
   return this.data;
 }
 next() {
   this.data = this.mutator();
 }
}
```

当与幂等不变量结合使用时，缓存是最安全的；也就是说，用相同的实参调用它总是给出相同的结果。这种情况下，我们可以在外部进行缓存。代码清单 12.18 是此类缓存的示例。为简单起见，它只需要一个实参，但它可以扩展为适用于多实参函数。唯一的要求是实参有一个 hashCode 方法，该方法在许多语言中都是可用的。

代码清单 12.18　幂等函数的缓存

```
interface Cacheable { hashCode(): string; }
class Cacher<G extends Cacheable, T> {
 private data: { [key: string]: T } = { };
 constructor(private func: (arg: G) => T) { }
 call(arg: G) {
   let hashCode = arg.hashCode();
   if (this.data[hashCode] === undefined) {
     this.data[hashCode] = this.func(arg);
   }
   return this.data[hashCode];
 }
}
```

当函数只是临时幂等时，缓存的安全性稍差。临时幂等性对于可变数据很常见：例如，产品的价格可能不会随着每次的调用而改变。这个不变量更脆弱，因为缓存时价格可能会发生变化，导致缓存值不正确。通常的实现是从上面向外部缓存添加一个到期时间(如代码清单 12.19 所示)。注意，此不变量更脆弱，因为持续时间发生变化的可能性比幂等性等基本属性破坏的可能性更大。

代码清单 12.19 临时幂等函数的缓存

```
interface Cacheable { hashCode(): string; }
class Cacher<G extends Cacheable, T> {
  private data: { [key: string]: { result: T, expiry: number }} = { };
  constructor(private func: (arg: G) => T,
              private duration: number) { }
  call(arg: G) {
    let hashCode = arg.hashCode();
    if (this.data[hashCode] === undefined
     || this.data[hashCode].expiry < Date.now()) {
      this.data[hashCode] = {
        result: this.func(arg),
        expiry: Date.now() + this.duration
      };
    }
    return this.data[hashCode].result;
  }
}
```

即使没有幂等性，我们仍然可以进行缓存；但是，它必须是内部的。代码清单 12.7 中的 total 字段就是一个示例。正如我们所讨论的，这是最危险的，因为需要在类的整个生命周期中维护它。

12.3.6 隔离优化代码

在极少数情况下，算法、并发性和缓存不足以满足我们的性能测试。这种情况下，我们转向性能调优，有时称为微优化。这里，我们在运行时和所需行为之间的相互作用中寻找小的不变量。

调优的一个示例是使用魔术位模式。这种模式中都是魔术数字，但通常是以 16 为底，这使得它们更难阅读。魔术位模式通常满足所用算法的一些细微差别：我们要么以高认知成本理解它，要么不理会代码。为说明这一点，考虑代码清单 12.20 所示的 C 函数，该函数计算来自视频游戏 Quake III Arena 的代码库的平方根倒数(包括原始注释)。

代码清单 12.20 具有魔术位模式的平方根倒数函数

```
float Q_rsqrt( float number )
{
  long i;
  float x2, y;
  const float threehalfs = 1.5F;

  x2 = number * 0.5F;
  y = number;
  i = * ( long * ) &y;           // evil floating point bit level hacking
  i = 0x5f3759df - ( i >> 1 );   // what the fuck?
  y = * ( float * ) &i;
  y = y * ( threehalfs - ( x2 * y * y ) );   // 1st iteration
```

魔术位模式

```
//y = y * ( threehalfs - ( x2 * y * y ) ); // 2nd iteration, can be removed
  return y;
}
```

1. 使用方法和类来最小化锁定区域

我们无法在不了解调优函数的情况下对其进行任何重大更改，这通常很棘手(即认知成本高)。因此，代码基本上是锁定的。知道了这一点后，我们应该隔离调优后的代码，尽量减少需要锁定的代码数量，以使调优有效。当调优包含数据时，我们必须使用一个类来隔离数据；否则，可以将其提取到单独的方法中。

我对命名的通常立场是，一旦我们更好地理解了代码，就可以随时改进它。但是就调优代码而言，在提取代码时，任何人都不可能比我们更好地理解它。因此，我们应该花费一些精力来确保此方法或类具有良好的命名、良好的文档记录和彻底的质量控制。如果我们做得好，不会有人再去查源码。

2. 使用包警告未来开发人员

我们还可以与未来的开发人员沟通，告诉他们这些代码已经调优，因此他们可能无须深入研究这些代码。由于我们刚刚将其隔离为方法和类，因此需要下一个抽象级别：包或命名空间。正如我之前所说，不同的语言有不同的机制，但本节中的原理适用于其中任何一种。

我建议对调优代码有一个专门的包。这是因为当我们导入并使用它时，包就变得不可见。包在最浅的检查中变得明显，因为它是包含文件中的第一行并在最智能的代码完成中显示。最好的警告标志仅在需要时才会显示出来，以免在日常使用中分散注意力。

如果你需要灵感来命名这样的包，我喜欢称其为 magic。“足够先进的技术与魔术没有区别”这句名言表达了我对性能调优的感受。这也是一个很好的方法，因为很多调优依赖于魔术常量，例如之前的魔术位模式。

除了表示代码难以阅读，将所有调优后的代码放在一起也表明该区域的质量要求不同。任何情况下，包都不应该变成一堆没人理解的代码。相反，它应该是少数开发人员非常理解的代码的圣坛，至少在概念上是这样。这对用户很有用，因为他们知道这个区域不太可能出现错误；但这也影响了作者，因为作者必须满足更高的质量要求，否则就会违反该地域的神圣性。没有人想成为打破陈规的人。我们将在下一章进一步讨论这种现象。

12.4　本章小结

- 简单性是关于减少代码所需的认知负荷。
- 通用性会增加耦合的风险。
- 通过统一并结合最小化构建引入通用性，我们可避免引入不必要的通用性。
- 仅结合具有相似稳定性的代码可降低必须消除通用性的风险。
- 为发现不必要的通用性或定位优化的候选者，我们使用监控和分析。

- 所有优化都应该由规范驱动，规范在实践中通常是某种形式的性能测试。我们应该避免在日常工作中进行优化。
- 重构可局部化不变量。优化依赖不变量，因此要在调优之前重构。
- 资源池可以在不增加域代码脆弱性的情况下进行优化。
- 在现有算法和数据结构之间进行选择是一种值得的优化。
- 缓存是一种廉价且安全的优化，它很少引入不变量。
- 当我们使用性能调优时，应该将其隔离，以防止人们为试图理解它而浪费时间。

第 13 章 让坏代码看起来很糟糕

本章内容

- 了解区分好代码和坏代码的原因
- 了解坏代码的类型
- 了解安全地使代码变坏的规则
- 应用规则使坏代码变坏

在上一章的最后，我们讨论了一目了然地阐明代码质量期望的好处。在优化的上下文中，我们将代码放在隔离的命名空间或包中。本章将研究如何通过让坏代码一目了然的方式来明确质量级别，我们将这个过程称为反重构。

我们将先后从流程和维护的角度讨论为什么反重构是有用的。确定动机后，我们简单介绍一些最常见的质量指标，寻找不良代码特征。开始反重构之前的最后一项准备工作是建立基本规则，以确保我们不会永久破坏代码的结构，而只会修改它的呈现方式。有了规则之后，我们用一串安全、实用的方法来结束本章，使代码突出。这个实践部分还演示了如何使用这些规则来开发适合你的团队的技术。

13.1 用坏代码表明过程问题

有时，我们阅读或编写的代码并不像它应有的那么好。然而，由于代码复杂性、问题或大多数情况下没有时间等限制，我们无法将其重构到应有的水平。这些情况下，我们有时会进行一些重构，目的在于“这样就不会太可怕”。我们这样做是因为我们感到自豪，并且不想交付质量差的东西。无论如何，这样做都是错误的。这种情况下，与其掩耳盗铃忽视问题，不如直面一个可怕的烂摊子。

留下坏代码有两个好处：很容易再次找到，并且表明约束是不可持续的。交付坏代码来表明问题需要很强的心理安全感。然而，与我们的代码质量相比，没有这种安全感可能是一个更重要的问题。在亚里士多德计划中，谷歌和 re:Work 表明心理安全感是最重要的生产力因素。作为一名前技术主管，我遵循“知道总是更好”，这意味着信息传递者总是受到重视。事实上，我想知道我们是否没有以可持续的速度前进，以及质量是否正在下滑。由于我也很忙，中等质量的代码可能会在我不注意的情况下被忽视，但明显很坏的代码不会。考虑代码清单 13.1 和代码清单 13.2 所示的这两个具有相同功能的示例，哪个代码最需要重构？

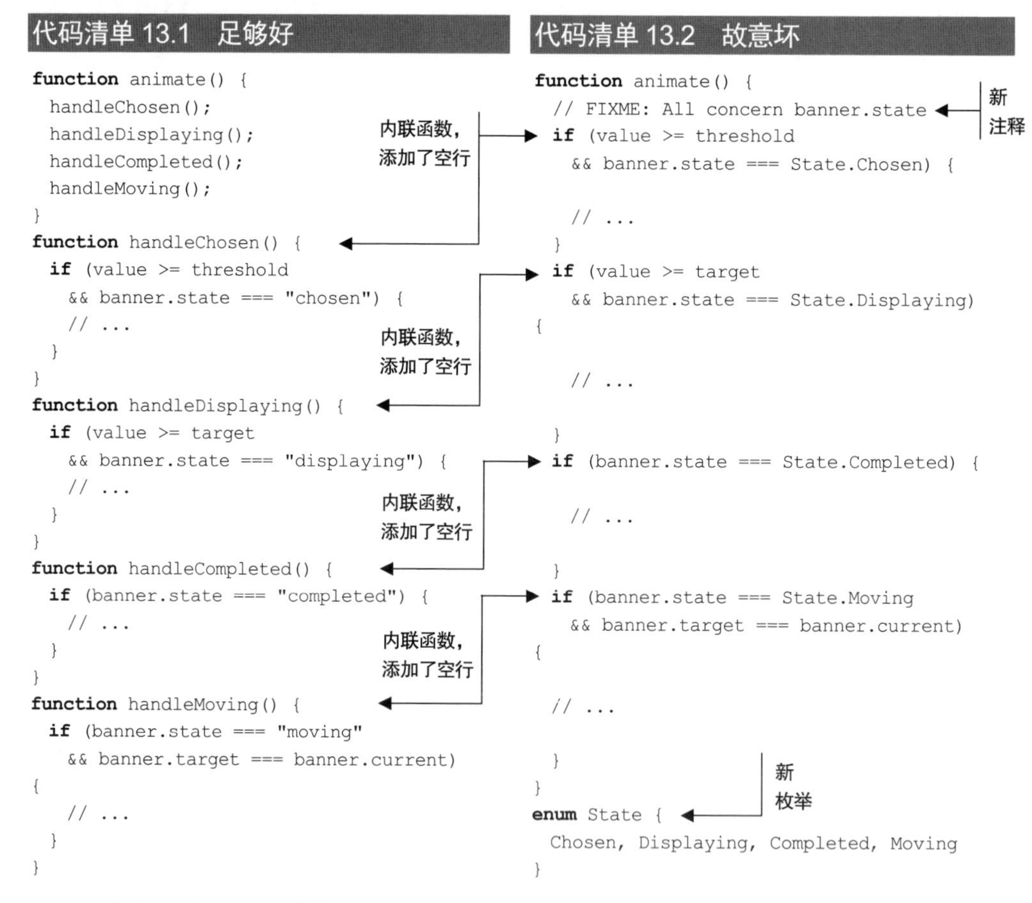

答案是两者都需要重构。虽然代码清单 13.1 中的方法很小，但它们的提取效果很差，隐藏了 banner.state 重复的事实。因此，很难看出这种方法应该被推入 State 类中，我把这个练习留给积极的读者。

13.2 分成原始代码和遗留代码

代码越糟糕，就越容易被发现。容易被发现很重要，因为开发人员通常将大部分精力都花在试图解决问题上。如果有些东西一眼看不出来，我们很可能会错过它；而如果代码明显很糟糕，我们会不断地被提醒，这使得在有时间的时候更可能有人来修复它。

我喜欢说，“如果你不能使其变好，那就让它突出”。

我并不是说所有代码都应该是完美的，但如果我们认为代码相当好、足够好或糟糕，我宁愿拥有坏代码，也不愿拥有足够好的代码。如果我们没有时间或技能将代码提升到“相当好”的水平，那么应该反而让它变得糟糕。它可将我们的代码分为原始代码和遗留代码。

一旦我们可以一眼看出代码是原始代码还是遗留代码，就很容易估计出文件的好代码和坏代码之间的比率——我们可以使用这些信息来指导重构工作。具体来说，我喜欢从最接近完全原始的文件开始。这样做有两个原因。首先，重构通常是一个级联活动，这意味着要使一些代码变得更好，我们也需要使围绕它的代码也变得更好。当周围的代码已经很好时，遇到重构漏洞的风险就会降低。另一个原因称为“破窗理论”。

破窗理论

根据破窗理论，如果一扇窗户被打破，很快就会有更多的窗户被打破。虽然破窗理论是有争议的，就算不能完全反驳，我仍然认为它至少作为一个比喻是有价值的。直觉上，这个理论是有道理的：当我穿着新鞋时，会小心翼翼地不把它弄脏；但是一旦脏了，就不再小心了，鞋子的状态很快就变坏。类似的情况在我们开发代码时也会发生。一旦我们看到一些坏代码，就更容易在它旁边放置更多的坏代码。但如果我们使整个文件保持原始状态，它们通常保持原始状态的时间更长。

13.3　定义坏代码的方法

在我们讨论如何让代码变得更糟之前，首先研究几种不同的识别坏代码的方法。正如我们在前言中所说，没有一种完美的方法可以通过查看代码来确定其好坏。因为可读性是好代码的一方面，而它是主观的。但是，有几种不同的方法可以估计代码的糟糕程度。下面研究其中最普遍的方法，以找到引人注目的特征。

13.3.1　本书中的规则：简单而具体

了解什么是坏代码是本书第 I 部分的主题。为培养这种感觉，我们引入了易于发现的规则。这些规则旨在吸引眼球(即使我们的注意力在别处并且没有太多练习)。

虽然这些规则在我们开发第六感时很有效，但它们并不普遍。没有读过本书的程序员可能不会认为将某些东西作为形参传递并在同一个对象上调用方法很突兀，甚至可能不会认为它很糟糕。如果我们的团队有一套共享的规则(就像本书中的规则)，当我们想让代码突出时，通常很容易反其道而行之。

代码清单 13.3 所示的这个示例打破了两条规则，你能认出来吗？

代码清单 13.3 两条被破坏的规则

```
function minimum(arr: number[][]) {
  let result = 99999;
  for (let x = 0; x < arr.length; x++) {
    for (let y = 0; y < arr[x].length; y++) {
      if (arr[x][y] < result)
        result = arr[x][y];
    }
  }
  return result;
}
```

答案就是 FIVE LINES 和 IF ONLY AT THE START。

13.3.2 代码异味：完整而抽象

我的规则不是凭空而来的；它们是从多个来源收集的代码异味中提炼出来的，例如 Martin Fowler 的 *Refactoring* 和 Robert C. Martin 的 *Clean Code*。使用代码异味是另一种定义坏代码表现出的症状的方法。根据我的经验，大多数代码异味只有在我们练习了一段时间后才会变得引人注目。有些很简单，可以在编程入门课程中讲授，因此通常对任何人都很吸引眼球，例如“魔术常量”和“重复代码”(如代码清单 13.4 所示)。

代码清单 13.4 代码异味示例

```
function minimum(arr: number[][]) {
  let result = 99999;                         ◄── 魔术数字
  for (let x = 0; x < arr.length; x++) {
    for (let y = 0; y < arr[x].length; y++) {
      if (arr[x][y] < result)
        result = arr[x][y];
    }
  }
  return result;
}
```

13.3.3 圈复杂度：算法(客观)

虽然前两种方法是为人类设计的，但也有人试图让计算机发现坏代码。同样，这些是近似值；但是因为它们是经过计算的，所以它们给出了一个值，人们可以用这个值来指导重构决策。最著名的自动代码质量指标可能是圈复杂度。

简而言之，圈复杂度计算通过代码的路径数(如代码清单 13.5 所示)。我们可以在语句级别计算这一点，其中 if 有两条路径：一条为真，一条为假。for 和 while 也是如此，因为我们可以进入它们或跳过它们。我们还可以计算表达式级别，其中每个||或&&将路径一分为二：一条路径跳过右侧，一条不跳过。有趣的是，这个指标还为我们提供了应该进行测试的下限数量，因为我们应该为代码中的每条路径至少进行一个测试。

代码清单 13.5　圈复杂度：4

```
function minimum(arr: number[][]) {           +1
  let result = 99999;
  for (let x = 0; x < arr.length; x++) {      +1
    for (let y = 0; y < arr[x].length; y++) { +1
      if (arr[x][y] < result)                 +1
        result = arr[x][y];
    }
  }
  return result;
}                                             =4
```

圈复杂度是在方法的控制流上计算的。然而，这对人类来说并不总是显而易见的，特别是在表达式层面上。人类如果想一眼估计圈复杂度，通常依赖缩进，因为我们会将每个 if、for 等缩进一次。

13.3.4　认知复杂度：算法(主观)

近年来采用的代码质量指标称为认知复杂度(如代码清单 13.6 所示)。顾名思义，它估计了一个人在阅读一个方法时必须记住的信息量。它比圈复杂度更严厉地惩罚嵌套，因为人类需要记住我们通过的每个条件。认知复杂度可能是对人类阅读困难程度的更接近估计。然而，在我们寻找人类一眼就能发现的东西时，这又等同于缩进。

代码清单 13.6　认知复杂度：6

```
function minimum(arr: number[][]) {
  let result = 99999;
  for (let x = 0; x < arr.length; x++) {      +1
    for (let y = 0; y < arr[x].length; y++) { +2
      if (arr[x][y] < result)                 +3
        result = arr[x][y];
    }
  }
  return result;
}                                             =6
```

13.4　用于安全破坏代码的规则

当我们破坏代码(即让坏代码突出)时，需要遵循 3 个规则。

- 永远不要破坏正确的信息。
- 不要让未来的重构变得更困难。
- 结果应该是引人注目的。

第一个也是最重要的规则是，如果信息正确，那么我们必须保留它。例如，如果一个方法有一个好名称，但它的方法体是乱七八糟的，那么我们不应该破坏名称以使这个方法更突出。我们可以删除不正确或多余的信息，例如过时的或不重要的注释。

第二个规则指出，我们的努力不应该使下一个人(可能是我们自己)的工作变得更难。因此，我们应该指出我们拥有的任何信息，包括建议如何重构代码，例如在提取方法的地方放置空行。最好情况下，我们应该让未来的重构更容易。

第三个规则指出，生成的代码应该引人注目，确保代码作为信号能够被注意到，并且与原始代码之间存在明显的差距，如本章前面所讨论的那样。这 3 个规则一起确保我们不会制造更多问题，因为只要遵循这些规则，任何事情在最坏的情况下都可以轻松撤销。

13.5 安全破坏代码的方法

在讨论了游戏规则后，让我们来查看一些可使坏代码脱颖而出的通用方法。我鼓励你找到自己的方法，以符合你的团队所认为的代码异味。但要注意不要违反上述 3 个规则。

这里介绍的方法都是安全且容易逆转的。安全性和可逆性是必不可少的：这些方法是我在忙于做其他事情时使用的，因此有时我会误判代码。这些方法专注于代码特征，这些特征要么吸引大多数人的眼球，要么对未来的重构非常有用。

13.5.1 使用枚举

我最喜欢的使代码在需要重构时突出的方法是，放置一个枚举而不是类型代码，例如布尔值。添加枚举通常既简单又快速，并且枚举很容易被发现。正如我们在第 4 章中了解到的，重构枚举虽然耗时，但很简单。因为枚举是被命名的，所以还具有更易于阅读的额外好处。

根据 3 个规则，我们首先需要考虑这种方法是否会破坏信息。如果我们要替换布尔值，那么唯一可能的信息是命名常量的形式。这种情况下，我们可以保留这些名称作为枚举值的名称。但是另外，通过将布尔值变成枚举，我们将信息添加到变量和方法的类型签名中(如代码清单 13.7 和代码清单 13.8 所示)。

代码清单 13.7 重构之前

```
class Package {
  private priority: boolean;
  scheduleDispatch() {
    if (this.priority)
      dispatchImmediately(this);
    else
      queue.push(this);
  }
}
```

代码清单 13.8 重构之后

```
class Package {
  private priority: Importance;
  scheduleDispatch() {
    if (this.priority === Importance.Priority)
    dispatchImmediately(this);
    else
      queue.push(this);
  }
}
enum Importance {
  Priority, Regular
}
```

更改为枚举

第二个规则指出，我们的更改不应该使未来的重构更困难。这里，我们使它变得更容易，因为我们有一个处理枚举的标准流程：首先使用 REPLACE TYPE CODE WITH

CLASSES，然后使用 PUSH CODE INTO CLASSES，最后使用 TRY DELETE THEN COMPILE，以消除多余的方法。

第三个规则指出结果应该引人注目。尽管不是每个人都认为枚举是代码异味，但它很容易被发现；而且这种转换对未来的重构非常有帮助。

13.5.2　使用整数和字符串作为类型代码

同样，有时我们没有能力添加枚举，或者只需要让某些东西快速运行。这里我经常使用整数或字符串作为类型代码(如代码清单 13.9 和代码清单 13.10 所示)。如果使用字符串，其优势是文本与常量名称的用途相同。字符串类型的代码也非常灵活，因为我们不需要预先声明所有值，因此在快速实验的情况下，字符串类型的代码是我的首选。

代码清单 13.9　字符串作为类型代码

```
function area(width: number, shape: string)
{


  if (shape === "circle")
    return (width/2) * (width/2) * Math.PI;
  else if (shape === "square")
    return width * width;
}
```

代码清单 13.10　整数作为类型代码

```
const CIRCLE = 0;
const SQUARE = 1;
function area(width: number, shape: number)
{
  if (shape === CIRCLE)
    return (width/2) * (width/2) * Math.PI;
  else if (shape === SQUARE)
    return width * width;
}
```

只要我们使用命名常量整数或字符串，就可以包含我们想要的所有信息。因此，不存在丢失信息的风险。

此方法旨在启动前一个方法，开始级联。当实验变慢时，下一步是用枚举替换字符串或整数。因为我们在常量名称或字符串内容中嵌入了信息，所以将其转换为枚举是很简单的。这样就满足第二个规则。

我们通常使用 else if 链或 switch 检查类型代码，其中任何一个都可以被一目了然地发现。这个属性尤其准确，因为我们多次检查同一个变量，使得字符串或常量垂直对齐。

13.5.3　在代码中放入魔术数字

更进一步，除了将常量作为类型代码，我们还以其他方式使用它(如代码清单 13.11 和代码清单 13.12 所示)。如果我很忙或正在试验，或者想强调某些代码需要重构，会直接在代码中放入一个魔术数字。最常见的情况是，我在编写代码时会这样做；只有很少的情况下我才会内联一个常量。

使用这种技术有破坏信息的风险。因此，我们需要小心。如果一个常量命名不当或不正确，它不会添加信息，而且内联它也没有问题。如果我不能确定这个名称是否有信息，或者我知道一些关于它的信息，则总是在内联常量的地方添加一个注释，以确保满足第一个规则。

代码清单 13.11 重构之前

```
const FOUR_THIRDS = 4/3;
class Sphere {
  volume() {
    let result = FOUR_THIRDS;
    for (let i = 0; i < 3; i++)
      result = result * this.radius;
    return result * Math.PI;
  }
}
```

代码清单 13.12 重构之后

```
class Sphere {
  volume() {
    let result = 4/3;                          ◄──┐
    for (let i = 0; i < 3; i++)                   │
      result = result * this.radius;              │
    return result * 3.141592653589793;         ◄──┤
  }                                          内联 │
}                                            常量 │
```

如果结果证明魔数应该是常量，则很容易重新提取它们。因此，我们并没有使未来的重构变得更困难。

最后一个规则是这种转换真正开始发挥作用的地方。几乎每个人在代码中看到一个魔术数字时都会作出反应。如果我们的团队不仅关注提取常量，还关注修复整个方法，那么这种方法可有效地使一些代码变得突出。

13.5.4 在代码中添加注释

如前所述，我们可以使用注释来保留信息。然而，它们有双重作用，因为它们也很引人注目。正如我们在第 I 部分开头看到的那样，应该成为方法名称的注释类型可以是一个很好的信号(如代码清单 13.13 和代码清单 13.14 所示)。

代码清单 13.13 重构之前

```
function subMin(arr: number[][]) {

  let min = Number.POSITIVE_INFINITY;
  for (let x = 0; x < arr.length; x++) {
    for(let y = 0; y < arr[x].length; y++) {
      min = Math.min(min, arr[x][y]);
    }
  }

  for (let x = 0; x < arr.length; x++) {
    for(let y = 0; y < arr[x].length; y++) {
      arr[x][y] -= min;
    }
  }
  return min;
}
```

代码清单 13.14 重构之后

```
function subMin(arr: number[][]) {
  // Find min                                       ◄──┐
  let min = Number.POSITIVE_INFINITY;                  │
  for (let x = 0; x < arr.length; x++) {               │
    for(let y = 0; y < arr[x].length; y++) {           │
      min = Math.min(min, arr[x][y]);                  │
    }                                                  │
  }                                                    │
  // Sub from each element                          ◄──┤
  for (let x = 0; x < arr.length; x++) {               │
    for(let y = 0; y < arr[x].length; y++) {           │
      arr[x][y] -= min;                                │
    }                                 可以(并且应该)作 │
  }                                   为方法名称的注释 │
  return min;
}
```

通过添加一些东西来破坏信息是很困难的。但是，如果我们在注释中提供的信息是有意误导的，则有可能破坏信息。因此只要我们相信我们放在注释中的任何内容都是准确的，就应该是安全的并能够满足第一个规则。

添加可以成为方法名称的注释是表明未来从哪里开始重构工作的好方法。这样做既提供了一个简单的入口点，又向重构者建议了可使用的方法名称，同时也符合第二个规则。

大多数编辑者用不同的颜色或不同的风格突出显示注释，使它们很容易引人注目。除此之外，当我们遵循第 8 章的建议时，注释应该变得越来越少，因此我们会更容易注意到它们。

13.5.5　在代码中添加空白

另一种暗示在何处分解方法的方式是插入空白。和注释一样，我们也在第 I 部分中使用了这种方法。但是，它与注释不同，因为我们不需要表示方法名称。当我们可以看到结构但没有足够的理解来命名它时，添加空白很有用。但是，除了分组语句，我们还可以使用空行来分组字段并表示封装数据的位置。

由于这种方法与注释密切相关，因此也有可能故意用空白误导。在代码清单 13.15 和代码清单 13.16 所示的示例中，我们故意在表达式中放置了误导性的空白，导致表达式很容易被误解。分组语句或字段可以达到相同的效果。由于我们的出发点是好的，因此满足第一个规则应该没有问题。

代码清单 13.15　重构之前

```
let cursor = cursor+1 % arr.length;
```

代码清单 13.16　重构之后

```
let cursor = (cursor + 1) % arr.length;
```

需要显式括号，因为模作为乘法绑定

如果我们使用空行对语句进行分组，则更容易看到使用 EXTRACT METHOD 的位置。如果我们使用这种方法对字段进行分组，则更容易看到使用 ENCAPSULATE DATA 的位置。在任何情况下，空行都是有帮助的。

开发人员擅长发现模式，而空行是一种很容易发现的模式。它们像书中的段落一样突出。

13.5.6　根据命名对事物进行分组

另一种表示封装候选的方法是将具有共同词缀的事物进行分组(如代码清单 13.17 和代码清单 13.18 所示)。大多数人会自动执行此操作，因为这样做很赏心悦目。但是在阅读第 6 章之后，我们知道这种技术对于重构也很有用。

代码清单 13.17　重构之前

```
class PopupWindow {
  private windowPosition: Point2d;
  private hasFocus: number;
  private screenWidth: number;
  private screenHeight: number;
  private windowSize: Point2d;
}
```

代码清单 13.18　重构之后

```
class PopupWindow {
  private windowPosition: Point2d;
  private windowSize: Point2d;
  private hasFocus: number;
  private screenWidth: number;
  private screenHeight: number;
}
```

更容易发现共同前缀 window

在 NEVER HAVE COMMON AFFIXES 规则不适用的极少数情况下，应用这种方法是危险的。在任何其他情况下，我们运用这个技术通过使词缀更容易被发现从而强调信息。

共同词缀是指向特定重构模式(ENCAPSULATE DATA)的具体规则的主题。因此，每当我们看到共同的词缀时，只需要遵循模式和规则，这很容易。如前所述，人们倾向于本能地将词缀放在一起，因为它们非常引人注目。

13.5.7 为名称添加上下文

如果方法和字段名称尚未共享公共词缀，我们可以在它们的名称中进行添加，使公共词缀更有可能出现。添加词缀本身可能是一个明确的信号，但如果我们需要更加突出它，可以在已经突出的 camelCased 或 PascalCased 名称中添加下画线(如代码清单 13.19 和代码清单 13.20 所示)。

代码清单 13.19 重构之前

```
function avg(arr: number[]) {
  return sum(arr) / size(arr);
}
function size(arr: number[]) {
  return arr.length;
}
function sum(arr: number[]) {
  let sum = 0;
  for (let i = 0; i < arr.length; i++)
    sum += arr[i];
  return sum;
}
```

代码清单 13.20 重构之后

```
function avg_ArrUtil(arr: number[]) {
  return sum_ArrUtil(arr)/size_ArrUtil(arr);
}
function size_ArrUtil(arr: number[]) {
  return arr.length;
}
function sum_ArrUtil(arr: number[]) {
  let sum = 0;
  for (let i = 0; i < arr.length; i++)
    sum += arr[i];
  return sum;
}
```

向方法名称添加上下文

我们必须注意添加的上下文是否准确。另一方面，即使我们最终将一些不应该在一起的方法和字段封装在一起，也可以通过进一步封装两个应该分开的类来拆分类。

与之前的规则一样，我们将直接转向共同词缀规则和相应的重构。此外，改进名称始终是一项有益的工作。

共同词缀放在一起时最清晰。因此，这种技术与前一种技术相得益彰。然而，即使我们没有时间去发现使用相同词缀的方法或将它们分组，仍然可以通过打破常规的大小写样式使它们引人注目，就像该技术的介绍中所说的那样。

13.5.8 创建长方法

如果我们发现某些方法提取的方式不令人满意，可以将它们内联以形成一个长方法(如代码清单 13.21 和代码清单 13.22 所示)。对于大多数开发人员来说，长方法是一个警告信号，是需要做某事的重要信号。

代码清单 13.21　重构之前

```
function animate() {
  handleChosen();
  handleDisplaying();
  handleCompleted();
  handleMoving();
}
function handleChosen() {
  if (value >= threshold
    && banner.state === State.Chosen) {
    // ...
  }
}
function handleDisplaying() {
  if (value >= target
    && banner.state === State.Displaying) {
    // ...
  }
}
function handleCompleted() {
  if (banner.state === State.Completed) {
    // ...
  }
}
function handleMoving() {
  if (banner.state === State.Moving
    && banner.target === banner.current) {
    // ...
  }
}
```

代码清单 13.22　重构之后

```
function animate() {
  if (value >= threshold
    && banner.state === State.Chosen) {
    // ...
  }
  if (value >= target
    && banner.state === State.Displaying) {
    // ...
  }
  if (banner.state === State.Completed) {
    // ...
  }
  if (banner.state === State.Moving
    && banner.target === banner.current) {
    // ...
  }
}
```

更容易发现它们都与 banner.state 有关

原始方法有名称，因此除非我们确信这些名称具有误导性，否则应该保留它们的信息。我们可以通过使用注释来做到这一点并获得额外的可见性。

如果不能根据适当的底层结构提取方法，就会使未来的重构变得困难。通过内联这些方法，我们可以重新评估并更轻松地识别正确的结构。

长方法不像我们讨论过的其他特征那样容易发现。然而，开发人员通常会注意到长方法并标记它们的位置。开发人员会记住这些方法以避免使用，或者说因为他们知道这些方法是一种症状。

13.5.9　给方法多个形参

给一个方法多个形参是我最喜欢的技术之一，用来表示需要重构。除了在方法定义点很明显，在每个调用点也很明显。

有两种常见的方法来避免有多个形参(如代码清单 13.23 和代码清单 13.24 所示)。我们在第 7 章讨论了第一个方法，将形参放入一个无类型的结构(如 HashMap)中，从而蒙蔽编译器。另一种常见的方法是创建数据对象或结构。这里值被命名并类型化。但是这些类通常与底层结构不一致，因此它们只是隐藏了异味而不能进行解决。这两种方法都不应该采用。

代码清单 13.23 版本 1 重构之前：映射

```
function stringConstructor(
   conf: Map<string, string>,
   parts: string[]) {
  return conf.get("prefix")
     + parts.join(conf.get("joiner"))
     + conf.get("postfix");
}
```

代码清单 13.24 版本 2 重构之前：数据对象

```
class StringConstructorConfig {
  constructor(
    public readonly prefix: string,
    public readonly joiner: string,
    public readonly postfix: string) { }
}
function stringConstructor(
    conf: StringConstructorConfig,
    parts: string[]) {
  return conf.prefix
      + parts.join(conf.joiner)
      + conf.postfix;
}
```

代码清单 13.25 为重构后的结果。

代码清单 13.25 重构之后

```
function stringConstructor(
   prefix: string,
   joiner: string,
   postfix: string,
   parts: string[]) {
  return prefix + parts.join(joiner) + postfix;
}
```

如果我们将一个数据对象或结构体放入一个长形参列表中，将同时保留类型和名称。如果我们从一个 Map 中创建许多形参，键就变成了变量名，我们甚至以显式类型的形式添加信息。这两种情况下，我们都不会破坏信息。

消除一个长形参列表通常需要以创建类的形式进行大量重构，并且将代码推入其中以慢慢发现哪些形参是耦合的，从而最终属于相同的类。但是，将数据对象或哈希映射转换为形参并不会使重构变得更困难。

这种方法的优点是它很引人注目。如前所述，定义和所有调用点都要求重构。整个代码中基本上都有小路标，引导我们找到有问题的方法。

13.5.10 使用 getter 和 setter

添加路标的另一种方法是使用 getter 和 setter，而不是使用全局变量或公共字段(如代码清单 13.26 和代码清单 13.27 所示)。封装数据并通过 getter 和 setter 访问它很容易。反过来，当我们通过将代码推入封装类来丰富类时，这些 getter 和 setter 应该消失。

代码清单 13.26　重构之前

```
let screenWidth: number;
let screenHeight: number;
```

代码清单 13.27　重构之后

```
class Screen {
  constructor(
    private width: number,
    private height: number) { }
  getWidth() { return this.width; }
  getHeight() { return this.height; }
}
let screen: Screen;
```

这种方法也是添加性的：我们添加代码，而不是修改或删除代码。因此，在转换中不存在丢失信息的风险。

封装通常是重构此类数据的第一步。我们不仅让它变得更容易，还减少了工作量。

标准约定规定 getter 和 setter 分别以 get 或 set 为前缀。这种语法约定使它们很容易在定义点和调用点上被发现，类似于使用多个形参。

13.6　本章小结

- 我们可以使用坏代码来表示过程问题，例如缺乏优先级或时间。
- 我们应该将代码库分为原始代码和遗留代码；原始代码往往会保持更长时间。
- 不存在完美的方法来定义“坏代码”，但有 4 种流行的方法，即本书中的规则、代码异味、圈复杂度和认知复杂度。
- 通过遵循 3 个规则，我们可以安全地加大原始代码和遗留代码之间的差距。
  - 永远不要破坏信息。
  - 支持未来重构。
  - 提高问题的可见性。
- 应用规则的具体方法示例如下。
  - 使用枚举。
  - 使用整数和字符串作为类型代码。
  - 在代码中加入魔术数字。
  - 在代码中添加注释。
  - 在代码中添加空白。
  - 根据命名对事物进行分组。
  - 为名称添加上下文。
  - 创建长方法。
  - 给方法多个形参。
  - 使用 getter 和 setter。

第14章 收尾工作

本章内容

- 回顾本书的旅程
- 探索基本原则
- 有关如何继续这个旅程的建议

本章首先简要介绍我们在本书中所涵盖的内容，以回忆我们所经历的漫长旅程。然后将解释引导我完成这一内容的中心思想和原则，以及如何利用这些原则来解决类似问题。最后，我将为你们提供一些建议，让你们的旅程在跨过这个垫脚石后自然地继续下去。

14.1 回顾本书的旅程

当开始阅读本书时，你可能从未接触过重构这一概念，或者与现在的观点截然不同。我希望这本书能让更多的人可以使用和操作重构。我想降低理解复杂概念的门槛，例如代码异味、使用编译器、功能切换等。我们用自己使用的语言勾勒世界。因此，我希望通过规则、重构模式等章节标题丰富你们的词汇量。

14.1.1 第I部分：动机和具体化

在最开始的两章中，我们探讨了重构是什么、为什么重构很必要以及何时优先考虑重构。我们通过定义重构的目标奠定了基础，即通过局部化不变量来减少脆弱性、通过减少耦合来增加灵活性以及理解软件的域。

我们查看了一个看起来合理的代码库并逐步对其进行了改进。我们使用了一套规则来集中注意力，以避免因试图了解细节而误入歧途。除了规则，我们还建立了一个功能强大的重构模式的小目录。

我们从学习如何分解长函数开始。然后用类替换类型代码，这使得我们通过将它们推入类来将函数变成方法。在扩展了代码库后，我们开始统一 if、函数和类。作为第 I 部分的总结，我们研究了用于强制封装的高级重构模式。

14.1.2 第Ⅱ部分：拓宽视野

在体验了重构的工作流程并对重构什么和如何重构有了深刻的理解之后，我们提升了抽象的层次。在第Ⅱ部分中，我们没有讨论具体的规则和重构，而是研究了许多影响重构和代码质量的社会技术主题。我们讨论了与文化、技能和工具相关的主题并提供了可操作的建议。

我们在第Ⅱ部分中讨论的工具包括编译器、功能切换、看板、约束理论等。我们也介绍了文化变化，例如删除、添加和破坏代码的方法。最后，探索了具体的技能，例如安全地揭示结构和优化性能。

14.2 探索基本原则

本书中有很多有用的信息，多到难以记住。幸运的是，只要你内化了基本原则，不需要记住所有细节，也可从中受益。因此，我想让你深入了解我是如何思考和使用本书的规则和其他内容的。

14.2.1 寻找更小的步骤

本书与测试驱动开发和其他方法持有同一个基本观点：采取更小的步骤可以明显降低出错的风险。我从不只展示最终状态，因为到达最终状态的过程就是挑战所在。将大问题分解为更小部分的能力是编程的重要组成部分。当我们考虑重大转变时，可以使用这种能力。我们可以找到一些次要的转变，然后把它们链接起来，得到主要的结果。重构就是循序渐进、逐步改进。

在本书中，我们讨论了当不知道最终状态是什么时应采取的步骤，例如第 13 章的内容或第 I 部分中的所有规则。所有这些步骤都很小，它们专注于工作的从此到彼；这被称为绿色到绿色。通常，这意味着我们必须通过几个中间步骤，在这些步骤中只进行很小的改进。

除了降低风险，从绿色快速变为绿色还为我们提供了更多的灵活性来改变方向。如果我们发现一些重要的东西，只需要在切换之前进入下一个绿色状态。如果我们收到紧急修复请求，可以通过 git reset 回到最终的绿色状态并损失最少的工作量。我们必须重置重构，而不是简单地切换分支并随之返回，因为当我们处于重构过程中时，经常需要记录头脑中的许多松散线程。如果我们从重构中切换上下文，就不太可能记住这些线程，引入错误的风险就会飙升。因此我们应该只在绿色状态之间切换上下文。

我们还讨论了如何将需要代码和文化更改的转换分解为稳定状态之间的小步骤。在第 10 章中，当我们探索功能切换时，研究了这项技术并讨论了采用必要文化所需的步骤。

从高层次方面看，我的建议是在所有更改周围建立添加和删除 if 语句的反射。只有当这种技术成为第二天性时，我们才能在生产中利用它的优点。如果我们试图直接跳到最后，很有可能会错过一些围绕新代码的 if 切换并意外地发布一些未完成的内容或引入错误。

14.2.2 寻找底层结构

关于结构，我们介绍了很多内容。事实上，第 11 章就是专门对此进行探讨的。当我进行重构时，喜欢把自己想象成一个黏土雕塑家，从一块黏土开始，慢慢地塑造它以揭示其内部结构。我之所以说黏土，是因为我认为代码比在石头上雕刻更具延展性和可逆性；米开朗基罗完美地表达了这一点。

每块石头里面都有一个雕像，雕刻家的任务是发现它。

——Michelangelo di Lodovico Buonarroti Simoni

为帮助发现代码中的这个雕像，我使用了一个很好的技巧，这就是第 I 部分的主要内容：使用代码行来指导方法的位置。然后我使用这些方法来指导类的位置。在实践中，我更进一步，让类指导命名空间或包的位置。诀窍是从内部开始，然后级联更改到越来越多的抽象层。因此，我宁愿多一个方法，也不愿少一个方法。一个方法可能是具有共同词缀与否的差异，因此使用另一个类。

14.2.3 使用规则进行协作

与现实世界一样，灵丹妙药并不存在；完整和直接的模型也不存在。本书中的规则和建议也不例外。因此，有必要强调，规则是工具而不是法律。如果盲目地应用规则，或者更糟糕的是用规则来监督你们的队友，将是一个严重的错误。如前一章所述，安全感是开发团队的第一要务。如果规则能让你们在重构时感到安全和自信，那就是好的。如果规则使你们相互攻击，那就是不好的。这些规则是讨论代码质量的良好基础，是很好的经验法则。它们非常适合用于营造学习重构的必要性和动机。

14.2.4 团队优先于个人

接下来，我想强调团队的重要性。软件开发是一项团队工作。正如 DevOps 和敏捷所鼓励的那样，我们应该专注于密切合作。人们很容易认为多个开发人员共同工作可以提高效率。然而，这种安排会造成知识孤岛，其危害大于好处。结对编程和集成编程等活动就是一种有益的密切合作。如果实施得当，此类活动有助于传播知识、技能和职责，从而带来更多信任和更坚定的承诺。有一句非洲谚语表达了同样的意思。

如果你想走得快，就独自去；如果你想走得远，就一起去。

——非洲谚语

换句话说，交付的方式是团队，而不是个人。当人们问我“代码行是不是太长了”

或“这件事不好吗”，我总是问他们下列这些问题。

- 你们的开发人员明白吗？
- 开发人员满意吗？
- 是否有一个更简单的版本不会破坏任何性能/安全性限制？

整个团队必须致力于他们负责的整个代码库。我们希望快速而自信地更改代码，因此应该解决任何有损于这样做的事情。

14.2.5 简单性优先于正确性

如果你努力去想出你自己的规则(我建议你这样做)，那么必须坚持一个重要的设计原则。当我们看到感觉很坏的代码并且想要创建一个规则来禁止它时，很容易掉入试图通用的陷阱。这种方法会导致模糊且通用的规则，就像代码异味一样。这些规则非常有用且令人印象深刻；然而，许多规则没有达到最重要的标准：易于应用。

认知心理学描述了两个认知任务系统，每个系统都有一个能力。系统 1 速度快但不精确。使用系统 1 几乎不需要消耗能量，因此我们的大脑更倾向它。系统 2 速度慢且能源耗费大，但是准确。一个经典的实验说明了系统 1 和 2 的运行情况。假设回答这样一个问题：摩西在方舟上带了多少只动物？如果你说两个，那是你的系统 1 在响应。如果你正确地发现方舟在诺亚那里，则是在用系统 2 回答。

我们可以在任何时候执行多项系统 1 任务，例如嚼口香糖、走路或开车。但是，我们只能维护一个单一的系统 2 任务，例如谈话或发短信。多任务处理不是人类拥有的技能。有些人可以快速进行任务切换。然而，由于我们没有并行化任何东西，因此这样做没有实际目的。

编程主要是解决问题，因此是系统 2 的任务。在整本书中，我已经指出，开发人员已经在他们正在解决的任务上耗尽了他们的智力。因此，我们希望人们执行的任何规则都必须非常简单，以至于我们可以不假思索地应用它们。

在从“简单但错误”到“复杂但正确”的范围内，如果我们想要行为上的改变，应该宁可选择简单。简单化可能会有问题。然而，我们可以利用人类的另一个特性：常识。提出本书中的规则并声明它们是指导方针而不是法律，这样应该能够阻止人们盲目地遵循。

14.2.6 使用对象或高阶函数

我们在本书中使用了很多对象和类。然而，几乎所有主流语言中都有一个特性，使我们得以避开其中一些语言。它有多种名称：高阶函数、lambda、委托、闭包和箭头。本书中包含了一些实例，但我大部分时间都没有提及它们。做出这种选择只是为了让风格尽可能一致。

从重构的角度看，具有一个方法的对象和具有一个高阶函数的对象是一回事；如果对象有字段，那么就是一个闭包，都具有相同的耦合。一个看起来更华丽，但对于某些人来说也可能更难阅读。因此，前面的建议同样适用：使用你的团队认为更容易阅读的方法。如果你想练习，请阅读第 I 部分中的代码并像代码清单 14.1 和代码清单 14.2 那样重构它。

代码清单 14.1 对象

```
function remove(
  shouldRemove: RemoveStrategy)
{
  for (let y = 0; y < map.length; y++)
    for (let x = 0; x < map[y].length; x++)
      if (shouldRemove.check(map[y][x]))
        map[y][x] = new Air();
}
class Key1 implements Tile {
  // ...
  moveHorizontal(dx: number) {
    remove(new RemoveLock1());
    moveToTile(playerx + dx, playery);
  }
}
interface RemoveStrategy {
  check(tile: Tile): boolean;
}
class RemoveLock1 implements RemoveStrategy
{
  check(tile: Tile) {
    return tile.isLock1();
  }
}
```

代码清单 14.2 高阶函数

```
function remove(
  shouldRemove: (tile: Tile) => boolean)
{
  for (let y = 0; y < map.length; y++)
    for (let x = 0; x < map[y].length; x++)
      if (shouldRemove(map[y][x]))
        map[y][x] = new Air();
}
class Key1 implements Tile {
  // ...
  moveHorizontal(dx: number) {
    remove(tile => tile.isLock1());
    moveToTile(playerx + dx, playery);
  }
}
```

RemoveStrategy 中唯一方法的类型签名

由于只有一种方法，因此删除了.check

RemoveLock1 的方法体作为高阶函数

RemoveStrategy 中唯一方法的类型签名

14.3 后续方向

我们可以沿着许多不同的路线继续这个旅程；最自然的延续是宏架构、微架构和软件质量。我会依次给出建议。

14.3.1 微架构路线

微架构或团队内架构一直是本书的主要焦点，并且可能是最平稳的过渡。该领域关注耦合和脆弱性，涉及从表达式到(但不包括)公共接口和 API 设计。在这条路线上，我认为有两条路径。

- 可以使用 Robert C. Martin 的 *Clean Code* 沉浸在更复杂、更细致的异味中。
- 可以使用 Martin Fowler 的 *Refactoring* 扩展你的重构模式库。

14.3.2 宏架构路线

你还可以选择关注宏架构或团队间架构。如第 11 章所述，由康威定律指导宏架构，指出我们的(宏)架构将反映我们组织的沟通结构。因此，我亲切地称其为“人类路线”；要影响代码，我们必须关注人。如果想要了解有关组织团队和康威定律的更多精彩描述，我推荐 Mathew Skelton 的 *Team Topologies*。

14.3.3 软件质量路线

最后的一条路线是研究软件质量。我们在本书中多次讨论过质量，它以多种形式来满足不同的需求。

对于向编程新手交付软件的产品团队，我建议学习测试。重构内置于测试驱动开发中，虽然这个主题很难掌握，但很容易上手。我更喜欢 Kent Beck 的 *Test-Driven Development*(Addison-Wesley Professional，2002)。虽然测试不是万无一失的，但它针对的是用户可能面临的许多问题。

平台团队以库、框架或可扩展工具的形式将软件交付给其他程序员。对于这些团队，我建议学习类型理论。在现代语言中，我们可以在类型系统中表达许多复杂的属性并让编译器证明它们的有效性。同时，在使用我们的软件时，类型帮助记录和指导我们的用户并确保特定属性保持不变，以防止错误。我推荐 Benjamin C. Pierce 所著的 *Types and Programming Languages*(MIT Press，2002)一书，它对函数式编程和类型进行了温和的介绍，并且提供了可以转移到其他编程范式的工具和理解。类型安全是安全的；然而，它只涵盖了我们教它的内容。

最后，雄心勃勃的读者可以通过依赖类型或证明助手来研究可证明的正确性。可证明的正确性是最先进的软件质量。然而，研究这一领域需要付出巨大的努力。幸运的是，在这方面学到的经验教训很容易转移到所有其他编程活动中。我推荐 Edwin Brady 的 *Type-Driven Development with Idris*(Manning, 2017)一书，该书也建立在函数式编程的基础上。撰写本书之时对这一学科提供的质量的需求并不大。然而，用于可证明正确性的新编程语言仍在发明中，例如 Lean；因此我们可能希望可证明正确的软件有它的位置，因为它安全并且涵盖了一切。

14.4 本章小结

- 为了使重构更易于访问，我们强调了重构的重要性，通过使用具体规则和重构模式的示例对其进行了探讨。然后我们拓宽了视野并讨论了许多影响代码质量的社会技术主题。
- 本书的基本理念依赖于将大型转换分解为稳定状态之间的微小步骤。

- 结构通常是隐藏的，我们使用代码行来导向方法的位置，用方法来导向类的位置。
- 规则应该用于支持协作和团队合作；在重构时，常识是无可替代的。
- 本书中的规则和建议在设计时考虑到了人类并考虑了他们的环境和情况。如果我们想改变行为，必须优先选择简单性而不是正确性。

附录

为第 I 部分安装工具

我们使用 Node.js 来安装 TypeScript，因此首先需要安装 Node.js。

Node.js

(1) 前往 https://nodejs.org/en，下载 LTS 版本。
(2) 执行安装程序。
(3) 通过打开 PowerShell(或其他控制台)并运行以下命令来验证安装。

```
npm --version
```

它应该返回类似 6.14.6 这样的内容。

TypeScript

(1) 打开 PowerShell，然后运行以下命令。

```
npm install -g typescript
```

这使用 Node.js 的包管理器(npm)来全局安装 typescript 编译器，而不是在本地文件夹中。

(2) 通过运行以下命令验证安装。

```
tsc --version
```

它应该返回类似 Version 4.0.3 这样的内容。

Visual Studio Code

(1) 前往 https://code.visualstudio.com，下载安装程序。
(2) 执行安装程序。如果可以选择，我建议选择以下选项。

- 将 Open with code 添加到 Windows Explorer File 上下文菜单中。
- 将 Open with code 添加到 Windows Explorer Directory 上下文菜单中。

这些选项允许你通过右键单击在 Visual Studio Code 中打开文件夹或文件。

Git

(1) 前往 https://git-scm.com/downloads，下载安装程序。
(2) 执行安装程序。
(3) 通过打开 PowerShell 并运行以下命令来验证安装。

```
git --version
```

它应该返回类似 git version 2.24.0.windows.2 这样的内容。

设置 TypeScript 项目

(1) 打开要存储游戏的控制台。

- 通过 git clone https://github.com/thedrlambda/five-lines 下载游戏的源代码。
- 通过 cd five-lines 进入游戏文件夹。
- 每次更改时，通过 tsc -w 将 TypeScript 编译为 JavaScript。

(2) 在浏览器中打开 index.html。

构建 TypeScript 项目

(1) 在 Visual Studio Code 中打开包含游戏的文件夹。
(2) 选择 Terminal，然后选择 New Terminal。
(3) 运行命令 tsc -w。
(4) TypeScript 现在在后台编译你的更改，你可以关闭终端。
(5) 每次更改时，等待 1 秒钟，然后在浏览器中刷新 index.html。

打开游戏时，浏览器中会提供有关如何打游戏的说明。

如何修改关卡

可以在代码中更改关卡，因此可以通过更新 map 变量中的数组来随意创建自己的地图。下面列出了数字对应的瓦片类型。

0	空气	2	不可破的
1	通量	8	黄色钥匙
3	玩家	9	黄色锁
4	石头	10	蓝色钥匙
6	箱子	11	蓝色锁

数字 5 和 7 是箱子和石头的落下版本，因此它们不用于创建关卡。如果你需要一些灵感，可尝试以下关卡。目标是让两个箱子都到右下角，其中一个在另一个的顶部。

```
let playerx = 5;
let playery = 3;
let map: Tile[][] = [
  [2, 2, 2, 2, 2, 2, 2, 2],
  [2, 0, 4, 6, 8, 6, 2, 2],
  [2, 1, 1, 1, 1, 1, 2, 2],
  [2, 0, 0, 0, 4, 3, 0, 2],
  [2, 2, 9, 2, 2, 0, 0, 2],
  [2, 2, 2, 2, 2, 2, 2, 2],
];
```

此关卡的最短解决方案是←↑↑↓←←↓→→↑←←↓→→→↑←↓→。